水污染防治与检测技术研究

蒋常菊　费发源　李学莲　主编

北京工业大学出版社

图书在版编目（CIP）数据

水污染防治与检测技术研究 / 蒋常菊，费发源，李学莲主编．— 北京 ：北京工业大学出版社，2021.9（2022.10重印）

ISBN 978-7-5639-8127-4

Ⅰ．①水… Ⅱ．①蒋… ②费… ③李… Ⅲ．①水污染防治—研究—中国 Ⅳ．① X52

中国版本图书馆 CIP 数据核字（2021）第 203341 号

水污染防治与检测技术研究

SHUIWURAN FANGZHI YU JIANCE JISHU YANJIU

主　　编： 蒋常菊　费发源　李学莲

责任编辑： 张　娇

封面设计： 知更壹点

出版发行： 北京工业大学出版社

（北京市朝阳区平乐园 100 号　邮编：100124）

010-67391722（传真）　bgdcbs@sina.com

经销单位： 全国各地新华书店

承印单位： 三河市元兴印务有限公司

开　　本： 710 毫米 ×1000 毫米　1/16

印　　张： 16.5

字　　数： 330 千字

版　　次： 2021 年 9 月第 1 版

印　　次： 2022 年 10 月第 2 次印刷

标准书号： ISBN 978-7-5639-8127-4

定　　价： 58.00 元

编委会

主　编:

蒋常菊,出生于1977年11月,毕业于成都理工大学应用化学系环境监测专业,经济学学士学位，试验测试高级工程师。2001年参加工作，在青海省核工业检测试验中心工作至今。从事试验测试工作10年、样品分析测试质量管理工作10年,曾获“青海省国土资源系统十佳岩矿测试技术能手”称号。熟悉行业领域内规范标准，具有丰富的岩石矿物、水质、土壤和水系沉积物分析测试、环境监测技术经验。负责本书6万字的稿件整理工作。

费发源，出生于1980年10月，2004年毕业于青海大学化工学院环境工程专业，工学学士学位，中共青海省委党校研究生学历，实验测试高级工程师。2004年参加工作，在青海省核工业检测试验中心工作至今，在试验测试岗位工作17年，在地质矿产样品分析、放射性核素监测、辐射监测、空气和废气、水和废水等试验测试及环境监测领域有丰富工作经验。负责本书5万字的稿件整理工作。

李学莲，出生于1980年4月，毕业于成都理工大学材料与生物工程学院化学工程与工艺专业，试验测试工程师，2005年入职青海省核工业检测试验中心，从事分析测试工作，现任有机室分室主任，负责水质、土壤和环境空气及污染源中有机污染物的分析测试工作，具有扎实的理论基础和丰富的实践经验，参加了第二届青海省生态环境监测专业技术人员大比武并获得集体三等奖。负责本书5万字的稿件整理工作。

副主编：

雷占昌（青海省核工业检测试验中心），负责本书6万字的稿件整理工作。
范志平（青海省核工业检测试验中心），负责本书5万字的稿件整理工作。
虞　洁（青海省核工业检测试验中心），负责本书1万字的稿件整理工作。
马振营（青海省核工业检测试验中心），负责本书1万字的稿件整理工作。
张祥坤（青海省核工业检测试验中心），负责本书1万字的稿件整理工作。

参　编：

陈晨（青海省核工业检测试验中心）、才仁索昂（青海省核工业检测试验中心）、赵凌（青海省核工业检测试验中心）、崔晓静（青海省核工业检测试验中心）、王立美（青海省核工业检测试验中心）。

前　言

我国对于水环境安全的重视程度一直有增无减。近些年，我国开始将目光转移到水环境治理上来。可以发现，我国水环境存在不同程度的污染问题，面对这些问题，相关部门需要根据实际情况，加强对水环境的全面检测和管理，并且不断地提升风险预警能力，进一步加强和提高对水污染的检测能力和水平，从而科学、合理地运用各种手段和方法对其进行综合防治。基于此，本书对水污染防治与检测技术展开了系统研究。

全书共九章。第一章为绪论，主要阐述了水资源与水环境、水体污染与水质指标、水污染防治面临的挑战三部分内容；第二章为水污染及其危害，主要阐述了污染源、水中污染物的分类、水污染的危害、水中污染物的迁移和转化、水环境污染源评价五部分内容；第三章为水污染的检测技术，主要阐述了水污染检测的目的与任务、水污染检测方案的制订、水样的采集与保存、水的物理性质检测、水中金属化合物的检测、水质污染生物检测六部分内容；第四章为污水的物理处理技术，主要阐述了筛滤法、重力分离法、离心分离法、浮力浮上法四部分内容；第五章为污水的化学处理技术，主要阐述了混凝法、中和法、化学沉淀法、氧化还原法四部分内容；第六章为污水的物理化学处理技术，主要阐述了吸附法、气浮法、萃取法、离子交换法、膜分离技术五部分内容；第七章为污水的生物化学处理技术，主要阐述了活性污泥法、生物膜法、厌氧消化法三部分内容；第八章为污泥的处理与处置技术，主要阐述了污泥的来源与种类、污泥的浓缩工艺、污泥的脱水与干化、污泥的利用与处置四部分内容；第九章为水污染的综合防治与利用，主要阐述了水体污染综合治理措施、工业废水的综合治理技术、污水的深度处理与回用三部分内容。

为了确保研究内容的丰富性和多样性，编者在编写本书的过程中参考了大量理论与研究文献，在此向涉及的专家学者表示衷心的感谢。

限于编者水平，加之时间仓促，本书难免存在一些不足，在此，恳请读者朋友批评指正！

前　言

目 录

第一章　绪　论

水资源是自然资源的重要部分，但是随着工业化、城镇化的快速发展，全国各地的水资源受到污染。近年来，全国各地对于水质的关注都有不同程度的提高，特别是在水污染的防治上，社会各界都给予了高度重视。本章分为水资源与水环境、水体污染与水质指标、水污染防治面临的挑战三部分，主要内容包括水资源、水环境、水体污染、水质指标、水污染防治的概念等方面。

第一节　水资源与水环境

一、水资源

（一）水资源概述

1. 水资源的定义

水是人类及一切生物赖以生存的必不可少的物质基础，同时也是工农业生产、社会经济发展和生态环境改善不可替代的极为宝贵的自然资源。水既是人体组成的基本要素，又是新陈代谢的主要介质。可以说，水是人类一切文明之源，没有水就没有生命，更没有社会的进步和繁荣。美国医学博士巴尔克说："生命就是朝气蓬勃的水。"这更加形象地说明了水对人类的重要性。

联合国教科文组织（UNESCO）和世界气象组织（WMO）共同编制的《水资源评价活动——国家评价手册》将水资源定义为：可资利用或有可能被利用的水源，具有足够的数量和可用的质量，并能在某一地点为满足某种用途而可被利用。在《中国大百科全书》中，水资源的定义是：地球表层可供人类利用的水，包括水量（质量）、水域和水能资源。在《不列颠简明百科全书》中，水资源的定义则为：地球上所有的（气态、固态或液态）天然水的总量。

水资源的定义有广义和狭义之分。广义的水资源是指地球上所有的水，不论它以何种形式何种状态存在，都能够直接或间接地加以利用，是人类社会的财富，属于自然资源的范畴。狭义的水资源则是指在目前社会条件下可被人类直接开发与利用的水，而且开发利用时必须技术上可行、经济上合理且不影响地球生态。

此外，狭义的水资源除了考虑水量外还要考虑水质。不符合使用水质标准，或用现有技术和经济条件难以处理达到使用标准的水也不能视为水资源。极地冰川是地球上最大的淡水资源，但是由于远离人类聚居区，利用很不经济。山地冰川利用起来虽然较极地冰川容易，但直接利用时会造成山地冰川的不可恢复性破坏，而只能利用自然融化的山地冰川水。海水是地球上最大的水体，但由于其含盐高，因而除了少量用于海水淡化、直接冲厕或工业冷却外，还没有被人类大规模地开发利用。因此，通常所说的“水资源”是指陆地上可供生产、生活直接利用的江河、湖沼以及部分储存在地下的淡水资源，亦即“可利用的水资源”。这部分水量只占地球总水量的极少部分。

如果从可持续发展的角度来看，水资源仅指一定区域内逐年可以恢复更新的淡水量，具体来说是指以河川径流量表征的地表水资源，以及参与水循环的以地下径流量表征的地下水资源。对一定区域范围而言，水资源的量并不是恒定不变的，它随用水的目的与水质要求的不同、科学技术与经济发展水平的不同而变化。

2. 水资源的特征

水资源是人类和所有生物不可缺少的一种特殊的自然资源。它具有以下特征：

（1）流动性

自然界中所有的水都是流动的，地表水、地下水、土壤水、大气水之间可以互相转化，这种转化是永无止境的，没有开始也没有结束。这一特性是由水资源自身的物理性质决定的。也正是水资源这一固有特性，才使水资源可以恢复和再生，为水资源的可持续利用奠定了物质基础。

（2）可再生性

自然界中的水不仅是可以流动的，而且是可以补充更新的，处于永无止境的循环之中，这就是水资源的可再生性。具体来讲，水资源的可再生性是指水资源在水量上损失（如蒸发流失、取用等）后和（或）水体被污染后，通过大气降水和水体自净（或其他途径）可以得到恢复和更新的一种自我调节能力。这是水资源可供永续开发利用的本质特性。

（3）不均匀性

水资源的不均匀性包括水资源在时间和空间两个方面的不均匀性。由于受气候和地理条件的影响，我国不同地区水资源的分布有很大差别，例如，总的来讲，东南多，西北少；沿海多，内陆少；山区多，平原少。水资源在时间上的不均匀性，主要表现在水资源的年际和年内变化幅度大，例如，我国降水的年内分配和年际分配都极不均匀，汛期 4 个月的降水量占全年降水量的比率，南方约为 60%，北方则为 80%；最大年降雨量与最小年降雨量的比，南方为 2 ～ 4 倍，北方为 3 ～ 8 倍。水资源在时空分布上的不均匀性，给水资源的合理开发利用带来很大困难。

（4）不可代替性

水是生命的摇篮，是一切生物的命脉，如对于人来说，水是仅次于氧气的重要物质。成人体内，60% 的重量是水，儿童体内水的比重更大，可达 80%。水在维持人类生存、社会发展和生态环境等方面是其他资源无法代替的，水资源的短缺会严重制约社会经济的发展和人民生活的改善。

（5）两重性

水资源与其他矿产资源相比，另一个最大区别是：水资源具有既可造福于人类，又可危害人类生存的两重性。

水资源质量适宜，且时空分布均匀，将为区域经济发展、自然环境的良性循环和人类社会进步做出巨大贡献。水资源开发利用不当，又可制约国民经济发展，破坏人类的生存环境。例如，水利工程设计不当、管理不善，可造成垮坝事故，也可引起土壤次生盐碱化。水量过多或过少，往往又产生各种各样的自然灾害。水量过多容易造成洪水泛滥，内涝渍水；水量过少容易形成干旱、盐渍化等自然灾害。适量开采地下水，可为国民经济各部门和居民生活提供水源，满足生产、生活的需求。无节制、不合理地抽取地下水，往往引起水位持续下降、水质恶化、水量减少、地面沉降，不仅影响生产发展，而且严重威胁人类生存。正是由于水资源利害的双重性质，在水资源的开发利用过程中，尤其强调合理利用、有序开发，以达到兴利除害的目的。

（6）多用途性

水是一切生物不可缺少的资源。不仅如此，人类还广泛地利用水，使水有多种用途，比如，工业生产、农业生产、水力发电航运、水产养殖等用水。人们对水的多用途性的认识导致其对水资源依赖性日益加深，特别是在缺水地区，为争水而引发的矛盾或冲突时有发生。水的多用途性是人类开发利用水资源的动力，也是水被看作一种极其珍贵资源的缘由，同时还是水矛盾产生的外在因素。

（7）公共性

水是流动的，不能因为水流经本地区就认为水归本地区所有，要把水资源看成一种公共资源，这是由水资源的自然属性所决定的。另外，许多部门、行业都使用水，也要求把水资源看成一种公共资源，这是由水资源的社会属性决定的。《中华人民共和国水法》第三条明确规定："水资源属于国家所有。水资源的所有权由国务院代表国家行使。"第二十八条规定："任何单位和个人引水、截（蓄）水、排水，不得损害公共利益和他人的合法权益。"

（8）有限性

虽然水资源具有流动性和可再生性，但它同时又具有有限性。这里所说的"有限性"是指"在一定区域、一定时段内，水资源量是有限的，即不是无限可取的"。

总而言之，人类每年从自然界可获取的水资源量是有限的。这一特性对我们认识水资源极其重要。以前，人们认为"世界上的水是无限的"，从而导致人类无序开发利用水资源，并造成水资源短缺、水环境破坏。事实证明，人类必须保护有限的水资源。

3. 水资源的重要性

水资源的重要性主要体现在以下几个方面：

（1）生命之源

水是生命的摇篮，最原始的生命是在水中诞生的，水是生命存在不可缺少的物质。不同生物体内都拥有大量的水分，一般情况下，植物植株的含水率为60%～80%，哺乳类体内约为65%，鱼类为75%，藻类约为95%，成年人体内的水占体重的65%～70%。此外，生物体的新陈代谢、光合作用等都离不开水，每人每日大约需要2～3 L的水才能维持正常生存。

（2）文明的摇篮

没有水就没有生命，没有水更不会有人类的文明和进步，文明往往发源于大河流域，世界四大文明古国最初都是以大河为基础发展起来的，如尼罗河孕育了古埃及的文明，底格里斯河与幼发拉底河流域促进了古巴比伦王国的兴盛，恒河带来了古印度的繁荣，长江与黄河是华夏民族的摇篮等。古往今来，人口稠密、经济繁荣的地区总是位于河流湖泊沿岸，而沙漠缺水地带，人烟往往比较稀少，经济也比较萧条。

（3）社会发展的重要支撑

水资源是社会经济发展过程中不可缺少的一种重要的自然资源，与人类社会的进步与发展紧密相连，是人类社会和经济发展的基础与支撑。在农业用水方面，水资源是一切农作物生长所依赖的基础物质，水对农作物的重要作用表现在它几乎参与了农作物生长的每一个过程，农作物的发芽、生长、发育和结实都需要有足够的水分，当提供的水分不能满足农作物生长的需求时，农作物极可能减产甚至死亡。在工业用水方面，水是工业的血液，工业生产过程中的每一个生产环节（如加工、冷却、净化、洗涤等）几乎都需要水的参与，每个工厂都要利用水的各种作用来维持正常生产，没有足够的水量，工业生产就无法进行正常生产，水资源对工业发展规模起着非常重要的作用。在生活用水方面，随着经济发展水平的不断提高，人们对生活质量的要求也不断提高，从而使得人们对水资源的需求量越来越大，若生活需水量不能得到满足，必然会成为制约社会进步与发展的一个瓶颈。

（4）生态环境基本要素

生态环境是指影响人类生存与发展的水资源、土地资源、生物资源以及气候资源数量与质量的总称，是关系到社会和经济持续发展的复合生态系统。水资源是生态环境的基本要素，是良好的生态环境系统结构与功能的组成部分。水资源充沛有利于营造良好的生态环境，水资源匮乏则不利于营造良好的生态环境，如我国水资源比较缺乏的华北和西北干旱、半干旱区，大多是生态系统比较脆弱的地带。在水资源比较缺乏的地区，人口的增长和经济的发展会使得本已比较缺乏的水资源进一步短缺，从而更容易产生一系列生态环境问题，如草原退化、沙漠面积扩大、水体面积缩小、生物种类和种群减少。

4. 水资源的用途

水资源是人类社会进步和经济发展的基本物质保证，人类的生产活动和生活活动都离不开水资源的支撑，水资源在许多方面都具有使用价值，水资源的用途主要有农业用水、工业用水、生活用水、生态环境用水等。

（1）农业用水

农业用水包括农田灌溉和林牧渔用水。农业用水是我国用水大户，农业用水量占总用水量的比例最大。在农业用水中，农田灌溉用水是农业用水的主要用水和耗水对象。采取有效节水措施，提高农田水资源利用效率，是缓解水资源供求矛盾的一个主要措施。

（2）工业用水

工业用水是指工、矿企业的各部门，在工业生产过程（或期间）中，制造、加工、冷却、空调、洗涤、锅炉等处使用的水及厂内职工生活用水的总称。工业用水是水资源利用的一个重要组成部分，由于工业用水组成十分复杂，工业用水的多少受工业类别、生产方式、用水工艺和水平以及工业化水平等因素的影响。

（3）生活用水

生活用水包括城市生活用水和农村生活用水两个方面，其中城市生活用水包括城市居民住宅用水、市政用水、公共建筑用水、消防用水、供热用水、环境景观用水和娱乐用水等；农村生活用水包括农村日常生活用水和家养禽畜用水等。

（4）其他用途

水资源除了在上述的农业、工业和生活方面具有重要使用价值，而得到广泛应用外，水资源还可用于发展航运事业和旅游事业等。在上述水资源的用途中，农业用水、工业水和生活用水的比例称为用水结构，用水结构能够反映出一个国家的工农业发展水平和城市建设发展水平。

5. 世界水资源

地球表面的 72% 被水覆盖，但淡水资源仅占所有水资源的 0.5%，近 70% 的淡水固定在南极和格陵兰的冰层中，其余多为土壤水分或深层地下水，不能被人类利用。地球上只有不到 1% 的淡水或约 0.007% 的水可为人类直接利用，而中国人均淡水资源只占世界人均淡水资源的四分之一。

地球的储水量是很丰富的，共有 14.5 亿 km^3 之多。地球上的水，尽管数量巨大，而能直接被人们生产和生活利用的，却少得可怜。首先，海水又咸又苦，不能饮用，不能浇地，也难以用于工业。其次，地球的淡水资源仅占其总水量的 2.5%，而在这极少的淡水资源中，又有 70% 以上被冻结在南极和北极的冰盖中，加上难以利用的高山冰川和永冻积雪，有 87% 的淡水资源难以利用。

人类真正能够利用的淡水资源是江河湖泊和地下水中的一部分，约占地球总水量的 0.26%。全球淡水资源不仅短缺而且地区分布极不平衡。按地区分布，巴西、俄罗斯、加拿大、中国、美国、印度尼西亚、印度、哥伦比亚和刚果 9 个国家的淡水资源占了世界淡水资源的 60%。

随着世界经济的发展，人口不断增长，城市日渐增多和扩张，各地用水量不断增多。据联合国估计，1900 年，全球用水量只有 4000 亿 m^3，1980 年为 30000 亿 m^3，1985 年为 39000 亿 m^3。到 2000 年，水量需增加到 60000 亿 m^3。其中以亚洲用水量最多，达 32000 亿 m^3，其次为北美洲、欧洲、南美洲等。据统计，目前约占世界人口总数40%的80个国家和地区约15亿人面临淡水不足的问题，其中26个国家约3亿人完全 生活在极度缺水的状态中。更可怕的是，预计到2025年，世界上将会有30亿人面临缺水，40个国家和地区淡水严重不足。

6. 我国水资源

（1）中国水资源总量

我国地处北半球亚欧大陆的东南部。由于受热带、太平洋低纬度上空温暖而潮湿气团的影响，以及受西南的印度洋和东北的鄂霍次克海的水蒸气的影响，我国东南地区、西南地区以及东北地区可获得充足的降水量，因此我国成为世界上水资源相对比较丰富的国家之一。

根据水利部发布的2020年度《中国水资源公报》可知，2020年，我国全国水资源总量为31605.2亿 m^3，比多年平均值偏多14.0%。其中，地表水资源量为30407.0亿 m^3，地下水资源量8553.5亿 m^3，地下水与地表水资源不重复量为1198.2亿 m^3。

（2）我国水资源的特点

我国幅员辽阔，人口众多，地形、地貌、降水、气候条件等复杂多样，再加上耕地分布等因素的影响，使得我国水资源具有以下特点。

①总量相对丰富，人均拥有量少。我国江河年平均径流总量为27115亿 m^3，排在世界第6位。然而，我国人口众多，年人均水资源量仅为2238.6 m^3，排在世界第21位。1993年，“国际人口行动”在《可持续水——人口和可更新水的供给前景》报告中提出下列划分标准：人均水资源量少于1700 m^3/a（a表示年），则为用水紧张国家；人均水资源量少于1000 m^3/a，则为缺水国家；人均水资源量少于500 m^3/a，则为严重缺水国家。随着人口的增加，到21世纪中叶，我国人均水资源量将接近1700 m^3/a，届时我国将成为用水紧张的国家。随着人民生活水平的提高，社会经济的不断发展，水资源的供需矛盾将会更加突出。

②水资源时空分布不均匀。我国水资源在空间上的分布很不均匀，南多北少，且与人口、耕地和经济的分布不相适应，使得有些地区水资源供给有余，有些地区水资源供给不足。据统计，我国长江及其以南地区的流域面积、耕地面积、人口分别占全国总面积、耕地总面积、总人口的36.5%、36.0%、54.4%，但南方拥有的水资源总量却占全国水资源总量的81%，人均水资源量和亩均水资源量分别为41800 m^3/a 和4130 m^3/a，约为全国人均水资源量和亩均水资源量的2倍和2.3倍。

我国北方的辽河、海河、黄河、淮河四个流域片的总面积、耕地面积、人口分别占全国总面积、耕地总面积、总人口的18.7%、45.2%、38.4%，但上述四个流域拥有的水资源总量只相当于南方水资源总量的12%。我国水资源在空间分布上的不均匀性，是造成我国北方和西北许多地区出现资源性缺水的根本原因，而水资源的短缺是影响这些地区经济发展、人民生活水平提高和环境改善等的主要因素之一。

由于我国大部分地区受季风气候的影响，我国水资源在时间分配上也存在明显的年际和年内变化，在我国南方地区，最大年降水量一般是最小年降水量的2～4倍，北方地区为3～6倍。我国长江以南地区由南往北雨季为3～7月，雨季降水量占全年降水量的50%～60%；长江以北地区雨季为6～9月，雨季降水量占全年降水量的70%～80%。我国水资源的年际和年内变化剧烈，是造成我国水旱灾害频繁的根本原因，这给我国水资源的开发利用和农业生产等方面带来很多困难。

（3）我国面临的主要水资源问题

根据21世纪中国社会经济发展总目标和水资源供求发展态势，我国今后将面临以下主要水资源问题。

第一，水资源供求矛盾进一步加剧。由于人口持续增长和经济高速发展，工农业和人民生活用水将持续增加，使目前存在的水资源供求矛盾更趋激化。其主要表现在：供求总量更加不平衡，需水量增长速度超过可供水量的增长速度，供水状况趋于恶化；北方地区和沿海工业发达地区等地域性水资源供求矛盾日趋恶化，将严重制约社会经济的发展；巨大的人口压力对发展耕地灌溉事业和工业城市用水量增加的矛盾更加尖锐。

第二，水资源浪费与用水效益低的问题。中国水资源浪费严重。一方面，用水效益低下，大大加剧了全国性水的供需矛盾。另一方面，目前各用水部门普遍存在浪费现象，水资源未能得到有效合理利用，用水效益不高。农业用水效益低下，新的节水灌溉技术推广进度缓慢。

第三，水生态环境进一步恶化的趋势尚未得到遏制。中国90%以上的城市水生态环境受到不同程度的恶化，加剧了水资源紧张的局面。城市地区的地表水和地下水水质已严重恶化，城市附近的多数河流或河段已成为排污沟渠。随着乡镇企业的快速发展，水质污染不断向广大农村蔓延。严重的水质污染问题，不仅使水资源无法利用，而且也使农产品受到污染，影响人民健康。在过去地区间存在水源分配的矛盾尚未得到很好解决的情况下，现在又增加了地区间排放污水的矛盾，增加了地区间的社会冲突和社会不安定因素。

第四，水资源管理存在诸多问题。水资源管理水平相对落后，水利工程的“重建轻管”现象依然未得到扭转。尽管国家颁布了《中华人民共和国水法》等有关法律法规，但各部门间、地区间利益冲突，各种保护主义盛行，又缺乏行之有效的法律实施细则，致使水管理工作进展缓慢。

因此，要想强化水资源系统管理，就应该克服部门保护主义和分散管理与多头管理的弊端，将地表水、地下水和空中水、给水和排水、供水和需水由一个管理机构实行统一全面一体化的管理，通过管理提高用水效益，缓解水资源供求矛盾，以确保社会、经济、环境的协调发展，奠定社会经济持续发展的物质基础。

（二）水资源的形成与水循环

1. 水资源的形成

水循环是地球上最重要、最活跃的物质循环，它实现了地球系统水量、能量和地球生物化学物质的迁移与转换，构成了全球性的连续有序的动态大系统。水循环把海陆有机地连接起来，塑造着地表形态，制约着生态环境的平衡与协调，不断提供再生的淡水资源。因此，水循环对地球表层结构的演化和人类可持续发展都具有重大意义。

在水循环过程中，海陆之间的水汽交换以及大气水、地表水、地下水之间的相互转换，形成了陆地上的地表径流和地下径流。地表径流和地下径流的特殊运动，塑造了陆地的一种特殊形态——河流与流域。一个流域或特定区域的地表径流和地下径流的时空分布既与降水的时空分布有关，又与流域的形态特征、自然地理特征有关。因此，不同流域或区域的地表水资源和地下水资源具有不同的形成过程及时空分布特性。

（1）地表水资源的形成

地表水分为广义地表水和狭义地表水。前者指以液态或固态形式覆盖在地球表面上，暴露在大气中的自然水体，包括河流、湖泊、水库、沼泽、海洋、冰川和永久积雪等。后者则是陆地上各种液态、固态水体的总称，包括静态水和动态水，主要有河流，湖泊、水库、沼泽、冰川和永久积雪等。其中，地表水的动态水量用河流径流量和冰川径流量表示，静态水量用各种水体的储水量表示。地表水资源是指在人们生产生活中具有实用价值和经济价值的地表水，包括冰雪水、河川水和湖沼水等。地表水资源量一般用河川径流量表示。

在多年平均情况下，水资源量的收支项主要为降水、蒸发和径流，水量平衡时，收支在数量上是相等的。降水作为水资源的收入项，决定着地表水资源的数量、时空分布和可开发利用程度。由于地表水资源的可利用量是河流径流量，所以在讨论地表水资源的形成与分布时，重点讨论构成地表水资源的河流资源的形成与分布问题。

降水、径流和蒸发是决定区域水资源状态的三要素，三者数量及可利用量之间的变化关系决定着区域水资源的数量和可利用量。

第一，降水。降水是指液态或固态的水汽凝结物从云中落到地表的现象，如雨、雪、雾、雹、露、霜等，其中以雨、雪为主。我国大部分地区，一年内降水以雨水为主，雪仅占少部分。所以，通常说的降水主要指降雨。当水平方向温度、湿度比较均匀的大块空气即气团受到某种外力的作用向上升时，气压降低，气团的体积膨胀，从而产生动力冷却使气团降温。当温度下降到使原来未饱和的空气达到过饱和状态时，大量多余的水汽便凝结成云。云中水滴不断增大，直到不能被上气流所托时，便在重力作用下形成降雨。因此空气的垂直上升运动和空气中水汽含量超过饱和水汽含量是产生降雨的基本条件。

第二，径流。径流是指由降水所形成的，沿着流域地表和地下向河川、湖泊、水库、洼地等流动的水流。其中，沿着地面流动的水流称为地表径流；沿着土壤岩石孔隙流动的水流称为地下径流；汇集到河流后，在重力作用下沿河床流动的水流称为河川径流。径流因降水形式和补给来源的不同，可分为降雨径流和融雪径流，我国大部分的河流以降雨径流为主。径流过程是地球上水循环中重要的一环。在水循环过程中，陆地上降水的34%转化为地表径流和地下径流汇入海洋。径流过程又是一个复杂多变的过程，它与水资源的开发利用、水环境保护、人类同洪旱灾害的斗争等生产经济活动密切相关。

第三，蒸发。蒸发是地表或地下的水由液态或固态转化为水汽，并进入大气的物理过程，是水文循环中的基本环节之一，也是重要的水量平衡要素之一，对径流有直接影响。蒸发主要取决于暴露表面的水的面积与状况，与温度、阳光辐射、风、大气压力和水中的杂质质量有关，其大小可用蒸发量或蒸发率表示。蒸发量是指某一时段如日、月、年内总蒸发掉的水层深度，以毫米计；蒸发率是指单位时间内的蒸发量，以毫米 / 分钟或毫米 / 小时计。流域或区域上的蒸发包括水面蒸发和陆面蒸发，后者包括土壤蒸发和植物蒸腾。

（2）地下水资源的形成

地下水是指存在于地表以下岩石和土壤的孔隙、裂隙、溶洞中的各种状态的水体，由渗透和凝结作用形成，主要来源为大气水。广义的地下水是指赋存于地面以下岩土孔隙中的水，包括包气带及饱水带中的孔隙水。狭义的地下水则指赋存于饱水带岩土孔隙中的水。地下水资源是指能被人类利用、逐年可以恢复更新的各种状态的地下水。地下水由于水量稳定，水质较好，是工农业生产和人们生活的重要水源。

具体来讲，地下水形成的条件主要包括以下几方面：

第一，岩层中有地下水的储存空间。岩层的空隙性是构成具有储水与给水功能的含水层的先决条件。岩层要构成含水层，首先要有能储存地下水的孔隙、裂隙或溶隙等空间，使外部的水能进入岩层形成含水层。然而，有空隙存在不一定就能构成含水层，如黏土层的孔隙度虽在 50% 以上，但其空隙几乎全被结合水或毛细水所占据，重力水很少，所以它是隔水层。透水性好的砾石层、砂石层的孔隙度较大，孔隙也大，水在重力作用下可以自由出入，所以往往形成储存重力水的含水层。坚硬的岩石，只有发育出未被填充的张性裂隙、张扭性裂隙和溶隙时，才可能构成含水层。

空隙的多少、大小、形状、连通情况与分布规律，对地下水的分布与运动有着重要影响。空隙按其特性可分为松散岩石中的孔隙、坚硬岩石中的裂隙和可溶岩石中的溶隙，分别用孔隙度、裂隙度和溶隙度表示空隙的大小，依次定义为岩石孔隙体积与岩石总体积之比、岩石裂隙体积与岩石总体积之比、可溶岩石孔隙体积与可溶岩石总体积之比。

第二，岩层中有储存、聚集地下水的地质条件。含水层的构成还必须具有一定的地质条件，这样才能使具有空隙的岩层含水，并把地下水储存起来。有利于储存和聚集地下水的地质条件虽有各种形式，但概括起来不外乎是：空隙岩层下有隔水层，使水不能向下渗漏；水平方向有隔水层阻挡，以免水全部流空。只有这样的地质条件才能使运动在岩层空隙中的地下水长期储存下来，并充满岩层空隙而形成含水层。如果岩层只具有空隙而无有利于储存地下水的构造条件，这样的岩层就只能作为过水通道而构成透水层。

第三，有足够的补给来源。当岩层空隙性好，并具有储存、聚集地下水的地质条件时，还必须有充足的补给来源才能使岩层充满重力水而构成含水层。

地下水补给量的变化，能使含水层与透水层之间相互转化。在补给来源不足、消耗量大的枯水季节里，地下水在含水层中可能被疏干，这样含水层就变成了透水层；而在补给充足的丰水季节，岩层的空隙又被地下水充满，重新构成含水层。由此可见，补给来源不仅是形成含水层的一个重要条件，而且是决定水层水量多少的一个主要因素。

综上所述，只有当岩层具有地下水自由出入的空间，适当的地质构造条件和充足的补给来源时，才能构成含水层。这三个条件缺一不可，但有利于储水的地质构造条件是主要的。

2. 水循环

（1）水的自然循环与社会循环

自然界的水在自然和人为作用下不断运动，这种运动过程被称为水循环。水循环包括水的自然循环和水的社会循环。

第一，水的自然循环。地球表面上的水在太阳能和地球表面热能的作用下，不断被蒸发成为水汽而进入大气，水汽上升到高空形成云。在大气环流的作用下，云在空中移动，在一定的条件下又凝聚成水，在重力的作用下以降水的形式落到地面或海洋中。降落在陆地上的水又分两路流动，一路在地面上汇合成江河或溪流，成为地表径流；另一路渗入地下成为地下水，成为地下渗流。这两路水流又互相交叉转换，最后注入海洋。同时，也有一部分水经地面的蒸发和植物吸收后的蒸腾作用又进入大气，这个周而复始的不断进行的过程称为水的自然循环。

水的自然循环是连接大气圈、水圈、岩石圈和生物圈的纽带，是影响自然环境演变的最活跃因素，是地球上淡水资源的获取途径之一。全球水循环时刻都在进行着，它发生的领域有海洋与陆地之间、陆地与陆地上空之间、海洋与海洋上空之间。

第二，水的社会循环。人类社会在发展过程中，为满足人们生产、生活的需要，必须从天然水体取用大量的水。无论是生产用水还是生活用水，在使用过程中都不可避免地会使各种杂质混入其中，使水体受到不同程度的污染。生产废水和生活污水经过处理后又不断地被排放到天然水体中，进入水的自然循环体系，这种人类在生产和生活活动中所驱动的水循环体系称为水的社会循环。

水的社会循环不断改变着水的自然环境，越来越强烈地影响着水的自然循环过程。人类构筑水库，开凿运河渠道，以及大量开发利用地下水等，改变了水原来的径流路线，引起了水的分布和水的运动状况的变化。城市化以及城市和工矿区的大气污染和热岛效应也改变着本地区的水循环状况。

人类活动不断改变自然环境，越来越强烈地影响水循环的过程。此外，人类生产和消费活动排出的污染物通过不同的途径进入水循环。其中的有害物质通过径流、渗透等途径，参加水循环而迁移分散，使地表水或地下水受到污染，最终使海洋受到污染。

（2）城市水循环

第一，城市水循环过程。城市水循环系统是水的自然循环与社会循环的有机统一体，是自然循环系统与社会循环系统相互耦合的产物。城市水循环系统包括城市的水环境、水源、供水、用水（含节水）、排水和水处理与回用等要素。这些要素的相互联合构成了城市水资源开发、利用和保护的循环系统，每个要素都对这个循环系统起着一定的促进或制约作用。在自然循环系统中，水体通过蒸发、降水和地面径流与大气联系起来，城市水体与地下水通过土壤渗透和补给运动联系起来，城市人工水循环系统由城市供水、用水、排水和水处理系统组成，通过部分水量的消耗和污水的产生与处理完成水的社会循环。

第二，研究城市水循环的意义。城市化在相当程度上改变了水循环的自然过程。同时，由于自然、社会和经济活动的影响，各城市中水的社会循环不尽相同，由此产生了许多既有共性又各具特色的城市水环境与水资源问题。

搞清水循环的规律，在水环境治理中积极地从改善水循环出发，减少城市中人类活动对正常水循环的影响，并研究出这方面的控制技术，是十分必要的。日本在 1999 年开始实施的第二个河流技术发展 5 年计划中，对水循环管理技术问题开展了大量的研究工作，着重研究了“水循环的评价技术”“减少城市中各种活动对水循环影响的技术”“地球环境变化对水循环影响的控制技术”等。研究城市水循环过程为我们提供了解决城市水生态环境问题的途径。

二、水环境

（一）水环境概述

1. 水环境的概念

水环境是指自然界中水的形成、分布和转化所处的空间环境。因此，水环境既可指相对稳定的、以陆地为边界的天然水域所处的空间环境，又可指围绕人群空间及可直接或间接影响人类生活和发展的水体，其正常功能的各种自然因素和有关的社会因素的总体，也有的指相对稳定的、以陆地为边界的天然水域所处空间的环境。

水环境主要由地表水环境和地下水环境两部分组成。地表水环境包括河流、湖泊、水库、海洋、池塘、沼泽、冰川等，地下水环境包括泉水、浅层地下水、深层地下水等。水环境是构成环境的基本要素之一，是人类社会赖以生存和发展的重要场所，也是受人类干扰和破坏最严重的领域。

通常，“水环境”与“水资源”两个词很容易混淆，其实两者既有联系又有区别。如前所述，狭义上的水资源是指人类在一定的经济技术条件下能够直接使用的淡水。广义上的水资源是指在一定的经济技术条件下能够直接或间接使用的各种水和水中物质。从水资源这一概念引申，也可以将水环境分为两方面：广义水环境是指所有的以水作为介质来参与作用的空间场所，从该意义上来看，地球表层都是水环境系统的一部分；而狭义水环境是指与人类活动密切相关的水体的作用场所，主要是指水圈和岩石圈的浅层地下水部分。

2. 水环境的特征

（1）水资源短缺

进入 21 世纪，水的供求矛盾变得更为突出。对水资源的不合理开发、利用，以及未经治理的有毒有害废水的大量排放，导致了水环境的污染和生态破坏，加剧了水资源的短缺，成为人类未来面临的重大挑战之一。

第一，对人类生活的影响。目前，我国每年缺水量为 300 ～ 400 亿 m^3，相当于三峡水库蓄水至 175 m 时的总库容。我国 668 座城市中有 400 多座城市缺水，其中 110 多座城市严重缺水，18 个主要沿海城市中就有 14 个城市缺水。城市人口中有 1.5 亿人的日常生活因缺水而受到不同程度的影响。

第二，对农业的影响。农业用水占全球总用水量的 73%，主要是灌溉用水。据报道，全球因缺水歉收、少粮，导致世界上每天有大约 2.5 万人因饥饿而死亡，有 8.15 亿人受到营养不良的折磨。其中，发展中国家有 7.77 亿人、转型国家有 2700 万人、工业化国家有 1100 万人。在我国，水资源短缺已成为北方地区农业生产的主要制约因素，尤以华北地区和西北地区水资源的供需矛盾最为突出。

第三，对工业的影响。世界工业用水占用水总量的 22%。其中，高收入国家占 59%、低收入国家占 8%。如钢铁工业，平均每生产 1 t 钢耗水 100 ～ 300 m^3；造纸业每吨产品约耗水 300 m^3；印染业每吨产品耗水 100 ～ 200 m^3；皮革业每张皮耗水 2 ～ 3 m^3。世界银行曾测算中国每年因干旱缺水造成的经济损失约为 350 亿美元。其中，城市、工业年缺水约为 60 亿 m^3，由此造成中国每年工业产值减少 2300 亿元。

第四，对自然灾害及生态学方面的影响。过去，数以万计的人死于自然灾害。其中，大部分都死于洪水和干旱。在生态学方面，靠内陆水生存的 24% 的哺乳动物和 12% 的鸟类的生命受到威胁。19 世纪末，已有 24 ～ 80 个鱼种灭绝。内陆水鱼种的 1/3 处于消亡的危险之中。

第五，对旅游业的影响。许多风景名胜区因缺水影响景观，造成旅游收入的大幅度下降。许多水上项目因干旱缺水，被迫停止营业。

第六，对能源的影响。在再生能源中，水能是最重要和得到最广泛使用的能源。水力发电是水能的一种主要利用形式。在工业化国家水力发电占到总电力的70%，在发展中国家占15%。加拿大、美国和巴西是最大的水力发电国家。干旱缺水季节水力发电机组被迫关闭，严重影响了电力供应。

第七，缺水导致社会不安。水资源的缺乏，引发了许多地方的水务纠纷，造成了社会动荡。

第八，缺水引发国际争端。据统计，在世界范围内至少有214条河流流经两个或两个以上的国家，但目前还没有一条法律就这些国际河流的分配及利用做出明确的规定。这就为可能出现的水源冲突埋下了祸根。

水资源的高效利用是合理利用与控制水资源的重要方向，建立循环经济与水循环的耦合关系，可以实现需水量的零增长。例如，20世纪80年代以后，美国和日本的需水量实现了零增长。需水量的零增长是节约型社会建设的需要，也是可持续发展的需要。

（2）水污染严重

目前，全世界每年排放的污水达4000多亿吨，造成5万多亿吨水体被污染。发展中国家水污染问题尤为突出，印度国内70%的地表径流已受到污染。水体污染直接危害人类的健康与生命，发展中国家约80%的疾病是通过饮用受污染的水传播的。全球每天有多达6000名少年儿童因饮用卫生状况恶劣的水而死亡，因水体污染导致的群体性中毒事件屡见报端。

第一，直接影响，主要表现在以下几方面：

①引起急性和慢性中毒：水体受化学有毒物质污染后，通过饮水或食物链便可能造成人体中毒，如甲基汞中毒（水俣病）、镉中毒（骨痛病）、砷中毒、铬中毒、氰化物中毒、农药中毒等。此外，水体中的铅、钡、氟等也对人体健康造成严重的危害。

②致癌作用：某些有致癌作用的化学物质，如砷、铬、镍、铍、苯胺、苯并芘和其他多环芳烃、卤代烃污染水体后，可以在悬浮物、底泥和水生生物体内蓄积。长期饮用含有这类物质的水，或食用体内蓄积这类物质的生物就可能诱发癌症。

③发生以水为媒介的传染病：人畜粪便等生物性污染物污染水体，可能会引起细菌性肠道传染病，如伤寒、副伤寒、痢疾肠炎、霍乱、副霍乱等。肠道内常见病毒如脊髓灰质炎病毒、柯萨奇病毒、人肠细胞病变孤病毒、腺病毒、传染性

肝炎病毒等，皆可通过水污染引起相应的传染病。某些寄生虫病，如阿米巴痢疾、血吸虫病、贾第虫病等，以及由钩端螺旋体引起的钩端螺旋体病等，也可通过水传播。

第二，间接影响，主要表现在以下几方面：

水体污染后，常可引起水的感官性状恶化。例如，某些污染物在一般浓度下，对人的健康虽无直接危害，但可使水发生异臭、异味、异色，呈现泡沫和油膜等，妨碍水体的正常利用。铜、锌、镍等物质在一定浓度下能抑制微生物的生长和繁殖，从而影响水中有机物的分解和生物氧化，使水体的天然自净能力受到抑制，影响水体的卫生状况。

此外，水资源的过度开发和水污染的加剧，造成水生态环境恶化，生态系统变得十分脆弱，抵御外界因素干扰的能力下降，导致干旱、洪涝、水华、酸雨、水土流失等与水有关的自然灾害屡屡发生，给人类的生命健康和财产造成巨大损失。自 2005 年以来，我国平均每两天就有一起环境突发事故发生，而这些事故中 70% 是水污染事故。同时，由于污染严重，水生物出现大面积的死亡，有的物种甚至濒临灭绝，这将直接影响生态圈的完整性。

3. 水环境问题的产生

水环境问题是伴随着人类对自然环境的作用和干扰而产生的。长期以来，自然环境给人类的生存和发展提供了物质基础和活动场所，而人类则通过自身的种种活动来改变环境。随着科学技术的迅速发展，人类改变环境的能力日益增强，但发展引起的环境污染则使人类不断受到种种惩罚和伤害，甚至使人类赖以生存的物质基础也受到了严重破坏。目前，环境问题已成为当今制约、影响人类社会发展的关键问题之一。从人类历史发展来看，环境问题的发展过程可以分为以下三个阶段。

（1）早期环境破坏阶段

早期环境破坏阶段包括人类出现以后直至工业革命的漫长时期，所以又称为早期环境问题阶段。在原始社会中，由于生产力水平极低，人类依赖自然环境，过着以采集天然植物为生的生活。此时，人类主要是利用环境，而很少有意识地改造环境，因此，当时环境问题并不突出。到了奴隶社会和封建社会时期，由于生产工具不断进步，生产力逐渐提高，人类学会了驯化野生动植物，出现了耕作业和渔牧业的劳动分工。人类利用和改造环境的力量增强，与此同时，也产生了相应的生态破坏问题。由于过量地砍伐森林，盲目开荒，乱采乱捕，滥用资源，破坏草原，造成了水土流失、土地沙化和环境轻度污染问题。但这一阶段的人类活动对环境的影响还是局部的，没有达到影响整个生物圈的程度。

（2）近代城市环境问题阶段

近代城市环境问题阶段从工业革命开始到 20 世纪 80 年代发现南极上空的臭氧洞为止。18 世纪后期，欧洲的一系列发明和技术革新大大提高了人类社会的生产力，人类以空前的规模和速度开采和消耗能源和其他自然资源。新技术使英国、欧洲各国和美国等国在不到 100 年的时间里先后进入工业化社会，并迅速向世界蔓延，在世界范围内形成发达国家和发展中国家的差别。这一阶段的环境问题跟工业和城市同步发展。20 世纪 30—60 年代，世界上相继发生环境污染公害事件。在震惊世界的“八大公害”事件中，日本的水俣病事件、富山骨痛病事件均与水污染有关。

与前一阶段的环境问题相比，这一阶段的特点是：环境问题由工业污染向城市污染和农业污染发展；点源污染向面源污染发展；局部污染正迈向区域性和全球性污染，形成了世界上第一次环境问题高潮。

（3）全球性环境问题阶段

从 1984 年英国科学家发现、1985 年美国科学家证实南极上空出现“臭氧空洞”开始，人类环境问题发展到全球性环境问题阶段。这一阶段的环境问题的核心是与人类生存休戚相关的“淡水资源污染”“海洋污染”“全球气候变暖”“臭氧层破坏”“酸雨蔓延”等。全球性环境问题，引起了各国政府和全人类的高度重视。

全球性环境问题的影响是大范围的，不仅对某个国家、某个地区造成危害，而且对人类赖以生存的整个地球环境造成危害，因此是致命的，又是人人难以回避的。第二阶段的环境问题主要出现在经济发达国家，而当前阶段的环境问题，既出现在经济发达国家，也出现在众多的发展中国家。发展中国家不仅与国际社会面临的环境问题休戚相关，而且本国面临的诸多环境问题，像植被和水土流失加剧造成的生态破坏，是比发达国家的环境污染更大、更难解决的环境问题。当前阶段出现的环境问题既包括了对人类健康的危害，又显现了生态环境破坏对社会经济持续发展的威胁。

总体来看，水环境问题自古就有，并且随着人类社会的发展而发展，人类越进步，水环境问题也就越突出。发展和环境问题是相伴而生的，只要有发展，就不能避免环境问题的产生。要解决环境问题，就要从人类、环境、社会和经济等综合的角度出发，找到一种既能实现发展又能保护好生态环境的途径，协调好发展和环境保护的关系，实现人类社会的可持续发展。

（二）城市水环境

1. 城市水环境定义

城市水环境是指与防洪排涝、城市供水排水、航运交通、城市景观娱乐功能相关的各种水体条件。水体条件包括水体平面、剖面、深度等形态条件，以及由雨水、地表水、地下水、城市用水等构成的水体水质条件等。自然形态的河流、湖泊的各种自然条件包括地形地貌条件、水体循环交换条件、点源面源污染条件、生境条件等。城市水环境的构成要素包括：水体形态条件，即岸坡条件、基底条件、周边条件；水动力条件，即流动条件、交换条件、容量条件和泥沙条件；水环境条件，即污染源、水质；水景观条件，即水体景观、周边景观；水生态条件，即物种多样性、生境多样性。

城市水环境的条件更为多样和复杂，城市水环境的条件也更多地受到人类活动的影响，同时也更为密切地影响着人类的社会活动。从城市水环境的自然属性看，整个生态系统是完整的、稳定的、可持续的，对外界不利因素具有抵抗力。

从城市水环境系统特征来看，城市水环境具有以下特征：整体性，既包括城市的河流和湖泊，又包括城市的供水和城市排水系统；系统性，既有地理的边界，又有法定的边界；经济性，既有水自身的商品属性，又有水环境的商品属性。

2. 城市水环境的内涵

在不同的社会发展阶段，水环境的范畴和内涵也是不同的。城市建立早期，傍水而居、因水而兴，主要关注防洪抗旱；100 年前城市水环境关注自来水供给；30 年前，城市水环境关注污水处理；10 年前，城市水环境关注城市湖泊、河道污染治理及城市水环境的综合整治、生态服务功能的发挥及人水和谐的关系。

水环境的治理牵涉到社会的方方面面，水环境治理往往需要综合治理，随之，水环境的内涵也得到了拓展。

3. 城市化对水环境的胁迫

在城市化的进程中，随着社会、经济的发展，人口增加，产业集中，对水的需求也迅速增长；随着基础设施的不断完善，道路面积扩大，地下商店街增多，都市的利用密度迅速提高；随着科技的发展，路面大量使用沥青和混凝土，地面的不渗透区域增加；同时，随着房地产的大幅度开发，农田、绿化和水面积减少。这些都会给水环境和整个城市环境带来种种不良影响，主要列举如下：暴雨时，地面径流量增多，汇流时间缩短，河流的洪水位不断抬高，致使洪涝灾害频发，漫水、积水区域增多；地下渗透水量的减少，加之地下水的大量抽取，致使地下水位降低，并进而引起地面下沉；绿化、水面积和自然裸地的减少，使地面蒸发的水量减少，导致城市热岛效应加剧和城市能源消耗的增加；水质恶化，河流渠道化，导致水边环境恶化；水边的绿化、空地减少，致使富有情趣的水边开放空间逐步消失。

第二节　水体污染与水质指标

一、水体污染

（一）水体污染的概念

水体，是河流、湖泊、沼泽、水库、地下水、冰川、海洋的总称。它不仅包括水，而且也包括水中的悬浮物、底泥及水生生物等。

水体因接受过多的杂质，而使杂质在水体中的含量超过了水体的自净能力，导致水体的物理、化学及生物学特性发生改变，并使水质恶化，从而影响水的有效利用，危害人体健康，这种现象称为水体污染。在自然情况下，天然水的水质也常有一定变化，但这种变化是一种自然现象，不属于水体污染。

水体一旦受到污染，会降低水的质量，直接或间接地威胁人类的生存和健康。造成水体污染的原因主要有点源污染与面源污染（或称非点源污染）两类。点源污染来自：未经妥善处理的城市污水（生活污水与工业废水）集中排入水体。面源污染来自：农田肥料、农药以及城市地面的污染物，随雨水径流进入水体；随大气扩散的有毒有害物质，由于重力沉降或降雨过程，进入水体。

（二）水体污染的类型

自然界中的水体污染，从不同的角度可划分为各种污染类别。

1. 从污染成因上划分

从污染成因上划分，水体污染的类型可以分为自然污染和人为污染。

自然污染是指由自然因素造成的污染。例如，某一地区地质化学条件特殊，某种化学元素大量富集于地层中，降水、地表径流使该元素及其盐类溶解于水或夹杂在水流中而被带入水体，造成水体污染，或者地下水在地下径流的漫长路径中，溶解了比正常水质多的某种元素及其盐类，造成地下水污染。若它以泉的形式涌出地面流入地表水体，就会造成地表水环境的污染。

人为污染则是指由人类活动（包括生产性的和生活性的）造成的水体污染。

2. 从污染源划分

从污染源划分，水体污染的类型可分为点污染源和面污染源。

点污染源主要有生活污水和工业废水。由于产生废水的过程不同，这些污水、废水的成分和性质有很大差别。

生活污水主要来自家庭、商业、学校、旅游服务业及其他城市公共设施，包括厕所冲洗水、厨房洗涤水、洗衣机排水、沐浴排水及其他排水等。污水中主要含有悬浮态或溶解态的有机物质，还有氮、磷、硫等无机盐类和各种微生物。

工业废水产自工业生产过程，其水量和水质随生产过程而异。工业废水根据其来源可以分为工艺废水、原料或成品洗涤水、场地冲洗水以及设备冷却水等；根据废水中主要污染物的性质，可分为有机废水、无机废水、兼有机物和无机物的混合废水、重金属废水、放射性废水等；根据产生废水的企业性质，又可分为造纸废水、印染废水、焦化废水、农药废水、电镀废水等。

点污染源的特点是经常排污，其变化规律服从工业生产废水和城市生活污水的排放规律，它的量可以直接测定或者定量化，其影响可以直接评价。

面污染源主要指农村灌溉排水形成的径流，农村中无组织排放的废水，地表径流及其他废水。分散排放的小量污水，也可以列入面污染源。

农村废水一般含有有机物、病原体、悬浮物、化肥、农药等污染物，禽畜养殖业排放的污水，常含有很高的有机物浓度。由于过量施加化肥、使用农药，农田地面径流中含有大量的氮、磷营养物质和有毒农药。

大气中含有的污染物随降雨进入地表水体，也可以认为是面污染源，如酸雨。此外，天然性的污染源，如水与土壤之间的物质交换，也是一种面污染源。

面污染源的排放是以扩散方式进行的，时断时续，并与气象因素有联系。

3. 从污染的性质划分

从污染的性质划分，水体污染的类型可分为物理性污染、化学性污染和生物性污染。

物理性污染是指水的浑浊度、温度和水的颜色发生改变，水面的漂浮油膜、泡沫以及水中含有的放射性物质增加等。常见的物理性污染有悬浮物污染、热污染和放射性污染三种。

化学性污染包括有机化合物和无机化合物的污染，如水中溶解氧减少、溶解盐类增加、水的硬度变大、酸碱度发生变化或水中含有某种有毒化学物质等。常见的化学性污染有酸碱污染、重金属污染、需氧性有机物污染、营养物质污染、有机毒物污染等。

生物性污染是指有害的细菌和污水微生物进入水体，或某些水生生物异常繁殖引起的污染。事实上，水体不只受到一种类型的污染，而是同时受到多种性质的污染，并且各种污染互相影响，不断地发生着分解、化合或生物沉淀作用。

各类水体污染的污染物、污染标志及来源如表 1-1 所示。

表 1-1 各类水体污染的污染物、污染标志及废水来源

污染类型			污染物	污染标志	废水来源
物理性污染	热污染		热的冷却水等	升温、缺氧或气体过饱和、富营养化	火电、冶金、石油、化工等工业领域
	放射性污染		铀、钚、锶、铯等	放射性沾污	核研究生产、试验、医疗、核电站等
	表观污染	水的混浊度	泥、沙、渣、屑、漂浮物	混浊、泡沫	地表径流、农田排水、生活污水、大坝冲沙、工业废水等
		水色	腐殖质、色素、染料、铁、锰等	染色	食品、印染、造纸、冶金工业污水和农田排水等
		水臭	酚、氨、胺、硫醇、硫化氢等	恶臭	污水、食品、制革、炼油、农肥等
化学性污染	酸碱污染		无机或有机酸碱物质	pH 值异常	矿山、石油、化肥、造纸、电镀、酸洗工业、酸雨等
	重金属污染		汞、镉、铬、铜、铅、锌等	毒性	矿山、冶金、电镀、仪表、颜料等工业领域
	非金属污染		砷、氰、氟、硫、硒等	毒性	化工、火电站、农药等
	耗氧有机物污染		糖类、蛋白质、油脂、木质素等	耗氧，进而引起缺氧	食品、纺织、造纸、制革、化工等
	农药污染		有机氯、多氯联苯、有机磷等农药	严重时水中生物大量死亡	农药、炼油、炼焦等
	易分解有机物污染		酚类、苯、醛等	耗氧、异味、毒性	制革、炼油、煤矿、化肥等
	油类污染		石油及其制品	漂浮和乳化、增加水色、毒性	石油开采、炼油、油轮等

续表

污染类型		污染物	污染标志	废水来源
生物性污染	病原菌污染	病菌、虫卵、病毒	水体带菌、传染疾病	医院、屠宰、牲畜、制革等
	霉菌污染	霉菌毒素	毒性、致癌	制药、酿造、食品、制革等
	藻类污染	无机和有机氮、磷	富营养化、恶臭	工业污水、生活污水、农田排水

4. 从环境工程学角度划分

从环境工程学角度划分，水体污染的类型可分为病原体污染、需氧物质污染、植物营养物质污染、石油污染、有毒化学物质污染、盐污染和放射性污染等。

二、水质指标

（一）水质指标的概念与分类

水质指标是衡量水中杂质的标度，能具体表示出水中杂质的种类和数量，是水质评价的重要依据。

水质指标种类繁多，可达百种。其中有些水质指标就是水中某一种或某一类杂质的含量，直接用其浓度来表示，如汞、铬、硫酸根等的含量；有些水质指标是利用某一类杂质的共同特性来间接反映其含量，如用耗氧量、化学需氧量、生化需氧量等指标来间接表示有机污染物的种类和数量；有些水质指标是与测定方法有关的，带有人为性，如浑浊度、色度等是按规定配制的标准溶液作为衡量尺度的。水质指标也可分为物理指标、化学指标和微生物学指标三大类。

第一，物理指标。反映水的物理性质的一类指标统称物理指标。常用的物理指标有温度、浑浊度、臭和味、色度、总固体、电导率等。

第二，化学指标。反映水的化学成分和特性的一类指标统称化学指标。常用的化学指标有以下几种类型。

①表示水中离子含量的指标，如硬度表示钙镁离子的含量，pH 值反映氢离子的浓度等。

②表示水中溶解气体含量的指标，如二氧化碳、溶解氧等。

③表示水中有机物含量的指标，如耗氧量、化学需氧量、生化需氧量、总需氧量、总有机碳、含氮化合物等。

④表示水中有毒物质含量的指标。有毒物质分为两类：一是无机有毒物，如

汞、铅、铜、锌、铬等重金属离子和砷、硒、氰化物等非金属有毒物；二是有机有毒物，如酚类化合物、农药、取代苯类化合物、多氯联苯等。

第三，微生物学指标。反映水中微生物的种类和数量的一类指标统称微生物学指标。常用的微生物学指标有细菌总数、总大肠菌群数等。

（二）常用的水质指标

1. 臭和味

清洁的水没有任何异臭和异味。无色无味的水虽然不能保证是安全的，但有利于饮用者对水质的信任。检验臭和味也是评价水处理和追踪污染源的一种手段，测定臭和味一般用定性描述法。对于饮用水和水源水，取 100 mL 水样，置于 250 mL 锥形瓶中，振摇后从瓶口嗅水的气味，用适当文字描述其强度。与此同时，取少量水样放入口中（此水样应对人体无害），不要咽下，品尝水的味道，按六级记录强度。将上述锥形瓶内水样加热至开始沸腾，立即取下锥形瓶，稍冷后按上法嗅气和尝味，用适当文字加以描述，并按六级记录原水煮沸后的臭和味的强度。若臭和味的强度等级为“明显”，表示已能明显察觉，用户不可以接受，不加处理，不能饮用。

天然水中溶有少量的杂质，可用苦或咸等来描述。天然水的臭和味来源于藻类、菌类和原生动物的活动、化学物质的分解和矿物质（如铁硫的化合物）等。桶装纯净水的臭和味主要来自微生物污染,生活污水的臭和味产生于有机物腐败，工业废水的臭和味来自挥发性化合物，如鱼腥臭主要由甲胺、二甲胺及三甲胺等物质产生，腐甘蓝臭主要由有机硫化物产生。

氯化消毒产物次氯酸以及副产物氯胺、氯酚等都会使水带有异味或异臭。评价水的臭和味可由感官分析做出，感官分析往往比仪器更灵敏，通过感官分析水样的臭和味，可为水中污染物的鉴别提供信息。

2. 色度

天然水经常呈现各种颜色，江河、湖、海常呈黄棕色或黄绿色，这是由悬浮泥沙、不溶解性的矿物质、腐殖质及球藻、硅藻等的繁殖造成的。生活污水的颜色常呈灰色，但当污水中的溶解氧降低至零时，污水所含有机物腐烂，水色转呈黑褐色并有臭味。生产污水都有各自的特殊颜色。

水的颜色是指改变透射可见光光谱组成的光学性质，分为“真色”和“表色”。水中悬浮物质完全脱除后，仅由溶解性物质产生的颜色称为“真色”。故在测定前需先采用澄清、离心沉降或经 0.45 μm 滤膜过滤的方法除去水中的悬浮物，但不能用滤纸过滤，这是因为滤纸能吸收部分颜色。有些水样含有颗粒太细的有机物或无机物质，不易离心分离，只能测定“表色”，这时需要在结果报告上注明。在清洁或浑浊度很低的水样中，水的“表色”与“真色”几乎完全相同。测定方法一般用铂、钴比色法。

铂、钴比色法适用于清洁水、轻度污染并略带黄色调的水及比较清洁的地面水、地下水和饮用水等。色度的标准单位为度，规定 1 mg/L 铂（以 $PtCl_6^{2-}$ 形式存在）所具有的颜色作为 1 个色度单位，称为 1 度。色度为 500 度的铂－钴标准溶液配制方法为：称取 1.246 g 氯铂酸钾（K_2PtCl_6）和 1.000 g 干燥的氯化钴（$CoCl_2 \cdot 6H_2O$），溶于 100 mL 纯水中，加入 100 mL 浓盐酸，用纯水定容至 1000 mL，此标准溶液的色度为 500 度。用铂－钴标准溶液配制色度为 5、10、15、20、25、30、35、40、45、50 的标准色列，可长期使用。即使轻微的浑浊度也会干扰测定，在测定浑浊水样时需先离心使之清澈。将水样与铂－钴标准色列比较，若水样与标准色列的色调不一致，即为异色，可用文字描述。

工业废水的污染常使水色变得十分复杂。测定时，首先用文字描述水样颜色的性质，如蓝色、黄色、灰色等，然后将废水水样用无色水稀释至将近无色，装入比色管中，水柱高 10 cm，在白色背景上与同样高的蒸馏水比较，一直稀释至不能觉察出颜色为止。这个刚能觉察有色的最大稀释倍数，即为该水样的稀释倍数。用稀释倍数表示水样颜色的深浅，单位为倍。

3. 总固体

总固体（TS）包括悬浮固体、胶体和溶解固体三种。把一定量水样在 105 ～ 110 ℃烘箱中烘干至恒重，所得的固体物质即为总固体。悬浮固体（SS）一般为 0.1 μm 以上的颗粒粒径，把水样用滤纸或滤膜过滤后，对被截留的滤渣进行同样的烘干恒重，所得的固体物质即为悬浮固体。把悬浮固体在马福炉中燃烧（温度为 600 ℃），失去的固体物质称为挥发性悬浮固体（VSS）。滤液中存在的固体即为胶体（0.001 ～ 0.1 μm）和溶解固体（DS）。在一定温度下烘干，所得的固体残渣称为溶解性总固体（TDS），包括不易挥发的可溶性盐类、有机物及能通过过滤器的不溶性微粒等。烘干温度一般采用（105 ± 3）℃，但 105 ℃的烘干温度不能彻底除去高矿化水样中盐类所含的结晶水，采用（180 ± 3）℃的烘干温度，可得到较为准确的结果。溶解性总固体的浓度与成分可对污水处理方法的选择及处理效果产生直接的影响。

4. 电导率

电导率表示水溶液传导电流的能力，它与水中矿物质有密切的关系，可用于检测生活饮用水及其水源水中溶解性矿物质浓度的变化和估计水中离子化合物的数量，间接推测水中离子成分的总浓度。

纯水电导率很小，当水中含无机酸、碱或盐时，电导率增加。水的电导率与电解质浓度成正比，具有线性关系。但是有机物不离解或离解极微弱，因此用电导率是不能反映这类污染因素的。一般天然水的电导率为 50 ～ 1500 μS/cm，含无机盐高的水可达 10000 μS/cm。水中溶解的电解质特性、浓度和水温与电导率的测定有密切关系。因此，严格控制试验条件和电导仪电极的选择及安装可以提高测量的精密度和准确度。

5. 生化需氧量

在有氧条件下，一定时间内，微生物分解一定体积水中有机物质所消耗溶解氧的数量称为生化需氧量（BOD）。它是反映水中有机污染物含量的一个综合指标。

好氧微生物降解有机物的整个生化过程具有明显的阶段性。第一阶段是在异养型微生物的作用下，将有机物的碳、氮组分分别氧化为 CO_2 和 NH_3 的过程，此过程分别称为碳化过程和氨化过程，在此阶段的耗氧量分别称为碳化需氧量和氨化需氧量。第二阶段是在自养型硝化细菌的作用下，将中间产物的氨氧化为亚硝酸盐和硝酸盐的硝化过程，在此阶段的耗氧量称为硝化需氧量。

为使测定的 BOD 值具有可比性，在水质分析中将 20 ℃规定为实际测定生化需氧量的标准温度。在此温度下，有机物氨化阶段的降解过程一般需要 20 d 左右，用 BOD_{20} 表示该阶段的需氧量，并将 BOD_{20} 视为有机物的完全生化需氧量的衡量指标。但由于 BOD_{20} 测定所需时间过长，难以在实际中应用，考虑到有机物的好氧降解速度一般在最初的几天最快，现普遍采用 20 ℃下培养 5 d 的生化过程需氧量（五日生化需氧量）作为衡量有机物含量水平的指标，以 mg/L 为单位，记为 BOD_5。BOD_5 基本上能反映可生化有机物的量。不同种类污水的 BOD_{20} 或 BOD_5 相差悬殊，但就确定的一种污水而言，其 BOD_{20} 和 BOD_5 之间一般有较稳定的比值，如生活污水的该比值约为 0.8。

以 BOD_5 作为衡量有机物浓度的指标尚存在如下缺点：当水样中的难生物降解甚至是非生物降解有机物含量较高时，所测 BOD_5 值的结果误差较大；若水样中存在对微生物生长繁殖有抑制作用的物质或不含微生物生长所需营养，则会影响测定结果；所需 5 d 测定时间仍然较长，仍难以迅速及时地指导实际工作。因此，实践中常采用化学需氧量作为衡量有机物浓度的指标。

6. 化学需氧量

化学需氧量（COD）是指在酸性条件下，用强氧化剂将有机物氧化为 CO_2、H_2O 所消耗的氧量。根据所用氧化剂的不同，化学需氧量的测定分为高锰酸钾法（简称"锰法"）和重铬酸钾法（简称"铬法"），两方法测定的结果分别记作 COD_{Mn}、COD_{Cr}。我国的水质检验标准规定采用铬法测定 COD 值。为明确区分 COD_{Mn}、COD_{Cr}，国际标准化组织（ISO）和我国均规定，COD_{Cr} 称为化学需氧量，而 COD_{Mn} 称为高锰酸盐指数。

重铬酸钾具有较强的氧化性，以其作氧化剂测定 COD 时，能较完全地氧化水样中各种性质的有机物和无机性还原物质，如对低碳直链化合物的氧化率可在 80% ～ 90%。因此，同一种检测水样的 COD 值一般高于 BOD_5 值，其差值粗略为水样中不能为微生物降解的有机物以及还原性无机物的量。

若水样中各种有机物的数量和组成相对稳定，BOD 与 COD 之间可有一定的比例关系，因而可以根据分析结果相互推算求定。一般说来，COD ＞ BOD_{20} ＞ BOD_5，COD_{Mn} 与 BOD_5 之间的关系则应视不同污水而定。

与 BOD_5 相比，COD 的测定需要时间短，不受水质限制，并能较精确地测出水样中有机物的含量。但其缺点是不能表示出可被微生物降解的有机物的量，并由于包括还原性无机物消耗的部分氧，也会对有机物的测定结果造成一定的误差。

7. 总需氧量

总需氧量（TOD）是指有机物彻底氧化所消耗的氧量。其测定方法是：向含氧量已知的气体载体中注入一定量的水样，送入以铂为催化剂的特殊燃烧器，在 900℃温度下使水样汽化，其中有机物氧化燃烧并消耗含氧载体中的氧，用电极自动测定并记录气体载体中氧的减少量，以此作为有机物完全氧化所需要的氧量。

同一水样的 TOD 一般大于 COD。TOD 的测定仅需几分钟，比 BOD_5、COD 更为快速简便，其结果也比 COD 更接近有机物的理论需氧量。

8. 总有机碳

总有机碳（TOC）这一指标以水样所含有机碳的量来间接表示水样中所含的有机物总量。测定过程与 TOD 类似，区别在于先用红外气体分析仪测定水样中有机物在燃烧过程产生的 CO_2 量，再折算出其中有机碳的含量，即为 TOC 的值。TOC 的测定仅需要几分钟。

难生物降解的有机物含量只能通过 COD、TOD、TOC 等综合指标反映。组分相对稳定的水样，其 BOD_5、COD、TOD 和 TOC 之间存在一定的相关关系。利用总需氧量法和总有机碳法判定水样的有机物含量，虽然测定过程迅速，但两者不能区分水样中有机物的种类和组成，因而不能反映总量相同的 TOD 或 TOC 所造成的不同污染后果。此外，TOD 与 TOC 的测定仪器均较为昂贵，主要用于研究。

9. 总氮

总氮（TN）包括有机氮、氨氮、亚硝酸氮、硝酸氮等全部氮的含量（mg/L）。其中，有机氮主要包括蛋白质、氨基酸、尿素等含氮有机物。在有氧条件下，有机氮会经微生物的作用逐步分解为 NH_3、NH_4^+、NO_2^-、NO_3^- 等简单无机氮物质。在实际应用中，人们将 NH_3、NH_4^+ 中的氮统称为氨氮，分别写作 NH_3-N 和 NH_4^+-N；将 NO_2^- 中的氮称为亚硝酸盐氮，将 NO_3^- 中的氮称为硝酸盐氮，分别写作 NO_2—N 和 NO_3—N。根据水样中这三种组分的实际含量水平，可以判断水样中有机氮转化为无机物过程所处的阶段，评价水体受污染的程度及自净状况。

10. 总大肠菌群数

总大肠菌群数是指单位体积水样中所含大肠菌的量。测定时，先将 1 mL 水样在规定条件下培养，再根据所生长的细菌菌落数，计算出每升水样所含的菌数。值得说明的是，大肠菌不是有害菌，它是生活于人体内的正常菌种，因此可用它作为间接污染指标来表明水被粪便污染的程度。

第三节 水污染防治面临的挑战

一、水污染防治的概念

水污染防治是基于工业污染、城镇生活污染、农业面源污染等影响水生态及饮用水安全的污染问题或事件而采取的保护和改善环境、保护水生态的治理措施。水污染防治工作内容较多，既包括对工业企业在内的污染源进行综合整治，同时又包括生态治理工程建设、提升市民节水意识等促进生态文明建设的举措。

目前，我国出台了一系列水污染防治工作相关指导文件，即“水十条”，该文件指出：积极倡导建设生态文明，按照“节水优先、空间均衡、系统治理、两手发力”原则改善水质，严格落实“安全、清洁、健康”等基本方针，强化源头控制，水陆统筹、河海兼顾，对江河湖海实施分流域、分区域、分阶段科学治理，系统推进水污染防治、水生态保护和水资源管理。

二、水污染防治面临的挑战

为了加强对水污染问题的管理和控制，各地政府采取了一系列措施，取得了一定的成就，水环境质量也有了明显的改善。但由于依靠政府单一监管无法消除监管漏洞、产业结构分布倾向重污染行业、企业公司的逐利性影响污染治理成效、群众监督力量薄弱等因素，水污染问题仍时有发生。目前，我国水污染防治工作仍然面临着很多挑战。

（一）水污染防治面临的挑战

1. 企业治污成本高，违法成本低

企业总是将利益放在第一位，生产活动也是以实现利润最大化为基础来进行的。排污企业安装及运行治污设备，不但不会产生经济效益，反而需承担高昂的治污成本，不仅失去了产品价格的市场竞争力，更直接削弱了企业的盈利能力。因此，除了环保类、旅游业等特定类型的企业，可以从水污染防治中直接受益或实现经济产出外，大部分企业在环境治理过程当中缺乏环境保护意识，并没有主动参与水污染防治工作。还有一些企业由于自身的经济条件有限，一旦投入相应的设备进行污染治理，高成本让他们难以继续维持下去，企业的运行也很快便会陷入僵局当中，这也是应当考虑的一个问题。

与此同时，行政处罚也受到一些地方势力的影响导致难以实施，存在取证难、处罚力度小等问题，造成违法处罚存在一定的局限性，企业排污违法成本低。因此，一些企业抱有侥幸心理，为了应付环保部门检查，白天排放处理后的达标水，晚上偷排未经治污设备处理的不达标废水，污水处理设备形同虚设，想方设法逃避水污染防治的责任和义务。水质污染使公众利益和自然利益受到双重损害。

2. 公众参与不足，缺乏群众基础

社会公众参与水污染防治，本应是公众和社会组织的自发行为，但从当前水污染防治的实际情况看，社会力量参与水污染防治，大多由政府自上而下组织发

动。公民很难做好监督工作，他们的行为缺乏主动性，没有立场。

此外，还有一些公民的环保意识较为薄弱，他们认为环境治理是政府的事情与自己无关，自己只要坐享其成就好，“搭便车”思想造成环境污染的公众参与度并不高。虽然政府每年都会通过各种各样的活动来进行宣传教育工作，但大部分流于表面形式，实际的效果差强人意。

就目前的状况来讲，公众参与水污染防治未形成制度化安排，除参加政府组织的各种宣传活动之外，在更深层次的重大决策、方案制定、项目实施等方面，尚未建立起有效的沟通参与平台，公众无法有效参与其中，水污染防治缺乏群众基础。

3. 水污染防治制度不完善

水污染防治是一项长期性的工作，而且社会在不断发展，因此所出现的水污染问题类型会越来越多。在这样的情况下，对水污染防治的相关法律规定也要及时做出改善，这样才能更好地适应实际工作的需求，不过从具体情况来看是污染防治制度还不够完善。

有一些制度存在不健全的地方，将其应用到具体工作中无法取得良好的效果，还容易出现一些问题让水污染防治工作没有办法得到充分落实，阻碍了这一项工作的开展。例如，对于水资源来说，其具有一定的流动性以及循环性，所以在开展水污染防治这一项工作时，并不能以特定区为核心或者只针对某一区域展开，但是从当前的法律制度建设来看，并没有规定来支持这方面工作的开展。

4. 职责范围不明确

我国有着广阔的国土面积，河流会存在跨越多个地区的情况，这是不争的事实，当处于这种情况之下，在开展水污染防治工作时，多个地区都会涉及，所以会出现共同管理的问题，但也正是因为共同管理，会非常容易导致防治责任不明确的情况出现。一旦出现问题，很难找到直接责任者。此外，部分地区为了加快自身的经济发展速度，对通过招商引资来促进工业化生产发展比较热衷，在这一过程中忽视了对水资源的保护以及相关工作规定的制定，没有处理好经济增长与环境保护之间的关系。而对于河流的污染，可能会由于水资源的流动性影响到其他区域，进而造成更大的污染，这样一来责任主体更无法明确，还会出现推卸责任的情况。

5. 经济发展因素的影响

随着城市化进程的持续推进，城市人口的持续增长对水资源利用造成了极大的限制，同时，城市人口增长的速度显著高于配套水资源污染处理设施建设的速度，对水资源污染的高效处理造成了一定限制，提升了水资源污染的程度。人口数量保持增长态势，但是有关水资源污染治理机制却尚未得到完善，对水污染治理能力的提升造成了限制。

6. 检测数据难以达标

水污染防治的信息要求精确度极高，然而当前部分地区在进行检测前，由于机构选择不当或机构不符合有关规定，出现了检测数据信息准确度不高的情况，使得当前区域具体的水污染状况无法有效汇报。与此同时，部分地区的水污染防治水准较低，复杂的数据获取需求很难达成，因此必须加强对水污染检测的关注力度，为后续治理工作提供基本保障。

7. 水污染防治水平有待提高

在水污染防治及治理过程中，需要多种机构相互合作，且不同机构负责的环节有所不同，因此必须增强各机构之间的交流，提高防治水平。同时，由于新形势下对水污染防治的专业性、系统性要求不断提高，如仍然使用传统手段，将会导致防治及治理工作存在一定的局限性，实际应用中的成效不明显，因此需要对防治手段进行革新。

（二）水污染防治面临挑战的原因

1. 政府管理体制存在漏洞

我国的水污染防治工作主要由生态环境部门进行统一的管控，同时由各地方住建部门、水利部门、交通部门和卫生部门集中进行负责和协调工作。但是在实际的操作过程当中，由于未对环境管理行使权做明确详细的规定，一旦涉及与环境问题相关的责任，在部门利益的驱使下责任部门就会出现相互推诿扯皮或重复处罚等现象，这也是目前我国在行政管理系统当中存在的一个很大的问题。就当前的水污染防治工作来说，主要责任部门为市生态环境局和市住房和城乡建设局，市生态环境局负责农村的水污染防治工作，市住房和城乡建设局负责城镇的水污染防治工作。对“农村”的概念、范围等大家都很明确，但对“城镇”的理解有分歧，导致在开展具体工作中出现了相互推诿和扯皮的现象发生。

2. 发展理念未能根本转变

地方政府为了发展经济，只注重追求眼前可见的经济利益，搞片面的政绩观，而忽视了环境污染的危害，并不惜以牺牲环境为代价发展经济。这种现象在政府部门行政决策中非常普遍。一些地方政府官员认为他们的责任主要是帮助当地人民致富，把如何促进经济增长摆在首位，而环境污染问题可以等到以后的人员进行解决。

企业缺乏清洁生产观念，忽略环境保护。企业作为环境保护过程中非常重要的一环，会对整体的环境和资源的利用率起到很大的作用。一些企业不能够自觉充分地控制生产过程中的资源利用率和污染程度，还有一些企业认为投入相应的治污设备会加大企业的财政支出，并且不会带来经济效益，所以他们的环保投入少之又少，能少则少。

社会公众环境保护意识淡薄。公民作为社会环境当中的主体，理应在对环境治理的监督中发挥重要作用。但是，在日常的生活当中，很多人对环境保护的认识不够，他们并没有加强自己的环境保护观念，认为自己的作为无足轻重，把环境治理更多地寄希望于政府和企业。相关调查表明，大多数人认为环境治理是政府的工作，环境污染是政府工作不力，与自己并没有很大的关系。

3. 环保法律体系不够完善

与西方发达国家相比，我国在环境治理方面仍然存在很大的不足，尤其体现为法律体系不够完善。目前，我国虽然也已经发布了一些实施细则或者整改细则，但是仍不够全面和具体。我国在 2000 年发布了《中华人民共和国水污染防治法实施细则》。同时，《中华人民共和国环境保护法》《中华人民共和国水土保持法》等也涉及了水环境保护和水污染防治的相关内容。这些立法中的一些内容存在交叉和不同，使法律适用面临诸多问题。譬如，在水质监测方面的不同规定，造成监测数据共享困难。另外，关于区域、流域水污染的协同治理也需要加强立法工作。一些针对流域立法的文件相对较早，部分内容已难以适应当前水污染防治工作的实际需要和经济社会的发展形势。

4. 公众参与平台相对单一

目前，我国公民在环境保护方面发挥的作用相对较小。环保法律也只有一些原则表达，例如，实行公民参与原则、环境保护的民主原则等。这些原则不够具体，也没有一定的激励作用，很难落到实处。

此外，就参与方式而言，公民的参与方式主要是听讲座或者捡垃圾等志愿方式，有限的参与方式使公民的思想受到局限，行动也难以规范。投诉监督的渠道仅有环保热线、市长热线、微博留言、微信公众号留言、官网留言等方式，而网络留言因不能及时接收和查看，导致相关职能部门对环境投诉的处理结果反馈不及时。公众投诉渠道不畅通，投诉难、解决问题更难，挫伤了公众参与环境治理的积极性。

综上，政府管理体制存在漏洞、发展理念未能根本转变、环保法律体系不够完善、公众参与平台相对单一等，导致我国水污染防治工作出现政府管理错位、产业结构偏向重污染行业、企业治污成本高但违法成本低、公众参与不足等问题，严重阻碍了水污染防治的进程。

第二章　水污染及其危害

日趋加剧的水污染给人类的生存安全带来重大威胁，成为人类健康、经济和社会可持续发展的重大障碍，水资源污染成为人们关心的重点问题。本章分为污染源、水中污染物的分类、水污染的危害、水中污染物的迁移和转化、水环境污染源评价五部分。主要内容包括工业污染源、农业污染源、生活污染源、大气污染源、按污染物的危害特征分类、按污染物的形态分类、水中污染物去除方法的适用范围、水污染危害的表现、水污染物类型及其危害等。

第一节　污染源

水体污染源有自然污染源和人为污染源两种。自然污染源主要是指自然界自行向环境排放有害物质或造成有害影响的场所，如特殊的地质条件使某些地区的某种或某些化学元素大量富集、天然植物在腐烂过程中产生某种毒物，以及降雨淋洗大气和地面后挟带各种物质流入水体等，都会影响该地区的水质。人为污染源是人类生活和生产活动所形成的污染源，包括生活污水、工业废水、农田排水和矿山排水等。此外，污染气体及气溶胶的沉降，废渣和垃圾倾倒在水中、岸边或堆积在土地上，经降雨淋洗流入水体，也能造成污染。当前对水体产生危害的污染源主要是人为污染源，本节以人为污染源为主展开阐述。

一、工业污染源

工业污染源是造成水污染的最主要来源。工业污染源排放的各类重金属（铬、镉、镍、铜等）及各种难降解的有机物、硫化氢、氮氧化物、氰化物等污染物在人类生活环境中循环、富集，对人体健康构成长期威胁。

工业废水是各工业行业生产过程中排出的废水的统称，其中包括生产工艺排水、机器设备冷却水、烟气洗涤水、设备和场地清洗水等。工业废水的成分复杂、性质各异，它们所含有的有机需氧物质、化学毒物、无机固体悬浮物、重金属离子、病原体、植物营养物等均可对环境造成污染。

工业废水通常可以按照下面三种方法分类。

①按行业和产品加工对象分类，工业废水可分为冶金废水、炼焦煤气废水、纺织印染废水、金属酸洗废水、制革废水、农药废水、化学肥料废水等。

②按工业废水中所含主要污染物的性质分类，以无机污染物为主的工业废水称无机废水，以有机污染物为主的工业废水称有机废水。这种分类方法比较简单，对考虑治理对策有利。工业生产中对无机废水一般采用物理化学的方式处理；对有机废水一般采用生物法处理。不过在工业生产中，一种废水一般既含有机成分又含无机成分，这样在考虑处理工艺时，必须有针对性地采用综合处理方法。

③按废水中所含污染物的主要成分进行分类，工业废水可分为酸性废水、碱性废水、含氟废水、含酚废水、含镉废水、含铬废水、含有机磷废水、放射性废水等。这种分类法的优点是突出了废水的主要污染成分。根据其中所含的主要成分，可以有针对性地考虑处理手段，或者有效回收。

工业污染源量大、面广，含污染物多，成分复杂，在水中不易净化，处理也比较困难。

二、农业污染源

农业生产过程中会产生各类污染物，包括牲畜粪便、农药、化肥等。不合理施用化肥和农药会破坏土壤结构和自然生态系统，特别是破坏土壤生态系统。降水所形成的径流和渗流把土壤中的氮和磷、农药以及牧场、养殖场、农副产品加工厂的有机废物带入水体，使水体水质恶化，有时还会造成河流、水库、湖泊等水体的富营养化。大量氮化合物进入水体则会导致饮用水中硝酸盐含量增加，危及人体健康。

三、生活污染源

生活污染源是指由人类在生活中排放各种洗涤剂、污水、垃圾、粪便等而形成的污染源。其特征是水质比较稳定，含有机物和氮、磷等营养物较高，一般不含有毒物质。由于生活污水极适于各种微生物的繁殖，因此含有大量的细菌（包括病原菌）、病毒，也常含有寄生虫卵。

城市和人口密集的居住区是人类消费活动的集中地，是主要的生活污染源。

生活污水的水质成分呈较规律的日变化，其水量则呈较规律的季节变化。

生活污水是指居民在日常生活中所产生的废水，主要包括生活废料和人的排泄物，包括厨房洗涤、沐浴、洗衣等废水，以及冲洗厕所等污水。废水的成分及变化取决于居民的生活状况、生活水平及生活习惯。污染物的浓度则与用水量有关。生活污水的水质特征是水质较稳定，但浑浊、色深且具有恶臭，呈微碱性，一般不含有毒物质。由于生活污水适于各种微生物的生长繁殖，所以往往含有大量的细菌、病毒和寄生虫卵。生活污水中所含固体物质占总质量的 0.1% ～ 0.2%。其中，溶解性固体占固体总量的 3/5 ～ 2/3，主要是各种无机盐和可溶性的有机物质；悬浮固体占固体总量的 1/3 ～ 2/5，有机成分几乎占 2/3。此外，生活污水中还含有氮、磷等营养物质。

生活污水进入水体后，能够恶化水质，并传播疾病。与工业废水排放逐年降低相反，我国生活污水排放量呈逐年上升趋势，水污染结构已开始发生根本性变化。

四、大气污染源

大气环流中的各种污染物质（如汽车尾气、酸雨烟尘等）通过干沉降与湿沉降转移到地面，也是水体污染的来源之一。由于农田施肥不合理，养殖场畜禽粪便管理不善，燃煤、汽车尾气排放等增加，大气沉降产生的污染物已对水环境产生了不容忽视的影响。

第二节 水中污染物的分类

一、按污染物的危害特征分类

从不同的角度对水体污染物可有不同的分类方法。例如，从卫生学角度分类，水体污染物可分为化学性污染物、物理性污染物和生物性污染物。当从环境工程学角度分类时，水体污染物的分类及危害特征如表 2-1 所示。

表 2-1　水体污染物的分类及危害特征

分类	污染物	主要危害特征													
		浊度	色度	恶臭	传染病	耗氧	富营养化	硬度	毒性	油污染	热污染	放射性	酸化	易积累	易富集
致浊物	尘、泥、土、砂、灰渣、屑、漂浮物	●	○	○	○	○			○	○		○		●	
致色物	色素、染料		●						○						
致臭物	胺、硫醇、硫化氢、氨			●		○	○		○						
病原微生物	病菌、病毒、寄生虫		○		●	○	○		○						
需氧有机物	碳水化合物、蛋白质、氨基酸、木质素、脂肪酸	○	●	●	○	●	○	○							
植物营养素	硝酸盐、亚硝酸盐、铵盐、磷酸盐、有机氮、洗涤剂		○	●		○	●							●	
无机有害物	酸、碱、盐类							●							○
无机有毒物	氰、氟、硫的化合物								●						
重金属	汞、镉、铬、铅、铜		○						●					●	●

续表

分类	污染物	主要危害特征													
		浊度	色度	恶臭	传染病	耗氧	富营养化	硬度	毒性	油污染	热污染	放射性	酸化	易积累	易富集
易分解有机毒物	酚、苯、醛、有机磷农药		○			●			●						
难分解有机毒物	DDT、666、狄氏剂、艾氏剂、PCB、多环芳烃、芳香烃					○			●					●	●
油	石油及其制品	○	●			○			○	●		○			
热	热										●				
放射性	铀、钚、锶、铯								●			●		●	●
硫、氮氧化物	二氧化硫、氮氧化物												●		

注：○——存在危害；●——严重危害。

二、按污染物的形态分类

①无机悬浮固体（5 nm～10 mm），如卵砾石（1～4 mm）、粒砂（2～4 mm）、粗砂（0.5～2 mm）、中砂（0.25～0.5 mm）、细砂（0.06～0.25 mm）、粉砂（4 μm～0.06 mm）、黏土（5 nm～4 μm）等。

②浮游生物（3 μm～10mm）：浮游动物（7 μm～10 mm），如枝角目、太阳虫目、变形虫目、轮虫类、腰鞭毛虫目等；浮游植物（3 μm～0.2 mm），如蓝藻纲、绿藻纲、硅藻纲等。

③微生物（80 nm～50 μm）：

a. 变形虫类（10～50 μm），如痢疾变形虫等；

b. 细菌（0.8～50 μm），如硫细菌、铁细菌、葡萄球菌、大肠杆菌、破伤风杆菌、缘脓杆菌等；

病毒（8 ～ 400 nm），如噬菌体、脊髓灰质炎病毒、流感病毒、肝炎病毒等。

④胶体（1 ～ 200 nm），如胶体黏土、胶体硅、胶体重金属氢氧化物、腐殖质、蛋白质、多糖类脂物等。

⑤低分子化合物（5 ～ 10 nm），如有机酸、有机碱氨基酸、糖类、油脂类等。

⑥无机离子（0.5 ～ 8 nm），如 H^+、Na^+、K^+、NH^+_4、Mg^{3+}、Ca^{2+}、Fe^{2+}、Mn^{2+}、OH^-、NO_2^-、HS^-、$H_2PO_4^-$、SO_4^{2-}、HPO_3^{2-}、CO_3^{2-}、PO_4^{3-}、NO_3^- 等。

⑦溶解性气体（2.3 ～ 4 nm），如 CO_2、CO、Cl_2、H_2S、SO_2、NH_3、N_2、O_2、H_2 等。

三、水中污染物去除方法的适用范围

肉眼可见的颗粒范围为 70 μm ～ 10 mm，一般光学显微镜的观察范围为 0.2μm ～ 1 mm，超显微镜的观察范围为 4 nm ～ 10 μm，电子显微镜的观察范围为 1 nm ～ 1μm，质子显微镜可观察 1 nm 以下的颗粒。每种水质治理方法去除污染物颗粒的适用范围如下：

①沉淀（3 ～ 500μm）：砂沉（3 ～ 50 μm）、自然沉淀（5 ～ 50 μm）、离心沉淀（3 ～ 500 μm）。

②过滤（2 nm ～ 10.0 mm）：普通金属网过滤（50 μm ～ 10 mm）、细孔金属网过滤（10 ～ 100 μm）、普通过滤（1 ～ 250 μm）、预涂层过滤（0.5 ～ 10 μm）、微滤（50 nm ～ 10 μm）、混凝过滤（2 nm ～ 100 μm）。

③膜渗透（1 nm ～ 5 μm）：渗析（1 nm ～ 5 μm）、反渗透（3 ～ 10 nm）。

④吸附（3 ～ 20 nm）：活性炭吸附（3 ～ 20 nm）。

⑤离子交换（0.5 nm ～ 0.3 μm）。

⑥蒸馏（0.9 nm ～ 10 μm）。

⑦脱气（4 ～ 2.3 nm）。

第三节　水污染的危害

一、水污染危害的表现

（一）危害人的健康

长期饮水水质不良，必然会导致体质不佳、抵抗力减弱，引发疾病。伤寒、霍乱、胃肠炎、痢疾等人类疾病，均由水的不洁引起。当水中含有有害物质时，对人体的危害就会更大。

饮用水的安全性与人体健康直接相关。安全饮用水的供给是以水质良好的水源为前提的。但是，我国近90%的城镇饮用水源已受到城市污水、工业废水和农业排水的威胁。水源受到的污染使原有的水处理工艺受到前所未有的挑战，有的已不可能生产出安全的饮用水，甚至不能满足冷却水及工艺用水的水质要求。

水污染后，污染物通过饮水或食物链进入人体，使人急性或慢性中毒。水环境污染对人体健康的危害最为严重，特别是水中的重金属、有害有毒有机污染物及致病菌和病毒等。

（二）降低工农业生产效益

有些工业部门，如电子工业对水质要求高，水中有杂质会使产品质量受到影响而食品工业对水质要求更为严格，水质不合格会使生产停顿。某些化学反应也会因水中的杂质而发生，使产品质量受到影响。废水中的某些有害物质还会腐蚀工厂的设备和设施，甚至使生产不能进行下去。

农业使用污水，会使作物减产，品质降低，甚至使人畜受害，大片农田遭受污染，降低土壤质量。例如，锌的质量浓度达到0.1 mg/L即会对作物产生危害，5 mg/L使作物中毒，3 mg/L对柑橘有害。

水质被污染后，工业用水必须投入更多的处理费用，从而造成资源、能源的浪费，这也是工业企业效益不高、工业产品质量不好的因素之一。

（三）影响农产品和渔业产品质量安全

我国污水灌溉的面积增加，大量未经充分处理的污水被用于灌溉，使农田受到重金属和合成有机物的污染。长期的污水灌溉使病原体、“三致”物质通过粮食、蔬菜和水果等食物链迁移到人体内，造成污水灌溉区人群寄生虫病发病率、肠道疾病发病率、肿瘤死亡率等大幅度提高。

有机污染物分为耗氧有机物和难降解有机物。耗氧有机物在水体中发生生物化学分解作用，消耗水中的氧，从而破坏水生态系统，对鱼类影响较大。在正常情况下，20 ℃水中溶解氧量（DO）为9.77 mg/L。当DO值大于7.5 mg/L时，水质清洁；当DO值小于2 mg/L时，水质发臭。渔业水域要求在24 h中有16 h以上DO值不低于5 mg/L，其余时间不得低于3 mg/L。

（四）危害水体生态系统

生活污水含有大量氮、磷、钾，一经排放，大量有机物在水中降解放出营养元素，引起水体的富营养化，使藻类过量繁殖。在阳光和水温最适宜的季节，藻类的数量可达 100 万个 / 升，水面出现一片片“水花”，称为“赤潮”。在水体的上表层由于光合作用，水体中的溶解氧达到过饱和，而在水体的下底层，则由于光合作用受阻，藻类和底生植物大量死亡，它们在厌氧条件下腐败、分解，又将营养素重新释放进水中，再供给藻类，周而复始。因此，水体一旦出现富营养化就很难消除。富营养化使水生生态系统结构、功能失调，水体使用功能受到很大影响，甚至使湖泊、水库退化、沼泽化。

富营养化水体对鱼类生长极为不利，过饱和的溶解氧会产生阻碍血液流通的生理疾病，使鱼类死亡，缺氧也会使鱼类死亡。而藻类太多则会堵塞鱼鳃，影响鱼类呼吸，也能致死。

含氮化合物的氧化分解会产生硝酸盐，硝酸盐本身无毒，但硝酸盐在人体内可被还原为亚硝酸盐。亚硝酸盐可以与仲胺作用形成亚硝胺，这是一种强致癌物质。因此，有些国家的饮用水标准对亚硝酸盐含量提出了严格要求。

（五）加剧水资源短缺危机

对于一些本来就贫水的国家而言，水污染导致的问题更加严重。水污染使水体功能降低，甚至丧失，进一步加剧了贫水国家缺水的状况，还有一些水资源丰富的地区和城市因大面积水质不合格严重影响使用而形成了所谓的污染型缺水。可持续发展无从谈起。

二、水污染物类型及其危害

（一）固体污染物及其危害

固体污染物是指人类活动所产生的各种固体废弃物，如工业生产和矿山开采过程中的各种废弃物、城市的生活垃圾、农作物的秸秆和家畜的粪便等。除了上述的工业生产和矿山开采过程中的废弃物、农作物的秸秆之外，其中最引人注目的是城市的生活垃圾。

水中的固体污染物主要是指固体悬浮物。水力冲灰、洗煤、冶金、屠宰、化肥、建筑等工业废水中都含有悬浮状的污染物，大量悬浮物排入水中，会造成水的外观恶化、混浊度升高、颜色改变。悬浮物沉于河底淤积河道，则会危害水体底栖生物的繁殖，影响渔业生产；沉积于灌溉的农田，则会堵塞土壤孔隙，影响通风，不利于作物生长。

（二）有机污染物及其危害

农药的使用大多采用喷洒形式，以DDT为例，使用中约有50%的DDT以微小雾滴形式散布在空间，就是洒在农作物和土壤中的DDT也会再度挥发进入大气。在空气中，DDT被尘埃吸附，能长期飘荡，平均时间长达4年之久。在这期间，带有DDT的尘埃逐渐沉降，或随雨水一起降到地表和海面。由于DDT这一类氯代烃主要是通过大气传播的，因此目前地球上任何角落都有DDT存在。

（三）油类污染物及其危害

油类污染物主要来自含油废水。水体含油达0.01 mg/L即可使鱼肉带有特殊气味而不能食用。含油稍多时，在水面上形成油膜，使大气与水面隔离，破坏正常的充氧条件，导致水体缺氧，同时油在微生物作用下的降解也需要消耗氧，造成水体缺氧。油膜还能附在鱼鳃上，使鱼呼吸困难，甚至窒息死亡。在含油废水的水域中孵化的鱼苗，多数产生畸形，生命力低弱，易于死亡。含油废水对植物也有影响，妨碍光合作用和呼吸作用。含油废水进入海洋后，造成的危害也是不言而喻的。

（四）重金属污染物及其危害

人离不开水资源，尤其是饮用水与生活用水，如果重金属废水对纯净水源造成污染，将会直接对人们的生命安全构成严重危害。重金属污染对人体的危害分为直接与间接两种，其中直接危害指的是饮用水源被污染，当水中的重金属物质超标时，就会导致人体细胞中毒，当人体内的重金属含量超出合理范围时，就会对人体的神经系统造成危害。间接危害指的是重金属废水对灌溉水源造成污染，这样会相继对农田、果园以及蔬菜等造成污染，而且重金属物质也可以被其他种类的食物所吸附，这样就会流入人体中，对人体的免疫力结构造成破坏，使人们产生各种伤病。

重金属废水通过与自然水体相结合，在流经植物土壤时会将部分金属物质残留到其中，这样不仅会污染水中植物，而且还会对大量植物的光合作用形成阻碍，严重影响植物的正常生长。当植物长期缺乏植物酶时，便会影响植物自身的生长速度。例如，月牙藻与羊角等植物在遭到重金属废水污染时都会停止自身的光合作用，使植物的综合防御能力下降。

水中重金属含量超标后，会对生物的健康生长产生严重影响，尤其是新陈代谢能力与生长发育能力。例如，水中的重金属含量为高浓度级别时，首先会导致鱼类中毒，水中的锌元素、铅元素以及铜元素含量过高时，会导致水中生物畸形生长，同时还会改变生物基因。这些都与当前生态环保理念相违背。因此传统工业在经营生产中要积极响应国家可持续发展的战略方针，不仅要重视重金属废水污染问题，而且还要采取科学合理的解决措施。

（五）有毒污染物及其危害

废水中有毒污染物主要有无机化学毒物、有机化学毒物和放射性物质。

无机化学毒物主要是指重金属及其化合物。很多重金属对生物有显著毒性，并且能被生物吸收后通过食物链浓缩千万倍，最终进入人体造成慢性中毒或严重疾病。例如，著名的日本水俣病就是由甲基汞破坏人的神经系统而引起的，而骨痛病则是由镉中毒造成骨骼中钙减少的结果，这两种疾病都会导致人的死亡。

有机化学毒物主要指酚硝基物、有机农药、多氯联苯、多环芳香烃、合成洗涤剂等，这些物质都具有较强的毒性。它们难以降解，其共同的特点是能在水中长期稳定地留存，并通过食物链富集最后进入人体。例如，多氯联苯具有亲脂性，易溶解于脂肪和油中，具有致癌和致突变的作用，对人类的健康构成了极大的威胁。

海洋中的放射性核素，有天然放射性核素和人工放射性核素两种，前者存在于自然界，后者是人类制造的。

（六）生物污染物及其危害

生物污染物是指废水中含有的致病性微生物。污水和废水中含有多种微生物，大部分是无害的，但其中也含有对人体与牲畜有害的病原体，如制革厂废水中常含有炭疽杆菌，医院污水中含有病原菌、病毒等。生活污水中含有引起肠道疾病的细菌、病毒和寄生虫卵等。

（七）营养性污染物及其危害

营养性污染物是指水体中含有的可被水体中微型藻类吸收利用并可能造成水体中藻类大量繁殖的植物营养元素，通常是指含有氮元素和磷元素的化合物。

大量的营养物质进入水体，在水温、盐度、日照、降雨、水流场等合适的水文和气象条件下，会使水中藻类等浮游植物大量生长，造成湖泊老化、破坏水产与饮用水资源。目前，我国湖泊、河流和水库的富营养化问题日趋严重，湖泊水质已达Ⅳ或Ⅴ类水体，个别已达超Ⅴ类水体，“水华”的大面积暴发，会使鱼虾数量急剧下降，从而使生物多样性受到极大的破坏，造成极大的经济损失。我国近海水域的大面积“赤潮”暴发，已对我国海洋渔产资源和海洋生态环境造成无法挽回的破坏。

（八）热废水污染及其危害

热废水来源于工业排放的废水，其中尤以电力工业为主，其次有冶金、石油、造纸、化工和机械工业等。一般以煤或石油为燃料的热电厂，只有 1/3 的热量转化为电能，其余的则排入大气或被冷却水带走。原子发电厂几乎全部的废热都进入冷却水，约占总热量的 3/4。

热废水对环境的危害主要是：导致水域缺氧，影响水生生物正常生存；破坏原有的生态平衡，使海洋生物的生理机能遭受损害；使渔场环境变化，影响渔业生产；等等。

第四节　水中污染物的迁移和转化

一、迁移和转化概述

进入环境的污染物质有可能在地表自行消失，也有可能在人们的肺孔、土壤的孔隙、植物的细胞和海洋的水层中找到停留的地方。了解污染物如何进入，将到达何处，以何种形态，又以多少浓度在各种水体和局部区域内的分布情况是保证良好的水体环境质量的前提。

污染物在环境中要经受化学、物理和生物三方面因素的影响，只有通过迁移和转化，才能到达最后的归宿。迁移是指污染物在水体中所发生的空间位置相对变动的过程。污染物的转化与迁移不同，它是指污染物在水环境中改变形态或转变成另一种物质的过程。各种污染物的迁移和转化过程取决于它们的物理化学性质及它们所处的环境条件。污染物在水环境中的迁移形式如下：

①不同介质之间的相互作用：空气－水界面；固体－水界面；液体－水界面。

②物理迁移：平移与搬运；混合与扩散。

③生物迁移：食物链与放大积累；新陈代谢转化与生物降解。

④化学迁移：吸附与脱附；絮凝与分散；溶解与沉积；水解作用。

污染物在水环境中会发生种种形态转化，其中包括物理转化（挥发、吸附、蜕变等）、化学转化（还原、光化学、水解等）、生物转化（吸收、代谢、降解等）。重金属自排污口排出后只累积于其下游一定范围内的底沉沉积物中。

实际上，水环境中污染物的迁移和转化过程往往是相互依赖和伴随进行的一个复杂的连续过程。例如，有机污染物在河流中迁移的同时发生衰减变化，正是这些有机物在河流中不断进行氧化分解，才使河水的溶解氧消耗后得到恢复从而起到自净的作用。

二、各类污染物的迁移和转化过程

（一）有机污染物

人们对污染物的毒性有一个认识过程。早期污染物的量以综合指标（生化需氧量、化学需氧量、总有机碳等）来反映。直至60年代，世界上所有国家无论是制定环境质量标准还是实行监测与控制，都还只有上述综合指标。随着科技的发展，人们逐渐认识到，只有综合指标，不足以说明环境问题，更不能反映环境质量状况，一大批有毒污染物特别是占有毒化学品较大比例的有机污染物没有包括在内。而现代医学恰恰证明，即便在低浓度下，有机污染物也可能对人类健康和环境造成严重的甚至是不可逆的影响。到了70年代，随着气相色谱技术和色质联用技术等痕量有机分析测试技术的发展、有机污染物的监测控制和研究才真正开始实施。

由于有毒污染物为数众多，不可能对每一种污染物均制定标准、限制排放、实行控制，而只能针对性极强地从中选择一些重点污染物加以控制，一般把这些优先选择的有毒污染物称为“环境优先污染物”。这些污染物的特点是，难降解，在环境中有一定的残留水平，具有生物积累性，有“三致”（致癌、致畸、致突变）作用或毒性，对人类健康和生态环境构成潜在威胁。有机污染物在环境优先污染物中占的比例最大。

有机污染物毒性强、环境行为复杂，因此，世界各国的环境科学工作者都开展了有机污染物在天然水体中迁移转化规律的研究，当前研究的重点是有机污染物在这种体系中的吸附分配行为。目前，有机污染物在这种体系中的吸附机理基本上以表面吸附和分配理论两种观点相争于世。

酚是易挥发的有机化学毒物，俗称“挥发酚”，是当前水质常规监测中的一种有机污染物。邻苯二甲酸酯是邻苯二甲酸的一类重要衍生物，一般可用作农药的载体、驱虫剂、化妆品香味和去泡剂的生产原料及塑料的增塑剂，是生产量大、应用广泛的合成有机化学品之一。它由于具有低水溶度、低挥发性的特点，因而倾向于附着在固体颗粒物上，表现出很强的吸附亲和性。多环芳烃是最早被发现的环境致癌物，至今仍是数量最多、分布最广的一类致癌物。近年来的调查表明，空气、水体、植物等无不受到多环芳烃的污染。多环芳烃的主要来源是焦化和石化工业的废水及现代交通工具各种机动车的废气。水体中的多环芳烃可能呈三种状态：吸附于悬浮固体上、溶解于水中和呈乳化状态。

DDT、666 曾在我国农药施用量中占有很大的比例。在自然条件下，当湖水位很低时，大风搅起底泥会使水中 666 含量明显降低，这可能是水中悬浮泥沙随着浓度的增大会增加对水中 666 吸附的缘故。国外一些学者在研究 DDT、毒杀酚等在湖中的分布时，发现这些农药能较快地进入沉积物中。

综上所述，水环境中有机污染物难降解，绝大部分富集在泥沙颗粒上，以泥沙颗粒为载体进行迁移和转化，研究水环境中有机污染物的迁移和转化必须结合泥沙运动进行。另外，影响水环境中有机污染物迁移、转化、归宿的机理还有生物降解（富集）、光解、水解等，对这些机理的研究一般要在蒸馏水中进行，这与天然河流水体的实际情况有较大的差别。

（二）石油污染物

污染地表水的有害物质中分布最广的是石油产品。散布在水表面的油膜不会保持静止不变的状态。水面油膜的迁移途径主要有四个：挥发、溶解、氧化和氧化产物的溶解。原油和炼制油中水溶性较好的成分直接溶入水中，而挥发性较强的成分则逸入空气中。石油产品中含有多种组分，这些组分的化学构成不同，在水中的溶解度也不同，因此区分为溶解性油和悬浮性油两部分。而当石油产品和水混合以后，在溶解性油和悬浮性油之间还要进行选择性与定向性的分子构成方面的重新分配，溶解性油和悬浮性油中所含有的有机物的化学组分、比例和浓度都是不同的。油膜中有机物迁移至水中的第一个阶段是天然存在的和人类加工制造的水溶性有机物的溶解，其中包括脂肪酸、羧酸环烷酸、酚、甲酚、取代烃和加工溶剂等。经过 2 ～ 7 d 的接触，由于化学和生物氧化的结果，形成了氧化烃，其中含有相当数量的脂肪酸和反式脂肪酸。氧化烃比原来的石油烃对水生生物毒性更大。对海洋生物影响最大的是溶解于水中的芳烃化合物。由于水和石油接触的结果，大量的有机物能溶解到水中去，对水生生态环境造成不良影响。

多环芳烃是强致癌剂。在河流和湖泊中，沉降对去除水中多环芳烃起着重要作用。多环芳烃能被吸附到藻类上，然后随着死亡的藻类沉到湖底。一定数量的多环芳烃也能溶解于浮游生物的类脂组织中。在给水和污水处理中，沉淀工艺对去除多环芳烃效果显著。慢速滤池也有很好的效果，但快速滤池的去除效果不佳。

若河床的构成材料是很细的砂子，则河床渗滤能有效地去除水中的多环芳烃。地表水和污水的沉降及砂滤能去除约 2/8 的多环芳烃。

（三）重金属污染物

重金属化合物对水体的污染具有一定的特点。由于吸附形成难溶解的化合物、氧化还原和络合等作用，重金属化合物自排放口向下游移动的距离一般不会很远。在天然水中，溶解的金属化合物含量、在悬浮物与底泥中的金属化合物含量以及金属在水体中的迁移能力取决于元素本身的化学性质（化合价、离子半径等）和外部因素（悬浮物与底泥的粒径及矿物组成、地形、排水口的水动力学与气候条件等）。

二价和三价金属（如锌、铜、镍、钴以及二价铁）在酸性与中性水中的迁移能力很强。当水的 pH 值大于 8 时，这些金属以氢氧化物与中性盐的形式沉淀下来。对许多重金属离子的迁移过程起着重要作用的是在悬浮物与底泥颗粒上的阳离子吸附作用。硅藻精土、氢氧化物、有机物、碳酸盐、硅酸盐等材料都具有吸附金属离子的能力。黏土材料（蒙脱土、高岭土）以及铁与铝的氢氧化物对 Fe^{3+}、Mn^{4+}、Cu^{2+}、Zn^{2+}、Co^{2+}、Pb^{2+}、Hg^{2+} 等金属离子有较强的吸附作用。氧化还原反应对变价金属离子的迁移过程也起着重要的作用。由于氧化还原电位的改变，金属离子可转化为溶解状态，也可形成难溶解的金属化合物。还原条件促使锰、铁、铜等金属由氧化态转变为还原态，提高了它们在水中的溶解含量；氧化条件促使汞、钒和铝在水中的溶解量增加。

第五节　水环境污染源评价

一、水环境污染控制指标体系

（一）指标筛选原则

不同城市的工业结构不同，排放的污染物和水环境污染状况也不同，因此确定的污染控制因子可以不同。但在筛选控制指标时都应遵循下面几条原则：

①对有毒、有害、难降解，在环境、人体、动植物体内易蓄积，存在潜在污染威胁，且主要由工业源排放的污染物要优先控制。

②对造成地面水、地下水、土壤、农作物、河道底质等污染的污染物要优先选择。

③对确定的污染物应有成熟的、经济可行的处理技术和保证措施，还应有简便、易行、科学、准确的监测技术与手段。

④要考虑城市水污染控制的总体规划，对那些不适合集中处理或可能影响污水集中处理效率的污染物要以源内控制为主，且优先控制。

⑤筛选的控制指标要体现经济性、技术性和可操作性，实现环境、经济、社会效益相协调。

（二）指标体系的建立

污染控制指标的筛选是一项比较复杂的工作，同污染物的性质和环境效应、地方经济技术条件、环境污染状况等有密切的关系。通常的做法是先通过水环境评价、工业污染源系统分析确定出环境污染的主要因子、主要污染源，然后对排水系统和污染源进行污水可生化性及生物毒性分析，最后对获取的各类数据进行处理与分析，从而筛选出主要污染因子，确定需要源内控制的污染物、需要集中控制的污染物、需要优先控制的污染物，建立城市水污染控制指标体系。

1. 工业污染源系统分析

工业污染源系统分析包括水污染评价、污染工艺剖析、水平衡分析、经济技术评价、污水治理状况评价等内容。其中水污染评价是筛选污染控制指标的基础工作，可采取等标污染负荷评价，确定超过有关排放标准造成水质污染的污染物，作为筛选控制因子的主要依据。

2. 水环境质量评价

水环境质量评价是水污染控制的一项基础工作，也是筛选污染控制因子必须做的工作。水环境质量评价，可准确地找出造成水环境污染和超过水体功能保护标准的污染物，这些污染物是确定污染控制因子和进行污水可生化性及生物毒性分析的依据。

3. 污水可生化性分析

城市污水的构成受城市性质、工业结构等控制，不同城市、不同污染源，其废水水质、污染特征指标可能存在很大差异。有些废水可能含有大量有毒有害难降解的有机物，这些污染物可能对污水集中处理效果产生较大影响。污水可生化性分析就是要确定污水可生化程度，找出影响污水可生化性的难降解有机物。污水可生化性是指废水中污染物可被微生物降解的能力。通常，最简单的方法是根据有机综合指标比值（如 TOC/COD、BOD/COD、TOC/BOD）反映废水的可生化程度。一般情况下可把污水可生化性划为四个等级，即易生化、可生化、较难生化、难生化。

4. 污水生物毒性分析

污水生物毒性分析主要是研究有机污染物的毒性、结构，筛选出废水和环境水体中的有毒有害有机污染物，保护受污水体中的水生生物和污水集中处理工程中的微生物群落，预防和减少远期毒性效应的发生。现有的水污染控制指标不能全面有效控制水质污染，也不能反映水污染的实质，特别是不能反映有毒有害有机污染物的毒性水平和潜在污染水平。所以，生物毒性分析可准确评价水体的总体毒性，并确定出有毒有害难降解有机污染物。一般生物毒性可分为强毒、有毒、微毒和无毒四级。

5. 指标的筛选

为了使选择的污染控制指标能够全面反映水质污染问题，可经济有效控制水质污染，必须对众多分析数据及结果进行处理和分析，以筛选和建立简单、实用、经济的污染控制指标体系。指标筛选方法较多，如因子分析法、层次分析法、综合评价法等。指标的筛选主要是利用数学手段和计算机对获得的各类信息，通过统计、计算和分析找出众多指标中的主要指标，确定各指标的关系，以此确定优先控制指标和一般控制指标。

二、水污染源评价方法

水污染源评价就是对水污染源调查中所得到的大量数据进行处理，按其对环境质量影响的大小，来确定各行业、各地区或各流域的主要污染物和主要污染源，以进一步控制水环境质量恶化。现对水污染源评价方法分别介绍如下。

（一）排污量法

排污量法主要是针对废水排放量或污染物总量而言的，该方法通过简单地统计各污染源的排污量，以最大排污量居首，由大到小依次排列，由此确定主要污染物和主要污染源。

采用这种方法的最大优点是简便，易与环境管理人员操作。当采用废水排放量作为排污量指标时，其缺点是未考虑废水中污染物的浓度。因为，即使同量的废水，其中所含的污染物量也可能相差极大。选用污染物总量作为排污量指标时便可克服这一缺点。然而，这一方法仍不能克服不同浓度或量的污染物所引起污染毒害程度不同的缺点。

（二）污径比法

污径比法通过污染源废水排放量与纳污水体径流量之比来确定水体可能受到污染的程度。一般认为污水量与水体径流量之比为 1∶30 ～ 1∶10 时，水体有较好的稀释自净容量，所以可用此法粗略地评价各污染源对水体产生的污染状况。

这一方法易于判断源的排放是否达标，便于环境管理人员操作。这一方法也有其固有的弱点：①只考虑了纳污水体的流量，而未考虑纳污水体的本底水质，如对较大污染源排入十分清洁的水体与较小污染源排入已污染水体的情况无法区别；②未考虑到废污水的浓度及污染物质类别不同会引起环境效应的差异，如排污体积虽相同，但有的所含污染物浓度很高，有的可能很低，或有的毒性不强且易为降解，有的毒性甚强且不易降解。

（三）超标法

超标法通常以各类污染源排放的污染物浓度及单位产品的最高允许排水量作为考核指标，来评价各污染源的污染物超标情况，并由此判定出主要污染源和主要污染物。

这一方法，常使用工业废水排放标准或行业的废水排放标准来度量废水是否超标。若污染源所排污染物有超标趋势，则该污染源即被列为超标排放污染源，超标排放污染源占调查区域中污染源总数的百分比便是污染源超标排放率。

由于制定废水排放标准时，已考虑了污染物的毒性，所以这一方法已考虑污染物对环境污染的危害程度。但该方法未考虑水体本底浓度及源排放量与水体、径流量的比例关系，因而不能反映源对水体、环境的影响程度。

（四）等标污染负荷法

这是目前我国对污染源评价最普遍的方法，它综合考虑了排污水量、污染物的实测浓度和污染物排放标准。这是超标法进一步的具体应用，可反映某一污染物对某一污染源的等标污染负荷，也可反映某一污染物在某一区域内的等标污染负荷，最终反映某污染源在某一区域内的等标污染负荷，从而确定出各主要污染源和污染物。

这种方法的优点是综合考虑了排污量排放标准，易于确定一个企业，一个地区和一个流域的主要污染物和主要污染源。缺点是未考虑水体本底浓度及源排放量与水体、径流量的比例关系，不能反映源对水体、环境的影响程度，未建立源目标的输入响应关系。

（五）影响系数法

影响系数法是在研究水体环境容量和污染物总量控制的基础上，提出的一种较科学、合理的污染源评价方法。此法研究的是不同污水排放量与浓度对水体某一控制断面的水质影响，从理论上讲，影响系数是反映单位水量（包括河流流量和污水流量）内河流的稀释自净容量；从实用上讲，则是反映各污染源在水体某一控制断面对水质影响的比例关系。

这种方法综合考虑了污染物排放总量、水体使用功能与水环境容量，建立了源与环境目标的输入响应模型，缺点是计算比较复杂。可以说，影响系数评价法要比以往采用的污染源评价方法更合理、更具有科学性。当然在采用影响系数评价方法时，辅之其他评价方法（尤其是等标污染负荷法），以确定某一行业、某一区域污染源的主要污染物，将会使污染源评价趋于更完善。

第三章　水污染的检测技术

伴随社会经济的飞速发展，工业及农业产业规模的不断壮大加剧了我国的水污染问题。为了有效解决这一难题，相关部门应对水污染检测工作给予高度的重视，通过对水污染检测技术的科学运用，使水质检测工作的效率和质量得到进一步的提升，在确保检测数据准确性的基础之上，为人民群众提供优质的用水资源，以此来推动社会与生态环境的可持续发展。本章分为水污染检测的目的与任务、水污染检测方案的制订、水样的采集与保存、水的物理性质检测、水中金属化合物的检测、水质污染生物检测六部分，主要内容包括水污染检测的目的、水污染检测的任务、水污染检测总体方案设计思路、地表水污染检测方案的制订、地下水污染检测方案的制订等方面。

第一节　水污染检测的目的与任务

一、水污染检测的目的

水污染检测可分为环境水体检测和水污染源检测。环境水体包括地表水（江、河、湖、库、海水）和地下水。

进行检测的目的可概括为以下几个方面：

①对进入江、河、湖泊、水库、海洋等地表水体的污染物质及渗透到地下水中的污染物质进行经常性的检测，以掌握水质现状及发展趋势。

②对生产过程、生活设施及其他排放源排放的各类废水进行监视性检测，为污染源管理和排污收费提供依据。

③对水环境污染事故进行应急检测，为分析判断事故原因、危害及采取对策提供依据。

④为国家政府部门制定环境保护法规、标准和规划，全面开展环境保护管理工作提供有关数据和资料。

⑤为开展水环境质量评价、预测、预报及进行环境科学研究提供基础数据和手段。

二、水污染检测的任务

水污染就是指进入水体中的污染物质含量超过水体的自净能力，引起水质恶化，从而影响水的使用价值的现象。

为了防治污染、保护环境，必须加强环境检测。总的来讲，水污染检测是环境检测的一个重要部分，其检测对象是天然水体、工业废水、生活污水和饮用水等。

水污染检测最主要的任务就是选用恰当的检测方法与项目，在此基础上充分了解水体污染的具体情况，以便得出最佳治理方案。

为此，在选择检测方法与项目时，应着重考虑以下因素：

第一，选择的检测方法要能满足环境水质质量标准和废水排放标准的检测要求，也就是说选择的检测方法，要能对该项目的标准值进行准确定量，即要求检测方法与项目的检测限至少应小于标准值的1/3，并力求低于标准值的1/10，这样就能准确判断是否超标。

例如，在一级环境水质中，Cd、Cu和Pb的标准值分别为1 μg/L、10 μg/L和10 μg/L，显然火焰原子吸收法是达不到要求的，因此可选用富集100倍的火焰原子吸收法和石墨炉原子吸收法，以满足一级水质中Cd、Cu和Pb的检测要求。

第二，选择检测方法与项目的适用性要好，抗干扰能力要强。若存在干扰，则应能采取适当的掩蔽剂和预分离的方法，予以消除。水污染检测规范中给出了干扰试验的数据及消除干扰的各种方法，可根据样品的组成情况进行灵活运用。

第三，要求方法的稳定性好，这样才能保证结果具有良好的重复性、再现性和准确性。

第四，所用试剂和仪器要易用，操作方法要简单。

第五，应优先选用已经验证的统一分析方法。使用统一分析方法之外的其他方法时，必须先做等效试验。

第二节　水污染检测方案的制订

一、水污染检测总体方案设计思路

在进行水质检测时，不可能也没必要对全部水体进行测定，只需取水体中的很少一部分进行分析即可，这种用来反映水体水质状况的水就是水样。将水样从水体中分离出来的过程就是采样，采集的水样必须具有代表性，否则，以后的任何操作都是徒劳的。为了正确反映水体的水质状况，必须控制以下几个步骤：采样前的现场调查研究和资料收集、采样断面和采样点的设置、采样频率的确定、水样容器的洗涤、采样设备和采样方法的选择、水样保存方法的选择、水样的运输和管理等。

采样地点的选择和检测网点的建立称为布点。在进行水质检测时，应合理地布点，并根据实际需要按一定的时间间隔准确而及时地采样，然后迅速送往实验室进行分析测定（对于易发生变化的项目，在实验室又不能及时测定的情况下，应采取一定的保护措施，以防止污染物的存在状态和含量发生变化），利用实验室正确的分析结果，如实地反映水质情况。

为了顺利地达到上述目的，在检测之前，必须根据具体情况制订检测方案，并按方案的内容有条不紊地实施，这样才能保证合格地完成任务。检测方案的内容如下：

①明确地、具体地规定检测目的。

②确定检测介质和检测项目，以此选择检测方法，前后要统一，使检测数据具有可比性。

③规定采样地点、方法、时间和频次，并具体责任到人。

④明确排放特点、自然环境条件、居民分布情况等，据此确定采样设备、交通工具及运行路线。

⑤对检测结果尽可能提出定量要求，如检测项目结果的表示方法、有效数字的位数及可疑数据的取舍等。

二、地表水污染检测方案的制订

（一）基础资料的收集

样品的代表性首先取决于采样断面和采样点的代表性。为了合理地确定采样断面和采样点，必须做好调查研究和资料收集工作，内容如下：

①水体的水文、气候、地质、地貌特征；

②水体沿岸城市分布和工业布局、污染源分布与排污情况、城市的给排水情况等；

③水体沿岸的资源（包括森林、矿产、土壤、耕地、水资源）现状，特别是植被破坏和水土流失情况；

④水资源的用途、饮用水源分布和重点水源保护区；

⑤实地勘查现场的交通情况、河宽、河库结构、岸边标志等，对于湖泊，还需了解生物特点、沉积物特点、间温层分布、容积、平均深度、等深线和水更新时间等；

⑥收集原有的水质分析资料或在需要设置断面的河段上设若干调查断面进行采样分析。

（二）检测断面和采样点的设置

检测断面和采样点应根据检测目的、检测项目和样品类型，并按上述调查研究和对有关资料的综合分析结果来确定。

1. 检测断面的设置原则

在水域的下列位置应设置检测断面：

①有大量废水排入河流的主要居民区、工业区的上游和下游；

②湖泊、水库、河口的主要入口和出口；

③饮用水源区、水资源集中的水域、主要风景游览区、水上娱乐区及重大水力设施所在地等功能区；

④较大支流汇合口上游和汇合后与干流充分混合处，入海河流的河口处，受潮汐影响的河段和严重水土流失区；

⑤国际河流出入国境线的出入口处；

⑥应尽可能与水文测量断面重合，并要求交通方便，要有明显岸边标志。

2. 河流检测断面的设置

对于江、河水系或某一河段，要求设置三种断面，即对照断面、控制断面和消减断面。

①对照断面。这种断面应设在河流进入城市或工业区以前的地方，避开各种废水、污水流入或回流处。一个河段一般只设一个对照断面。有主要支流时可酌情增加。

②控制断面。控制断面的位置与废水排放口的距离应根据主要污染物的迁移、转化规律，河水流量和河道水力学特征确定，一般设在排污口下游 500 ～ 1000 m 处。这是因为，在排污口下游 500 m 横断面上的 1/2 宽度处，重金属浓度一般出现高峰值。在有特殊要求的地区，如水产资源区、风景游览区、自然保护区、与水源有关的地方病发病区、严重水土流失区及地球化学异常区等的河段上也应设置控制断面。

③消减断面。消减断面是指河流受纳废水和污水后，经稀释扩散和自净作用，使污染物浓度显著降低的断面，通常设在城市或工业区最后一个排污口下游 1500 m 以外的河段上。水量小的小河流应视具体情况而定。

有时为了取得水系和河流的背景检测值，还应设置背景断面。这种断面应能反映水系未受污染时的背景值，原则上应设在清洁河段上。

3. 湖泊、水库检测断面的设置

①在进出湖泊、水库的河流汇合处分别设置检测断面。

②以功能区为中心，在其辐射线上设置弧形检测断面。

③在湖库中心，深、浅水区，滞流区，不同鱼类的洄游产卵区，水生生物经济区等设置检测断面。

4. 采样点位的确定

设置检测断面后，应根据水面的宽度确定断面上的采样垂线，再根据采样垂线的深度确定采样点位置和数目。

对每个检测断面，当水面宽小于 50 m 时，应设 1 条中垂线；当水面宽 50 ～ 100 m 时，应在左右近岸有明显水流处各设 1 条垂线；当水面宽为 100 ～ 1000 m 时，应设左、中、右 3 条垂线；当水面宽大于 1500 m 时，至少应设置 5 条等距离垂线。

在一条垂线上，当水深小于或等于 5m 时，应在水面下 0.3 ～ 0.5 m 处，设一个采样点；当水深为 5 ～ 10 m 时，应在水面下 0.3 ～ 0.5 m 处和河底以上 0.5 m 处各设一个点；当水深为 10 ～ 50 m 时，应设三个点，即在水面下 0.3 ～ 0.5 m 处和河底以上 0.5 m 处各设一个点，在 1/2 水深处设一个点；当水深大于 50 m 时，可酌情增加点数。

湖、库检测断面上采样点位置和数目的确定方法与河流相同。检测断面上采样点的位置确定后，采样点所在位置处应该有固定而明显的岸边天然标志。如果没有天然标志物，则应设置人工标志物，如竖石柱、打木桩等。每次采样要严格以标志物为准，使采集的样品取自同一位置，以保证样品的代表性和可比性。

（三）采样时间和采样频率的确定

为使采集的水样具有代表性，能够反映水质在时间和空间上的变化规律，必须确定合理的采样时间和采样频率，一般原则如下：

①对于较大水系干流和中、小河流，全年采样不应少于 6 次；采样时间应为丰水期、枯水期和平水期，每期采样 2 次。对于流经城市工业区、污染较重的河流、游览水域，全年采样不应少于 12 次；采样时间为每月 1 次或视具体情况选定。底泥每年应在枯水期采样 1 次。

②对于潮汐河流，全年应在丰、枯、平水期采样，每期采样两天，分别在大潮期和小潮期进行，每次应在当天涨、退潮时采样，并分别加以测定。

③对于排污渠，每年采样不应少于 3 次。

④对于设有专门检测站的湖、库，每月应采样 1 次，全年不应少于 12 次。其他湖泊、水库全年应采样 2 次，枯、丰水期各 1 次。对于有废水排入、污染较重的湖、库，应酌情增加采样次数。

⑤背景断面每年应采样 1 次。

（四）结果表达和实施计划

水污染检测所测得的众多数据，是描述和评价水环境质量，进行环境管理的基本依据，必须进行科学的计算和处理，并按照要求的形式在检测报告中表达出来。

质量保证概括了保证水污染检测数据正确可靠的全部活动和措施。质量保证贯穿检测工作的全过程。

实施计划是实施检测方案的具体安排，要切实可行，使各环节工作有序、协调地进行。

三、地下水污染检测方案的制订

（一）明确地下水的特征

为了更好地制订地下水污染检测方案，需要先对地下水的特征进行相应的了解。

地下水的形成主要取决于地质条件和自然地理条件。此外，人类活动对地下水也有一定的影响。地质因素对地下水的影响，主要表现在岩石的性质和结构方面。岩石和土壤空隙是地下水储存与运动的先决条件。在自然地理条件中，气候、水文和地貌的影响最为显著。地下水的物理、化学性质随空间和时间而变化，地下水的化学成分和理化特性在循环运动过程中受气候、岩性和生物作用的影响，受补给条件和水运动强弱的约束。地下水化学成分的形成过程，实际上是一个不断变化的过程。

地下水按埋藏条件不同可分为潜水、承压水和自流水三类，也可分为上层滞水、潜水和自流水三类；按含水层性质的差别，又可分为孔隙水、裂隙水、岩溶水三类。欲采集有代表性的水样，则应运用地理、地质、气象、水文、生态、环境等综合性的知识，并应考虑地下水的类型和下列因素。

①地下水流动较慢，所以水质参数的变化慢，一旦污染很难恢复，甚至无法恢复。

②地下水埋藏深度不同，温度变化规律也不同。近地表的地下水的温度受气温的影响，具有周期性变化，较深的常温层中地下水温度比较稳定，水温变化不超过 0.1 ℃；但水样一经取出，其温度就可能有较大的变化。这种变化能改变化学反应速度，从而改变原来的化学平衡，也能改变微生物的生长速度。

③地下水所受压力较大，面对的环境条件与地面水不同，一旦取出，可溶性气体的溶入和逃逸，可能会带来一系列的化学变化，改变水质状况。例如，地下水富含 H_2S 但溶解氧较低，取出后，H_2S 的逃逸和大气中 O_2 的溶入，会导致发生一系列的氧化还原变化；水样吸收或放出 CO_2 可引起 pH 值变化。

④由于采水器的吸附或沾污及某些组分的损失，水样的真实性将受到影响。

（二）调查研究和收集资料

地下水的特性决定了地下水布点的复杂性，因此布点前的调查研究和资料收集尤其重要。

①收集、汇总检测区域的水文、地质、气象等方面的有关资料和以往的检测资料。例如，地质图、剖面图、测绘图、水井的成套参数、含水层、地下水补给、径流和流向，以及温度、湿度、降水量等。

②调查检测区域内城市发展、工业分布、资源开发和土地利用情况，尤其是地下工程的规模、应用等；了解化肥和农药的施用面积和施用量；查清污水灌溉、排污、纳污和地面水污染现状。

③测量或查知水位、水深，以确定采水器和泵的类型、所需费用和采样程序。

④在完成以上调查的基础上，确定主要污染源和污染物，并根据地区特点与地下水的主要类型把地下水分成若干个水文地质单元。

（三）采样点的设置

由于地质结构复杂，使地下水采样点的设置也变得复杂。检测并采集的水样只代表含水层平行和垂直的一小部分，所以，必须合理地选择采样点。目前，地下水检测以浅层地下水（又称潜水）为主，应尽可能利用各水文地质单元中原有的水井（包括机井）。还可对深层地下水（也称承压水）的各层水质进行检测。

1. 地下水采样井布设的原则

①全面掌握地下水的水资源质量状况，对地下水污染进行监视、控制。

②根据地下水类型分区与开采强度分区，以主要开采层为主布设，兼顾深层水和自流地下水。

③尽量与现有地下水水位观测井网相结合。

④采样井布设密度为主要供水区密，一般地区稀；城区密，农村稀；污染严重区密，非污染区稀。

⑤不同水质特征的地下水区域应布设采样井。

⑥专用站按检测目的与要求布设。

2. 地下水采样井布设方法与要求

①在下列地区应布设采样井：以地下水为主要供水水源的地区；饮水型地方病（如高氟病）高发地区；污水灌溉区、垃圾堆积处理场地区及地下水回灌区；污染严重区域。

②平原（含盆地）地区地下水采样井布设密度一般为 1 眼 /200km^2，重要水源地或污染严重地区可适当加密；沙漠区、山丘区、岩溶山区等可根据需要，选择典型代表区布设采样井。

③应根据区域水文地质单元状况和地下水主要补给来源，在污染区外围地下水水流上方垂直水流方向，设置一至数个背景值检测井，也可根据本地区地下水流向、污染源分布状况，采用网格法或放射法布设。

④多级深度井应沿不同深度布设数个采样点。

（四）采样时间与频率的确定

①背景值检测井每年应采样一次。

②全国重点基本站每年应采样两次，丰、枯水期各一次。

③地下水污染严重的控制井，每季度应采样一次。

④以地下水作为生活饮用水源的地区每月应采样一次。

⑤检测井应按设置目的与要求确定。

四、污染源检测方案的制订

水污染源包括工业废水源、生活污水源、医院污水源等。在制订检测方案时，首先要进行调查研究，收集有关资料，查清污水情况。

（一）基础资料的调查和收集

①调查污水的类型。工业废水、生活污水、医院污水的性质和组成十分复杂，它们是造成水体污染的主要原因。根据检测的任务，首先需要了解污染源所产生的污水类型。工业废水、生活污水、医院污水等所生成的污染物具有较大的差别。相对而言，工业废水往往是检测的重点，这是由于工业废水不仅在数量上，而且在污染物的浓度上都是比较大的。工业废水可分为物理污染污水、化学污染污水、生物及生物化学污染污水三种主要类型。

②调查污水的排放量。对于工业废水，可通过对生产工艺的调查，计算出排放量并确定需要检测的项目；对于生活污水和医院污水则可在排水口安装流量计或自动检测装置进行排放量的计算和统计。

③调查污水的去向。调查内容包括：车间、工厂、医院或地区的排污口数量和位置；直接排入还是通过渠道排入江河、湖库、海中，是否有排放渗坑。

（二）采样点的设置

1. 工业废水源采样点的确定

①含汞、镉、铬、砷、铅、苯并芘等第一类污染物的污水，不分行业或排放方式，一律在车间或车间处理设施的排出口设置采样点。

②含酸、碱、悬浮物、硫化物、氟化物等第二类污染物的污水，应在排污单位的污水出口处设采样点。

③有处理设施的工厂，应在处理设施的排放口设采样点。为对比处理效果，在处理设施的进水口也可设采样点，同时采样分析。

④在排污渠道上，应选择道直、水流稳定、上游无污水流入的地点设点采样。

⑤在排水管道或渠道中流动的污水，由于受管道壁的滞留作用，在同一断面的不同部位其流速和浓度都会有所变化，所以可在水面下 1/4 ～ 1/2 水深处采样，作为代表平均浓度的废水水样。

2. 综合排污口和排污渠道采样点的确定

①在一个城市的主要排污口或总排污口设点采样。

②在污水处理厂的污水进出口处设点采样。

③在污水泵站的进水和安全溢流口处设点采样。

④在市政排污管线的入水处设点采样。

（三）采样时间和频率的确定

工业废水的污染物含量和排放量常随工艺条件及开工率的不同而有很大差异，故采样时间、周期和频率的选择是一个比较复杂的问题。

一般情况下，可在一个生产周期内每隔 0.5 h 或 1 h 采样 1 次，将其混合后测定污染物的平均值。如果取几个生产周期（如 3 ～ 5 个周期）的污水样进行检测，可每隔 2 h 取样 1 次。对于排污情况复杂、浓度变化大的污水，采样时间间隔要缩短，有时需要 5 ～ 10 min 采样 1 次，这种情况最好使用连续自动采样装置。对于水质和水量变化比较稳定或排放规律性较好的污水，待找出污染物浓度在生产周期内的变化规律后，采样频率可大大降低，如每月采样两次。

城市排污管道大多数受纳 10 个以上工厂排放的污水，由于在管道内污水已进行了混合，故在管道出水口，可每隔 1 h 采样 1 次，连续采集 8 h；也可连续采集 24 h，然后将其混合制成混合样，测定各污染组分的平均浓度。

我国环境保护行业标准《地表水和污水检测技术规范》（HJ/T 91—2002）中对向国家直接报送数据的污水排放源的采样频率做了以下规定：工业废水每年采样检测 2 ～ 4 次；生活污水每年采样检测 2 次，春、夏季各 1 次；医院污水每年采样检测 4 次，每季度 1 次。

五、沉积物检测方案的制订

沉积物是沉积在水体底部的堆积物质的统称，又称底质，是矿物，岩石、土壤的自然侵蚀产物，是生物活动及降解有机质等过程的产物。

由于我国部分流域水土流失较为严重，水中的悬浮物和胶态物质往往吸附或包藏一些污染物质。由于沉积物中所含的腐殖质、微生物、泥沙等在沉积物表面会发生一系列的沉淀、吸附、释放、化合、分解、配位等物理化学变化和生物转化，对水中污染物的自净、降解、迁移、转化等过程起着重要作用，因此，水体底部沉积物是水环境的重要组成部分。

第一，采样点位的确定。沉积物检测断面的设置原则与水污染检测断面相同，其位置应尽可能和水污染检测断面重合，以便将沉积物的组成及物理化学性质与水污染检测情况进行比较。

①沉积物采样点应尽量与水质采样点一致。沉积物采样点通常在水质采样点

垂线的正下方。当正下方无法采样时，如水浅时，因船体或采泥器冲击搅动沉积物，或河床为砂卵石时，应另选采样点重采。采样点不能偏移原设置的断面（点）太远。采样后应对偏移位置做好记录。

②沉积物采样点应避开河床冲刷、沉积物沉积不稳定、水草茂盛表层及沉积物易受搅动之处。

③湖（水库）沉积物采样点一般应设在主要河流及污染源排放口与湖（水库）水混合均匀处。

第二，采样时间与频率的确定。由于沉积物比较稳定，受水文、气象条件影响较小，故采样频率远较水样低，一般每年枯水期采样一次，必要时，可在丰水期加采一次。

第三节　水样的采集与保存

一、水样的采集

水样的采集是水质分析的重要环节之一。一旦这个环节出现问题，后续的分析测试工作无论多么严密、准确无误，其结果都是毫无意义的，并会误导环境执法或环境评价工作。因此，要想获得准确、可靠的水质分析数据，所选用的水样采集方法就必须规范、统一，并要求各个环节都不能有疏漏。

水样采集的主要原则：水样必须具有足够的代表性，水样必须不受任何意外的污染。

水样的代表性是指水样中各种组分的含量都能符合被测水体的真实情况。为了得到具有代表性的水样，必须选择合理的采样位置、采样时间和科学的采样技术。受污染的水样不能真实反映水质情况，故水样必须不受任何意外的污染。

（一）认识水样

对于天然水体，为了采集具有代表性的水样，应根据分析目的和现场实际情况来选定采集样品的类型和采样方法；对于工业废水和生活污水，应根据生产工艺、排污规律和检测目的，针对其流量和浓度都随时间而变化的非稳态流体特性，科学合理地设计水样类型和采样方法。归纳起来，水样类型有以下三种。

1. 瞬时水样

从水体中不连续地随机（就时间和地点而言）采集的样品称之为瞬时水样。

瞬时水样无论是在水面，还是在规定深度或底层，通常均可手工采集，也可以用自动化方法采集，在一般情况下，所采集样品只代表采样当时和采样点的水质。

适于瞬时水样的情况具体如下：

①量不固定、所测参数不恒定时（如采用混合水样，会因个别样品之间的相互反应而掩盖了它们之间的差别）；

②水和废水特性相对稳定时；

③需要考察可能存在的污染物或要确定污染物出现的时间时；

④需要测定污染物最高值、最低值或变化的数据时；

⑤需要根据较短一段时间内的数据确定水质的变化规律时；

⑥需要测定参数的空间变化时；

⑦在制订较大范围的采样方案前；

⑧测定某些参数，如溶解气体、余氯、可溶性硫化物、微生物、油脂、有机物和 pH 值时。

2. 混合水样

混合水样是将几个单独样品混合后所得的样品，可减少分析样品、节约时间、降低消耗。

混合水样分等比例混合水样和等时混合水样。等比例混合水样是指在某一时段内，在同一采样点所采水样量随时间或流量成比例变化的混合水样。等时混合水样是指在某一时段内，在同一采样点按等时间间隔所采等体积水样的混合水样。

混合水样提供组分的平均值，因此在样品混合之前，应验证此样品参数的数据，以确保混合后样品数据的准确性。样品在混合时，其中待测成分或性质发生明显变化，则不能采用混合水样，要采用单样储存方式。

下列情况适于混合水样：需测定平均浓度时；计算单位时间的质量负荷时；为评估特殊的、变化的或不规则的排放和生产运转的影响时。

3. 综合水样

为了某种目的，把从不同采样点采得的瞬时水样混合为一个样品（时间应尽可能接近，以便得到所需要的数据），这种混合样品称为综合水样。

适于综合水样的情况具体如下：

①为了评价出平均组分或总的负荷，如一条江河或河川中，水的成分沿着江河的宽度和深度而变化时，采用能代表整个横断面上各点和它们的相对流量成比

例的混合样品；

②几条废水渠道分别进入综合处理厂时。

采什么样的样品，视水体的具体情况和采样目的而定。例如，为几条废水河道的废水建设综合处理厂，从各河道取单样就不如取综合样更为合理，因为各股废水相互反应可能对处理性能及样品成分产生显著作用，取单样不可能对相互作用进行数学预测，而取综合水样可能会获得其中有用的资料。

相反，有些情况取单样就合理，如湖泊和水库在深度和水平方向常常出现组成成分上的变化，而此时，大多数的平均值或总值变化不显著，局部变化突出。在这种情况下，综合水样就失去了意义。

（二）水样采集前的准备

地表水、地下水、废水和污水采样前，首先要根据检测内容和检测项目的具体要求选择适合的采样器和盛水器，要求采样器具的材质化学性质稳定、容易清洗、瓶口易密封，其次要确定采样总量（分析用量和备份用量）。

1. 采样器

利用采样器采样一般比较简单，只要将容器（如水桶、瓶子等）沉入要取样的河水或废水中，取出后将水样倒进合适的盛水器（储样容器）中即可。

欲从一定深度的水中采样时，需要用专门的采样器。简单的采样器是将一定体积的细口瓶套入金属框内，用铅、铁或石块等重物来增加自重。瓶塞与一根带有标尺的细绳相连。当采样器沉入水中预定的深度时，将细绳提起，瓶塞开启，水即注入瓶中。一般不会将水装满瓶，以防温度升高而将瓶塞挤出。

对于水流湍急的河段，宜用急流采样器。采样前塞紧橡胶塞，然后垂直沉入要求的水深处，打开上部橡胶管夹，水即沿长玻璃管通至采样瓶中，瓶内空气由短玻璃管沿橡胶管排出。采集的水样因与空气隔绝，可用于水中溶解性气体的测定。

如果需要测定水中的溶解氧，则应采用双瓶采样器采集水样。当双瓶采样器沉入水中后，打开上部橡胶管夹，水样进入小瓶（采样瓶）并将瓶内空气驱入大瓶，从连接大瓶短玻璃管的橡胶管排出，直到大瓶中充满水样，提出水面后迅速密封大瓶。

采集水样量大时，可用采样泵来抽取水样。一般要求在泵的吸水口包几层尼龙纱网以防止泥沙、碎片等杂物进入瓶中。测定痕量金属时，宜选用塑料泵。此外，也可用虹吸管来采集水样。

前文介绍的多是定点瞬时手工采样器。为了提高采样的代表性、可靠性和采样效率，目前国内外已开始采用自动采样设备，如自动水质采样器和无电源自动水质采样器等，可根据实际需要选择使用。自动采样设备对于制备等时混合水样或连续比例混合水样，研究水质的动态变化以及一些地势特殊地区的采样具有十分明显的优势。

2. 盛水器

盛水器（水样瓶）一般由聚四氟乙烯、聚乙烯、石英玻璃和硼硅玻璃等材质制成。研究结果表明，材质的稳定性顺序为：聚四氟乙烯＞聚乙烯＞石英玻璃＞硼硅玻璃。通常，塑料容器（P）常用作测定金属、放射性元素和其他无机物的水样容器，玻璃容器（G）常用作测定有机物和生物类等物质的水样容器。不同的检测指标对水样容器的要求不尽相同。

对于有些检测项目，如油类项目，盛水器往往作为采样容器使用。因此，材质要视检测项目统一考虑，应尽力避免下列问题的发生。

第一，水样中的某些成分与容器材料发生反应；

第二，容器材料可能引起对水样的某种污染；

第三，某些被测物可能被吸附在容器内壁上。

保持容器的清洁也是十分重要的，使用前，必须对容器进行充分、仔细的清洗。一般测定有机物时宜用硬质玻璃瓶，而若被测物是微量金属或是玻璃的主要成分，如钠、钾、硼、硅等，则宜选用塑料盛水器。资料显示，玻璃中可溶出铁、锰、锌和铅，而聚乙烯中可溶出锂和铜。

不同的检测指标对水样容器的洗涤方法也有不同的要求。我国颁布的《地表水和污水监测技术规范》（HJ/T 91—2002）不仅对具体的检测项目所需盛水容器的材质做出了明确的规定，而且对洗涤方法也进行了统一规范。洗涤方法分为Ⅰ、Ⅱ、Ⅲ和Ⅳ四类，分别适用于不同的检测项目。

Ⅰ类：洗涤剂洗一次，自来水洗三次，蒸馏水洗一次。

Ⅱ类：洗涤剂洗一次，自来水洗两次，（1+3）HNO_3荡洗一次，自来水洗两次，蒸馏水洗一次。

Ⅲ类：洗涤剂洗一次，自来水洗两次，（1+3）HNO_3荡洗一次，自来水洗三次，去离子水洗一次。

Ⅳ类：铬酸洗液洗一次，自来水洗三次，蒸馏水洗一次。必要时，再用蒸馏水、去离子水清洗。

3. 采样总量

采样总量应满足分析的需要，并应该考虑重复测试所需的水样量和留作备份测试的水样用量。当被测物的浓度很低而需要预先浓缩时，采样总量应增加。

每个分析方法一般都会对相应检测项目的用水体积提出明确要求，但有些检测项目的采样或分样过程也有特殊要求，需要特别指出。

第一，当水样应避免与空气接触时（如测定含溶解性气体或游离 CO_2 水样的 pH 值或电导率），采样器和盛水器都应完全充满，不留气泡空间。

第二，当水样在分析前需要摇荡均匀时（如测定油类或不溶解物质），盛水器不应充满，装瓶时应使容器留有 1/10 顶空，保证水样不外溢。

第三，当被测物的浓度很低而且是以不连续的物质形态存在时（如不溶解物质、细菌、藻类等），应从统计学的角度考虑单位体积里可能的质点数目进而确定最小采样量。例如，水中所含的某种质点为 10 个，但每 100 mL 水样里所含的却不一定都是 1 个，有的可能含有 2 个、3 个，而有的可能一个也没有。采样量越大，所含质点数目的变率就越小。

第四，将采集的水样分装于几个盛水器内时，应考虑各盛水器水样之间的均匀性和稳定性。水样采集后，应立即在盛水器（水样瓶）上贴上标签，填写好水样采样记录，包括水样采样地点、日期、时间、水样类型、水体外观、水位情况和气象条件等。

（三）采样方法的选择

1. 地表水采样方法

在采集地表水水样时，通常采集瞬时水样；有重要支流的河段，有时需要采集综合水样或平均比例混合采样。

在进行地表水表层水采样时，可用适当的容器如水桶等采集水样。在湖泊水库等处采集一定深度的水样时，可用直立式或有机玻璃采样器，并借助船只、桥梁、索道或涉水等方式进行采样。

①船只采样。在用船只采样时，应按照检测计划预定的采样时间、采样地点，将船只停在采样点下游逆流采样，以避免船体搅动起沉积物而污染水样。

②桥梁采样。确定采样断面时应考虑尽量利用现有的桥梁采样。在桥上采样安全、方便，不受天气和洪水等气候条件的影响，适于频繁采样，并能在空间上准确控制采样点位置。

③索道采样。索道采样适用于地形复杂、险要、地处偏僻的小河流的水样采样。

④涉水采样。涉水采样适用于较浅的小河流和靠近岸边水浅的采样点。采样时从下游向上游方向采集水样，以避免涉水时搅动水下沉积物而污染水样。

采样时，应注意避开水面上的漂浮物混入采样器；正式采样前要用水样冲洗采样器 2 ～ 3 次，洗涤废水不能直接倒回水体中，以避免搅起水中悬浮物；对具有一定深度的河流等水体进行采样时，应使用深水采样器，慢慢放入水中采样，并严格控制好采样深度。在对测定油类指标的水样进行采样时，要避开水面上的浮油，在水面下 5 ～ 10 cm 处采集水样。

2. 地下水采样方法

地下水的水质比较稳定，一般采集瞬时水样，即能有较好的代表性。

对于自喷的泉水，可在泉涌处直接采集水样；对于不自喷的泉水，可先将积留在抽水管的水汲出，新水更替之后，再进行采样。

从井水中采集水样时，必须在充分抽汲后进行，以保证水样能代表地下水水源。

专用的地下水水质检测井，井口比较窄（5 ～ 10 cm），但井管深度视检测要求不等（1 ～ 20 m），采集水样时常利用抽水设备或虹吸管采样。通常应提前数日将检测井中积留的陈旧水抽出，待新水重新补充进检测井管后再采集水样。

3. 废水或污水的采样方法

工业废水和生活污水的采样种类和采样方法取决于生产工艺、排污规律和检测目的，采样涉及采样时间、地点和采样频数。由于工业废水是流量和浓度都随时间变化的非稳态流体，可根据能反映其变化并具有代表性的采样要求，采集合适的水样（瞬时水样、等时混合水样、等时综合水样和等比例混合水样等）。

对于生产工艺连续、稳定的企业，所排放废水中的污染物浓度及排放流量变化不大，仅采集瞬时水样就具有较好的代表性；对于排放废水中污染物浓度及排放流量随时间变化无规律的情况，可采集等时混合水样、等比例混合水样或流量比例混合水样，以保证所采集水样的代表性。

废水和污水的采样方法有三种。

①浅水采样法。当废水以水渠形式排放到公共水域时，应设适当的堰，可用容器或用长柄采水勺从堰溢流中直接采样。在排污管道或渠道中采样时，应在液体流动的部位采集水样。

②深层水采样法。深层水采样法适用于废水或污水处理中的水样采集，可使用专用的深层采样器采集水样。

③自动采样法。自动采样法就是利用自动采样器或连续自动定时采样器采集水样，可在一个生产周期内，按时间顺序将一定量的水样分别采集到不同的容器中自动混合。采样时，采样器可定时连续地将一定量的水样或按流量比采集的水样汇集于一个容器中。

自动采样法对制备混合水样（尤其是连续比例混合水样）及在一些难以抵达的地区采样等都是十分有用和有效的。

4. 底质样品的采样方法

底质（沉积物）的采样，一般使用的是掘式采泥器，可按产品说明书提示的方法使用。掘式和抓式采泥器适用于采集量较大的沉积物样品；锥式或钻式采泥器适用于采集量较小的沉积物样品；管式采泥器适用于采集柱状样品。若水深小于 3 m，可将竹竿粗的一端削成尖头斜面，插入河床底部采样。

底质采样器一般要求用强度高、耐磨性能较好的钢材制成，使用前应除去油脂并清洗干净，具体要求如下：

①采样器使用前必须先用洗涤剂除去防锈油脂，采样时将采样器放在水面上冲刷 3 ～ 5 min，然后采样，采样完毕必须洗净采样器，晾干待用。

②采样时若遇水流速度较大，则可将采样器用铅坠加重采样。

③用白色塑料盘（桶）和小勺接样。

④沉积物接入盘中后，挑去卵石、树枝、贝壳等杂物，搅拌均匀后装入瓶或袋中。对于采集的柱状沉积物样品，为了分析各层柱状样品的化学组成和化学形态，要制备分层样品。首先用木片或塑料铲刮去柱样的表层，然后确定分层间隔，分层切割制样。

（四）水样采集的注意事项

①采样时不可搅动水底的沉积物。

②测定悬浮物、pH 值、溶解氧、生化需氧量、油类、硫化物、余氯、放射性、微生物等项目时，需要单独采样。其中，测定溶解氧、生化需氧量和有机污染物等项目的水样时，必须充满容器。测定油类的水样时，应在水面至水面下 300 mm 采集柱状水样，全部用于测定，且不能用采集的水样冲洗采样器（瓶）。pH 值、电导率、溶解氧等项目宜在现场测定。完成现场测定的水样，不能带回实验室供其他指标测定使用。

③采样时需同步测量水文参数和气象参数，必须认真填写采样登记表，每个

水样瓶都应贴上标签（填写采样点编号、采样日期和时间、测定项目等），塞紧瓶塞，必要时密封。

二、水样的保存

由于环境作用，水质可能会发生物理、化学和生物等各种变化。因此，水样的采集与分析之间的时间间隔越短，分析结果越可靠。有些检测项目要求现场测定的应在现场立即测定，如水温、溶解氧、CO_2、色度、亚硝酸盐氮、嗅阈值、pH值、总不可滤残渣（或总悬浮物）、酸度、碱度、浊度、电导率、余氯等。若不能立即分析，则可人为地采取一些保护性措施来降低化学反应速度，防止组分的分解和沉淀产生，减慢化合物或络合物的水解和氧化还原作用，减少组分的挥发、溶解和物理吸附，减慢生物化学作用等。

（一）保存方法

1. 加入保存试剂

保存试剂可事先加入空瓶中亦可在采样后立即加入水样中。经常使用的保存试剂有各种酸、碱及杀菌剂，加入量因需要而异。加入的保存试剂不应干扰其他组分的测定，所以一般加入保存试剂的体积很小，其影响可以忽略。常用的保存试剂主要有以下几种类型。

（1）生物抑制剂

加入生物抑制剂可以减缓生物作用。常用的试剂有氯化高汞，加入量为每升水样加 20 ～ 60 mL。但在测水样中的汞含量时，就不能使用这种试剂，这时可以加入苯、甲苯或氯仿等，每升水样加 0.5 ～ 1 mL。

（2）pH 值调节剂

为防止金属元素沉淀或被容器吸附，可加酸（至 pH 值小于等于 2），一般加硝酸，但对部分组分可加硫酸保存，使水样中的金属元素呈溶解状态，一般可保存数周。对汞的保存时间较短，一般为 7 天。有些样品要求加入碱，例如测定氰化物水样应加碱（至 pH 值等于 12）保存，因为酸性条件下氰化物会产生 HCN 逸出。

（3）氧化剂或还原剂

氧化剂或还原剂的加入可减缓某些组分氧化、还原反应的发生。例如，测定汞的水样时，需加入 HNO_3（至 pH 值小于等于 2）和 $K_2Cr_2O_7$（0.05%），使汞保持高价态；测定硫化物的水样时，加入抗坏血酸，可以防止被氧化。

2. 冷藏或冷冻

水样冷藏时的温度应低于采样时水样的温度，水样采集后立即放在冰箱或冰－水浴中，置暗处保存，一般于 2 ～ 5 ℃冷藏。冷藏并不适用长期保存，对废水的保存时间则更短。

一般能延长贮存期，但需要掌握熔融和冻结的技术，以使样品在融解时能迅速地、均匀地恢复原始状态。水样结冰时，体积膨胀，一般选用塑料容器。

3. 密封保存

为避免样品在运输途中的振荡，以及空气中的氧气、二氧化碳对容器内样品组分和待测项目的干扰，应使水样充满容器至溢流并密封保存。冷冻保存时，不能将水样充满容器，否则冻冰之后，水样体积膨胀会使容器破裂。

（二）保存条件与技术

每个分析工作者都应结合具体工作验证这些要求是否适用，在制定分析方法标准时也应明确指出样品采集和保存的方法。

此外,若要采用的分析方法和使用的保护试剂及容器材质间有不相容的情况，则常需从同一水体中取数个样品，按几种保存措施分别进行分析以求出最适宜的保护方法和容器。

①水样的保存期限主要取决于待测物的浓度、化学组成和物理化学性质。

②水样保存没有通用的原则。由于水样的组分、浓度和性质不同，同样的保存条件不能保证适用于所有类型的样品，在采样前应根据样品的性质、组成和环境条件来选择适宜的保存方法和保存试剂。

水样采集后应尽快进行分析检验。水温、pH 值、游离余氯等指标应在现场测定，其余项目的测定也应在规定时间内完成。

第四节　水的物理性质检测

一、水温的检测

水的物理化学性质与水温有密切关系。一般来说，天然水中溶解性气体（如氧、二氧化碳等）的溶解度、水生生物和微生物的活动、化学和生物化学反应的速度及盐度、pH 值等都比较稳定，但以上这些参数均受水温变化的影响。通常，水的温度因水源不同而有很大差异。一般来说，地下水温度通常为 8 ～ 12 ℃，地表水随季节和气候变化较大，大致变化范围为 0 ～ 30 ℃。工业废水的温度因工业类型、生产工艺的不同有很大差别。常用的水温测量方法及原理如下：

（一）水温计法

水温计是安装于金属半圆槽内的水银温度表，下端连接一金属贮水杯，温度计的水银球部分悬于杯中，其顶端的槽壳带一圆环，拴以一定长度的绳子。测量范围通常为 -6 ～ 41 ℃，最小分度为 0.2 ℃。测量时，将水温计插入一定深度的水中，放置 5 min 后，迅速提出水面并读数。

（二）颠倒温度计法

颠倒温度计用于测量深层水温度，一般装在采水器上使用。它由主温表和辅温表构成。主温表是双端式水银温度计，用于观测水温；辅温表为普通水银温度计，用于观测读取水温时的气温，以校正因环境改变而引起的主温表读数的变化。测量时，将其沉入预定深度水层，感温 7 min，提出水面后立即读数，并根据主、辅温度表的读数，用海洋常数进行校正。

（三）热敏电阻温度计法

热敏电阻温度计法一般用感温元件如铂电阻、热敏电阻做传感器。该方法的原理是将感温元件浸入被测水中并接在平衡电桥的一个臂上，当水温变化时，感温电阻随之变化，则平衡电桥的平衡状态被破坏，有电压信号输出，这时根据感温元件电阻变化值与电桥输出电压值的定量关系就可实现对水温的测量。

二、pH 值的检测

pH 值是常用的水质指标之一。它表示水的酸碱性的强弱，而酸度或碱度是水中所含酸性或碱性物质的含量。

（一）测量方法及原理

测定水的 pH 值的方法有玻璃电极法和比色法。如果粗略地测定水样 pH 值，也可使用 pH 试纸。

1. 比色法

比色法依据的原理是各种酸碱指示剂在不同 pH 值的水溶液中显示不同的颜色，且每种指示剂都有一定的变色范围。比色法测定 pH 值的原理是将一系列已知 pH 值的缓冲溶液加入适当的指示剂制成标准色液并封装在小安瓿瓶内，测定时取与缓冲溶液同量的水样，加入与标准系列相同的指示剂，然后进行比较，以确定水样的 pH 值。

该方法不适用于有色、浑浊或含较高游离氯、氧化剂、还原剂的水样。

2. 玻璃电极法

玻璃电极法测定 pH 值的原理是以 pH 玻璃电极为指示电极，饱和甘汞电极为参比电极，将二者与被测溶液组成原电池，在 25 ℃下，每变化 1 个 pH 单位，电位差变化 59.1 mV，将电压表的刻度变为 pH 值刻度，便可直接读出溶液的 pH 值，温度差异可通过仪器上的补偿装置进行校正。

pH 玻璃电极的内阻一般高达几十到几百兆欧，所以与之匹配的 pH 计都是高阻抗输入的晶体管毫伏计或电子电位计。为校正温度对 pH 值测定的影响，pH 计上都设有温度补偿装置。为简化操作、使用方便和适于现场使用，日前 pH 计上广泛使用的是复合 pH 电极，如多种袖珍式和笔式的 pH 计。

玻璃电极法准确、快速，受水的色度、浑浊度、胶体物质、氧化剂、还原剂及盐度等因素的干扰程度小。

此外，比色法和玻璃电极法的比较如表 3-1 所示。

表 3-1 比色法和玻璃电极法的比较

方法比较	原理	特点	适用范围
比色法	根据各种酸碱指示剂在不同氢离子浓度的水溶液中所产生的不同颜色来比色测定	目视比色，可准确到 0.1pH 单位	浑浊度与色度很低的天然水、饮用水
玻璃电极法	以玻璃电极为指示电极，饱和甘汞电极为参比电极，插入溶液中组成原电池。25 ℃时，电动势每变化 59 mV 相当于改变一个 pH 单位，在仪器上直接以 pH 值标度	简便快速，可准确到 0.01pH 单位	各种天然水、污水和废水

（二）pH 监测仪

pH 监测仪由复合式 pH 玻璃电极、温度自动补偿电极、电极夹、电极连接箱、专用电缆、放大指示系统及计算机等组成。为防止因长期浸泡于水中而在表面黏附污物，电极上带有超声波清洗装置，可定时自动清洗电极。

三、浑浊度的检测

浑浊度是指水中悬浮物对光线透过时所发生的阻碍程度。水中含有的泥土、粉砂、有机物、无机物、浮游生物和其他微生物等悬浮物和胶体物质，都可使水体呈现浑浊度。测定浑浊度的方法有分光光度法、目视比浊法等。

（一）分光光度法

1. 原理和测定要点

（1）基本原理

在适当温度下，硫酸肼与六次甲基四胺聚合，生成白色高分子聚合物，以此作为浑浊度标准溶液，在一定条件下与水样浑浊度相比较。该方法适用于天然水、饮用水浑浊度的测定。

（2）测定要点

第一，标准曲线的绘制，具体内容如下。

①称取 1.00 g 硫酸肼（$N_2H_4 \cdot H_2SO_4$）溶于水，定容至 100 mL。

②吸取 5.00 mL 上述溶液与 5.00 ml 六次甲基四胺溶液置于 100 mL 容量瓶中，混匀，于（25±3）℃下静置反应 24 h，冷却后用水稀释至标线，混匀。此溶液浑浊度为 400 度，可保存一个月。

③吸取“②”中标准溶液 0、0.50、1.25、2.50、5.00、10.00、12.50 mL，置于 50 mL 的容量瓶中，加水至标线。摇匀后，即得浊度为 0、4、10、20、40、80、100 度的标准系列。于 680 mm 波长下，用 30 mm 比色皿测定吸光度，绘制标准曲线。

④准确吸取 5.00 mL 摇匀水样（如浊度超过 100 度可酌情少取），用无浊度水稀释至 50 mL。摇匀，按绘制标准曲线的方法测定吸光度。由标准曲线上查得水样的浑浊度。

$$浑浊度=稀释倍数 \times 查得的浑浊度$$

2. 注意事项

①硫酸肼有毒、致癌。

②将蒸馏水通过 0.2 μm 滤膜过滤即得无浑浊度水。

③样品应收集到具塞玻璃瓶中，取样后尽快测定，如需保存，可保存在冷暗处不超过 24 h，测试前应激烈振荡并恢复至室温。

④所有与样品接触的玻璃器皿必须清洁，可用盐酸或表面活性剂清洗。

（二）目视比浊法

目视比浊法的基本原理为将水样与用硅藻土配制的标准溶液进行比较，规定相当于 1 mg 一定粒度的硅藻土在 1000 mL 水中所产生的浑浊度为 1 度。

目视比浊法的要点主要包括以下几方面：

第一，浑浊度标准溶液的配制，具体操作包括：

①称取 10 g 通过 0.1 mm 筛孔的硅藻土置于研钵中，加入少许水调成糊状并研细，移至 1000 mL 量筒中，加水至标线。充分搅匀后，静置 24 h。用虹吸法仔细将上层 800 mL 悬浮液移至第二个 1000 mL 量筒中，向其加水至 1000 mL，充分搅拌，静置 24 h。吸出上层含较细颗粒的 800 mL 悬浮液弃去，下部溶液加水稀释至 1000 mL。充分搅拌后储于具塞玻璃瓶中，其中含硅藻土颗粒直径大约为 400 μm。

②吸取含 250 mg 硅藻土的悬浊液置于 1000 mL 容量瓶中，加水至标线，摇匀，此溶液浑浊度为 250 度。

③吸取 100 mL 浑浊度为 250 度的标准溶液置于 250 mL 容量瓶中，加水至标线，摇匀，此溶液的浑浊度为 100 度。

④吸取浑浊度为 100 度的标准溶液 0、1.0、2.0、3.0、4.0、5.0、6.0、7.0、8.0、9.0、10.0 mL 置于 100 mL 比色管中，加水稀释至标准，混匀，配制成浑浊度为 0、1.0、2.0、3.0、4.0、5.0、6.0、7.0、8.0、9.0、10.0 度的标准溶液。

浑浊度在 10 度以上的水样，标准溶液的配制方法为：吸取浑浊度为 250 度的标准溶液 0、10、20、30、40、50、60、70、80、90、100 mL 置于 250 mL 容量瓶中，加水稀释至标线，混匀，即得浑浊度为 0、10、20、30、40、50、60、70、80、90、100 度的标准液，将其移入成套的 250 mL 具塞玻璃瓶中，每瓶加 1 g 氯化汞，以防细菌生长。

第二，取 250 mL 摇匀水样置于成套的 250 mL 具塞玻璃瓶中，瓶后设一有黑线的白纸板作为判断标志。从瓶前向后观察，根据目标的清晰程度选出与水样相近视觉效果的标准溶液，记下其浑浊度值。

水样浑浊度超过 100 度时，用无浑浊度水稀释后测定。

四、透明度的检测

传统透明度的测量方法主要有透明度计法和透明度圆盘法两种。透明度计法适用于天然水和轻度污染水透明度的测定；透明度圆盘法（塞氏盘法）适用于地面水透明度的现场测定。

（一）透明度计法

透明度计为长（600 ± 10）mm、内径（25 ± 1）mm 的无色玻璃筒，刻有

10 mm 分度，筒底放一个白色瓷片或白色塑料的标志板。筒与标志板之间放一个胶皮圈，用金属夹固定。距玻璃筒底部 1 ～ 2 cm 处有一放水侧管。

1. 测定方法要点

将充分混匀的水样转移至透明度圆筒，逐渐降低试样高度，直到从上面刚好能清晰看到印刷和测试标记为止，读取此时的水柱高度。重复进行试验 2 ～ 3 次，求出平均值。

透明度以水柱高度的厘米数表示，记录精确到 10 mm。超过 30 cm 为透明水样。

2. 注意事项

①悬浮物质多的水样，有时在透明度计的底部发生沉积，成为误差的原因。

②照明条件应尽可能一致。光源原则上为白色光，避免直射日光。

③视力差别会给测定值带来误差，故要选择视力正常的测定者，最好取多次或多人测定结果的平均值。

（二）透明度圆盘法

透明度圆盘（又称塞氏圆盘）为生青铜制成直径为 200 mm 的圆盘，在盘的一面从中心平分为四个部分，以黑白漆相间涂布，正中心开小孔穿一吊绳，下面加一重锤。

测定方法要点：在晴天水面平稳时，用吊绳将圆盘放低浸入水中，一直到从上面观察几乎看不见圆盘为止。测量吊绳浸入水中部分的长度，重复进行数次，求出平均值，即为透明度。

结果表示：记录浸入水中的深度，1 m 以内深度，用厘米（cm）表示，结果的记录精确到 10 mm；1 m 以上深度，用米（m）表示，结果的记录精确到 0.1 m。

注意事项包括以下几方面。

①在雨天及大量浑浊水流入水体时，或水面有较大波浪时不宜测定。

②透明度圆盘使用时间较长或其他原因使表面污脏时，应重新涂白漆。

③透明度圆盘下重锤一般重 2 kg 左右。当在水流中测定时，盘面易倾斜，应使重锤加重。

④测定时，要尽量避免波浪和直射的日光，最好利用船的阴影等。

第五节　水中金属化合物的检测

一、水中铬的检测

（一）测定意义

铬（Cr）的化合物常见的价态有三价和六价。在水体中，六价铬一般以 CrO_4^{2-}、CrO_7^{2-}、$HCr_2O_7^-$ 三种阴离子形式存在，受水中 pH 值、有机物、氧化还原物质、温度及硬度等条件影响，三价铬和六价铬的化合物可以互相转化。

铬是生物体所必需的微量元素之一。铬的毒性与其存在价态有关，通常认为六价铬的毒性比三价铬高 100 倍，六价铬更易为人体吸收且在体内蓄积，导致肝癌。因此，我国把水中六价铬规定为实施总量控制的指标之一。但即使是六价铬，不同化合物的毒性也不相同。当水中六价铬浓度为 1 mg/L 时，水呈黄色并有涩味；当水中三价铬浓度为 1 mg/L 时，水的浊度明显增加，三价铬化合物对鱼的毒性比六价铬大。

铬的污染来源主要是含铬矿石的加工、金属表面处理、皮革鞣制、印染等行业排放的工业废水。

（二）方法选择

铬的测定方法如表 3-2 所示。

表 3-2　铬的测定方法

测定方法	适用范围
二苯碳酰二肼分光光度法	本方法适用于地表水和工业废水中六价铬的测定。当取样体积为 50 mL，且使用光程为 30 mm 的比色皿时，方法的最小检出量为 0.2 μg 铬，方法的最低检出浓度为 0.004 mg/L；当使用光程为 10 mm 比色皿时，测定上限浓度为 1 mg/L
火焰原子吸收法（总铬）	本方法可用于地表水和废水中总铬的测定，用空气 - 乙炔法的最佳定量范围是 0.15 mg/L。最低检测限是 0.03 mg/L
硫酸亚铁铵滴定法（总铬）	本方法适用于废水中高浓度（≫ 1 mg/L）总铬的测定

二、水中砷的检测

（一）测定意义

砷（As）是人体非必需元素，元素砷的毒性较低而砷的化合物均有剧毒，三价砷化合物比五价砷化合物毒性更强，且有机砷对人体和生物都有剧毒。砷通过呼吸道，消化道和皮肤接触进入人体。当摄入量超过排泄量时，砷就会在人体的肝、肾、肺、脾、子宫、胎盘、骨骼、肌肉等部位，特别是在毛发、指（趾）甲中蓄积，从而引起慢性中毒，潜伏期可长达几年甚至几十年。慢性砷中毒有消化系统症状，神经系统症状和皮肤病变等。砷还有致癌作用，能引起皮肤癌。在一般情况下，土壤、水、空气、植物和人体都含有微量的砷，对人体不会构成危害。砷是我国实施排放总量控制的指标之一。

地表水中含砷量因水源和地理条件不同而有很大差异。淡水为 0.2 ～ 230 μg/L，平均为 0.5 μg/L，海水为 3.7 μg/L。砷的污染主要来源于采矿、冶金、化工、化学制药、农药生产、纺织、玻璃、制革等行业排放的工业废水。

（二）方法选择

砷的测定方法如表 3-3 所示。

表 3-3　砷的测定方法

测定方法	适用的范围
新银盐分光光度法	该方法测定快速、灵敏度高，适用于水和废水中砷的测定，特别对天然水样，是一种值得选用的方法
二乙氨基二硫化甲酸银光光度法	该方法适用于分析水和废水，但使用三氯甲烷，会污染环境。最低检出浓度为 0.007 mg/L 砷，测定上限浓度为 0.50 mg/L
氢化物发生原子吸收法	该方法适用于测定地下水、地表水和基体不复杂的废水样品中的痕量砷。适用浓度范围与仪器特性有关，一般装置检出限为 0.25 μg/L，适用的浓度范围为 1.0 ～ 12 gμ/L
原子荧光法	该方法每测定一次所需溶液为 2 ～ 5 mL。方法检出限：砷、锑、铋为 0.0001 ～ 0.0002 mg/L；硒为 0.0002 ～ 0.0005 mg/L。本方法适用于地表水和地下水中痕量砷、锑、铋和硒的测定

三、水中汞的检测

（一）测定意义

汞（Hg）及其化合物属于剧毒物质，可在体内蓄积。进入水体的无机汞离子可转变为毒性更大的有机汞，经食物链进入人体，引起全身中毒。天然水中含汞极少，一般不超过 0.1 μg/L。仪表厂、食盐电解、贵金属冶炼、温度计及军工厂等工业废水中可能存在汞。汞是我国实施排放总量控制的指标之一。

（二）方法选择

汞的测定方法如表 3-4 所示。

表 3-4　汞的测定方法

测定方法	适用范围
冷原子吸收法	本方法最低检出浓度为 0.1 ～ 0.5 μg/L 汞；在最佳条件下（测汞仪灵敏度高，基线噪声极小及空白试验值稳定），当试样体积为 200 mL 时，最低检出浓度可达 0.05 μg/L 汞。适用于地表水，地下水、饮用水、生活污水及工业废水的测定
冷原子荧光法	本方法检出限为 0.05 μg/L，测定上限为 1 μg/L，适用于地表水、地下水和含氯离子较低的其他水样的测定
双硫腙分光光度法	本方法适用于生活污水、工业废水和受污染的地表水的测定。取 250 mL 水样测定，汞的最低检出浓度为 2 μg/L，测定上限为 40 μg/L

四、水中其他金属化合物

（一）测定意义

水体中金属元素有些是健康必需的常量和微量元素，如 K、Na、Ca、Mg 等；而有些是对人体健康有害的，如 Hg、Cd、Cr、Ni、Pb、As 等。在受“三废”污染的地表水和工业废水中，有害金属化合物的含量往往明显增加。

许多金属不仅有毒而且有致癌作用。

（二）方法选择

在金属化合物测定中，应用较广泛的是原子吸收分光光度法。环境水样中较高浓度的金属一般用火焰原子吸收法测定，低浓度水样可用石墨炉原子吸收法测定。对于被测物浓度很低或基体复杂的试样，常取螯合萃取法作为样品前处理的方法。

其他金属化合物的测定方法如表 3-5 所示。

表 3-5 其他金属化合物的测定方法

元素	危害	分析方法	测定浓度范围
铍	单质及其化合物毒性都极强	①石墨炉原子吸收法 ②活性炭吸附 - 铬天菁 S 分光光度法	0.04 ～ 4/μg/L 最低 0.1 μg/L
镍	具有致癌性，对水生生物有明显危害。镍盐引起过敏性皮炎	①原子吸收法 ②丁二酮分光光度法 ③单扫描极谱法	0.01 ～ 8 mg/L 0.1 ～ 4 mg/L 最低 0.06 mg/L
硒	生物必需微量元素，但过量能引起中毒。二价态毒性最大，单质态毒性最小	① 2，3- 二氨基萘荧光法 ② 3，3- 二氨基联苯胺分光光度法 ③原子荧光法 ④气相色谱法（ECD）	0.15 ～ 25 μg/L 2.5 ～ 50 μg/L 0.2 ～ 10 μg/L 最低 0.2 μg/L
锑	单质态毒性低，氢化物毒性大	① 5-Br-PADAP 分光光度法 ②原子吸收法	0.05 ～ 1.2 mg/L 0.2 ～ 40 mg/L
钍	既有化学毒性，又有放射性辐射损伤，危害大	铀试剂Ⅲ分光光度法	0.008 ～ 3.0 mg/L
铀	有放射性辐射损伤，引起急性或慢性中毒	TRPO-5-Br-PADAP 分光光度法	0.013 ～ 1.6 mg/L
铁	具有低毒性，工业用水含量高时，产品上形成黄斑	①原子吸收法 ②邻菲啰啉分光光度法 ③ EDTA 滴定法	0.03 ～ 5.0 mg/L 0.03 ～ 5.00 mg/L 5 ～ 20 mg/L
锰	具有低毒性，工业用水含量高时，产品上形成黄斑	①原子吸收法 ②高碘酸钾氧化分光光度法 ③甲醛肟分光光度法	0.01 ～ 3.0 mg/L 最低 0.05 mg/L 0.01 ～ 4.0 mg/L
钙	人体必需元素，但过高引起肠胃不适，结垢	① EDTA 滴定法 ②原子吸收法	2 ～ 100 mg/L 0.02 ～ 5.0 mg/L
镁	人体必需元素，过量有导泻和利尿作用，结垢	① EDTA 滴定法 ②原子吸收法	2 ~ 100 mg/L 0.002 ~ 0.5 mg/L

第六节　水质污染生物检测

一、生物群落法

水生生物检测断面和采样点的布设，也应在对检测区域的自然环境和社会环境进行调查研究的基础上，遵循断面要有代表性，尽可能与化学检测断面相一致，并考虑水环境的整体性检测工作的连续性和经济性等原则。对于河流，应根据其流经区域的长度，至少设上（对照）、中（污染）、下（观察）三个断面，采样点数视水面宽、水深、生物分布特点等而定。对于湖泊、水库，一般应在入湖（库）区、中心区、出口区、最深水区、清洁区等处设检测断面。检测方法可参照《水质微型生物群落检测 PFU 法》（GB/T 12990—1991）等。

按照规定的采样、检验和计数方法获得各生物类群的种类和数量的数据后，可根据污水生物系统法和生物指数法评价水污染状况。

二、水质的细菌学测定

细菌能在各种不同的自然环境中生长。地表水、地下水，甚至雨水和雪水都含有多种细菌。当水体受到人畜粪便、生活污水或某些工业废水污染时，细菌大量增加。因此，水的细菌学检验，特别是肠道细菌的检验，在卫生学上具有重要的意义。但是，直接检验水中各种病原菌，方法较复杂，有的难度大，且结果也不能保证绝对安全。所以，在实际工作中，经常以检验细菌总数，特别是检验作为粪便污染的指示细菌来间接判断水的质量。

（一）水样的采集

细菌学检验用水样，必须严格按照无菌操作要求进行；防止在运输过程中被污染，并应迅速进行检验。一般从采样到检验不宜超过 2 h；在 10 ℃以下冷藏保存不得超过 6 h。采样方法如下：

①采集自来水样，首先用酒精灯灼烧水龙头灭菌或用 70% 的酒精消毒，然后放水 3 min，再采集约为采样瓶容积的 80% 的水量。

②采集江、河、湖、库等水样，可将采样瓶沉入水面下 10 ～ 15 cm 处，瓶口朝水流上游方向，使水样灌入瓶内。当需要采集一定深度的水样时，可用采水器采集。

（二）细菌总数的测定

细菌总数是指 1 mL 水样在营养琼脂培养基中，于 37 ℃经 24 h 培养后，所生长的细菌菌落的总数。它是判断饮用水、水源水、地表水等污染程度的标志。其主要测定程序如下：

①用作细菌检验的器皿、培养基等需按方法要求进行灭菌，以保证所检出的细菌皆属被测水样所有。

②营养琼脂培养基的制备。

③以无菌操作方法用 1 mL 灭菌吸管吸取混合均匀的水样（或稀释水样）注

入灭菌平皿中，倾注约 15 mL 已融化并冷却到 45 ℃左右的营养琼脂培养基，并旋摇平皿使其混合均匀。每个水样应做两份，还应另用一个平皿只倾注营养琼脂培养基作空白对照。待琼脂培养基冷却凝固后，翻转平皿，置于 37 ℃恒温箱内培养 24 h，然后进行菌落计数。

④用肉眼或借助放大镜观察，对平皿中的菌落进行计算，求出 1 mL 水样中的平均菌落数。报告菌落计数时，若在 100 以内，按实有数字报告；若大于 100，采用两位有效数字，用 10 的指数表示。例如，菌落总数为 2680 个 /mL，应记为 2.7×10^3 个 /mL。

（三）总大肠菌群数的测定

粪便中存在大量的大肠菌群细菌，其在水体中存活时间和对氯的抵抗力等与肠道致病菌，如沙门氏菌、志贺氏菌等相似，因此，将大肠菌群细菌作为粪便污染的指示菌是合适的。但在某些水质条件下，大肠菌群细菌在水中能自行繁殖。

大肠菌群是一类能在 35 ℃、48 h 之内使乳糖发酵产酸、产气、需氧及兼性厌氧的革兰氏阴性的无芽孢杆菌的总称，总大肠菌群数是指每升水样中所含有的大肠菌群的数目。总大肠菌群的检验方法有发酵法和滤膜法。发酵法可用各种水样，但操作烦琐，费时间。滤膜法操作简便、快速，但不适用于浑浊水样。因为这种水样常会把滤膜堵塞，异物也可能干扰菌种生长。

滤膜法操作程序如下：将水样注入已灭菌、放有微孔滤膜（孔径 0.45 μm）的滤器中，经抽滤，细菌被截留在膜上，将该滤膜贴于品红亚硫酸钠培养基上，37 ℃恒温培养 24 h，对符合特征的菌落进行涂片、革兰氏染色和镜检。凡属革兰氏阴性无芽孢杆菌者，再接种于乳糖蛋白胨培养液或乳糖蛋白胨半固体培养基中，在 37 ℃恒温条件下，前者经 24 h 培养产酸产气者，或后者经 6 ～ 8 h 培养产气者，皆应被判定为总大肠菌群阳性。

大肠菌群在品红亚硫酸钠培养基上的特征是：紫红色，具有金属光泽的菌落；深红色，不带或略带金属光泽的菌落；淡红色，中心色较深的菌落。发酵法测定可参阅有关文献。

（四）其他细菌的测定

为区别存在于自然环境中的大肠菌群细菌和存在于恒温动物肠道内的大肠菌群细菌，可将培养温度提高到 44.5 ℃，在此条件下仍能生长并发酵乳糖产酸产气者，称为粪大肠菌群。粪大肠菌群可用多管发酵法或滤膜法测定。

沙门氏菌是常常存在于污水中的病原微生物，也是引起水传播疾病的重要来源。由于其含量很低，测定时需先用滤膜法浓缩水样，然后进行培养和平板分离，最后，再进行生物化学和血清学鉴定，确定一定体积水样中是否存在沙门氏菌。

链球菌（通称粪链球菌）也是粪便污染的一种指示菌。这种菌进入水体后，在水中不再自行繁殖，这是它作为粪便污染指示菌的优点。此外，由于人类粪便中大肠菌群数多于粪链球菌群数，而动物粪便中粪链球菌群数多于粪大肠菌群数，因此，在水质检验时，根据这两种菌群数的比值不同，可以推测粪便污染的来源。若该比值大于 4，则认为污染主要来自人类；若该比值小于或等于 0.7，则认为污染主要来自恒温动物；若比值小于 4 而大于 2，则为混合污染，但以人粪为主；若比值小于或等于 2，且大于或等于 1，则难以判定污染来源。粪链球菌群数的测定也采用多管发酵法或滤膜法。

三、急性生物毒性测定及评价

进行水生生物毒性试验可用鱼类、藻类等，其中鱼类毒性试验的应用较为广泛。鱼类对水环境的变化反应十分灵敏，当水体中的污染物达到一定浓度或强度时，鱼类就会产生一系列中毒反应，如出现行为异常、生理功能紊乱、组织细胞病变，直至死亡。鱼类毒性试验的主要目的是寻找某种毒物或工业废水对鱼类的半致死浓度与安全浓度，为制订水质标准和废水排放标准提供科学依据；测试水体的污染程度；检查废水处理效果和水质标准的执行情况。有时鱼类毒性试验也用于一些特殊目的，如比较不同化学物质毒性的高低、测试不同种类鱼对毒物的相对敏感性、测试环境因素对废水毒性的影响等。这种试验可以在实验室内进行，也可以在现场进行。

根据试验水所含毒物浓度的高低和暴露时间的长短，毒性试验可分为急性试验和慢性试验。急性试验是一种使受试鱼种在短时间内显示中毒反应或死亡的毒性试验。所用毒物浓度高，持续时间短，一般是 4 天或 7 ～ 10 天。其目的是在短时间内获得毒物或废水对鱼类的致死浓度范围，为进一步进行试验研究提供必要的资料。慢性试验是指在实验室中进行的低毒物浓度、长时间的毒性试验，目的是观察毒物与生物反应之间的关系，验证急性毒性试验结果，估算安全浓度或最大容许浓度。慢性试验更接近自然环境的真实情况。

第四章　污水的物理处理技术

在污水处理过程中，物理处理方法占有重要地位，物理处理技术具有设备简单、成本低、管理方便、效果稳定等优点，能够去除污水中的漂浮物、悬浮物、砂石及油类等污染物，从污水中回收一些有用的物质。本章分为筛滤法、重力分离法、离心分离法、浮力浮上法四个部分。主要内容包括格栅、筛网、重力分离法的主要作用、重力分离法的主要设备类型离心分离法原理、离心分离法的设备等。

第一节　筛滤法

筛滤法是指通过机械设备的阻力截留作用，去除污水中粗大的漂浮物或悬浮物的一种水处理方法。筛滤法简单、实用，主要作用是拦截污水中的固态污染物，防止管道机械设备及其他装置的堵塞，保证后续处理单元的正常运行和处理效果。常用的设备有格栅和筛网。

一、格栅

（一）格栅的作用

格栅由一组平行的金属栅条与框架制成，放置在进水的渠道或泵站集水池的进口处，用以截留较大的漂浮或悬浮状态的固体污染物（如纤维、碎皮、毛发、木屑、果、蔬菜、塑料制品等），以减轻后续处理构筑物的负荷，保护管道、水泵等机械设施不被磨损或堵塞，使之正常运行。

被格栅截留的污染物质称为栅渣，其含水率约为 70% ～ 80%，容重约为 960 kg/m^3。栅渣量因地区的特点、栅条间距、污水类型而异，可采用人工或机械方式清除。格栅的截留效果取决于栅条间距。根据栅条净间隙，可将格栅分为细格栅、中格栅和粗格栅，细格栅栅条间距 3 ～ 10 mm，中格栅栅条间距 16 ～ 40 mm，粗格栅栅条间距 50 ～ 100 mm，分别用于拦截不同尺寸的悬浮污染物。实际应用时依所处理的污水类型而定，一般城市污水处理厂可以根据需要采用粗细两道格栅，其中粗格栅在水流阻力不太大的情况下拦截较大的漂浮物和悬浮物，改善水力条件，减轻细格栅负担；细格栅则进一步拦截尺寸较小的污染物质，净化污水水质，保障后续管道系统和设备的正常运行。大型污水处理厂亦可采用粗、中、细三道格栅。

格栅是污水处理厂的第一道工序，也是预处理的主要设备，对后续工序有着举足轻重的作用，格栅选择是否合适，直接影响整个水处理设施的运行。格栅栅条的断面形状主要有正方形、圆形、矩形和迎水面或背水面为半圆的矩形等。其中圆形断面的栅条水流阻力较小，但容易发生弯曲变形，一般多采用断面为矩形的栅条。为防止格栅堵塞，污水经过格栅应保持一定的流速，通常过栅流速为 0.6 ～ 1.0 m/s，这样既能保证悬浮物不会沉积在沟渠底部，又能防止把已经截留的污物冲过格栅，格栅的相关设计计算和选型参见相关手册。

（二）格栅的分类

格栅按不同的方法可分为各种不同的类型，如表 4-1 所示。

表 4-1　格栅的分类

格栅分类特征	格栅名称	说明
按格栅间距分	粗格栅	栅条间隙大于 40 mm
	细格栅	栅条间隙 10 ～ 30 mm
	密格栅	栅条间隙小于 10 mm
按清渣方式分	人工清渣格栅	主要是粗格栅
	机械清渣格栅	机械清渣

平面格栅栅条布置在框架的外侧，适用于机械清渣或人工清渣；栅条布置在框架的内侧，在格栅的顶部设有起吊架，可将格栅吊起，进行人工清渣。平面格栅的基本参数与尺寸包括宽度、长度、间隙净空隙、栅条至外边框的距离。可根据污水渠道、泵房集水井进口管大小选用不同数值。

格栅栅条断面形状分为圆形、矩形和正方形。圆形的水利条件较方形好，但刚度较差。目前多采用断面形式为矩形的栅条。

格栅渠道的宽度要设置得当，应使水流保持适当流速。一方面泥沙不至于沉积在沟渠底部，另一方面截留的污染物又不至于冲过格栅，通常采用

0.4 m/s ～ 0.9 m/s。

为防止栅条间隙堵塞，污水过栅条间距的流速一般采用 0.6 m/s ～ 1.0 m/s，最大流量时可高于 1.2 m/s ～ 1.4 m/s。

格栅所截留的污染物数量与地区的情况、污水沟道系统的类型、污水流量以及栅条的间距等因素有关。选用栅条间距的原则：不堵塞水泵和污水处理设备。

（三）栅渣的清除与处理

栅渣的数量与服务地区的情况、污水排水系统的类型、污水流量以及栅条的间隙等因素有关。对于一般城镇污水处理厂，在栅条间距为 16 ～ 50 mm 的情况下，栅渣量为 0.10 ～ 0.01 m^3/1000 m^3 污水。具体栅渣量应通过实验确定。

1. 平面格栅的栅渣清除

平面格栅的栅渣清除分为人工清渣和机械清渣两种方式。

（1）人工清渣

在采用人工清渣时，为了使工人易于进行清渣作业，避免清渣过程中栅渣掉回水中，人工清渣格栅的安装倾角要小，一般为 30° ～ 45° 。人工清渣格栅的过水断面面积应不小于进水管渠的 2 倍，以免清渣过于频繁，在污水泵站前集水井中的格栅上清理栅渣时，应采取有效措施避免有害物质对操作人员的危害。

人工清渣适用于栅渣量小于 0.2 m^3/d 的小型格栅。

（2）机械清渣

机械清渣是采用机械带动栅齿对栅渣进行打捞，使污水中的固态悬浮物分离出去，保证水流畅通流过的一种清渣方式。机械清渣格栅的安装倾角一般为 60° ～ 75° ，有时为 90° ，过水断面的面积一般不小于进水管渠有效面积的 1.2 倍。占地面积较人工清渣格栅小，但水流阻力略大，清渣装置设计要求较高。

按照格栅齿把动作的方式，格栅除污机可分为臂式格栅除污机、高链式格栅除污机。钢索牵引式格栅除污机、回转式格栅除污机、阶梯式格栅除污机等。机械清渣的工作过程可以是连续的，也可以是间歇的，可以根据用户需要任意调节设备运行间隔，实现周期性运转。机械清渣格栅自动化程度高、分离效率高，适用于栅渣量大于 0.2 m^2/d 的大型格栅。

2. 曲面格栅的栅渣清除

曲面格栅的栅渣清除方式都是机械清渣。不同形式的曲面格栅，清渣方式也不同。

（1）弧形格栅除污机

固定式曲面格栅采用弧形格栅除污机。污水流经固定的曲面格栅，栅渣被截留下来。耙齿插入固定曲面格栅的下部，被格栅弧面所在圆心处的中心轴带动，向上运动，将栅渣剥离，运送到栅渣槽。

（2）转鼓式格栅除污机

转鼓式曲面格栅采用转鼓式格栅除污机。栅条弯曲安装制成鼓形栅筐，污水从前端流入，经格栅拦截流向栅管后，栅渣被截留在栅筐内部，安装在中心轴的旋转齿耙回转清污，当清渣齿耙把栅渣扒集至栅筐顶部时，开始卸渣（在栅渣自重及水流冲洗作用下落入栅筐中间的栅渣槽），再通过螺旋输送器提升至压榨装置。

3. 栅渣的脱水与输送

清除的栅渣可采用带式输送机或螺旋输送机输送，由于栅渣含水率较高，最终清运前宜进行压榨脱水。常用的栅渣压榨装置为栅渣螺旋压榨机。作为格栅配套设备，栅渣螺旋压榨机的作用是对栅渣进行压榨以减少其水分和体积。螺旋压榨机由挤压螺旋、螺旋管、传动部件、进料斗及卸料斗等组成，污物由进料斗进入螺旋管，在挤压螺旋的作用下，压缩、脱水后输送至出渣口。

栅渣螺旋压榨机的工作原理是驱动减速机带动叶片轴旋转，螺旋升角产生向前推力从而挤压进入压榨管的物料，挤压后的物料由出料口排出，而污水则被分离后进入排水槽达到分离的目的。其特点是结构简单，占地面积小，安装维护方便，除进出料口敞开外，其余部分均可加盖封闭，物料不会外溢，可减少空气污染。

栅渣的输送一般采用螺旋输送机，螺旋输送机通常由螺旋输送机本体、进出装置、驱动装置三大部分组成。

旋转的螺旋叶片将物料推移，物料自身重量和螺旋输送机机壳对物料的摩擦阻力使物料不与螺旋输送机叶片一起旋转，从而实现螺旋输送机输送。螺旋输送机具有结构简单、成本低、密封性强、操作安全方便等优点。

二、筛网

筛网广泛用于国外的工业废水与城市污水处理，国内则多用于纺织、造纸、化纤等类的工业废水处理。但近年来，由于城市污水中细长的纤维状污染物越来越多，为有效拦截纤维状污染物，国内城市污水处理中也越来越多地使用筛网。

采用筛网的优点主要有：可截留所有对后续处理构成困难的纤维状污染物，从而减少后续设备的维护工作量；可截留大颗粒的有机污染物，从而减小初次沉淀池的污泥量，有时为有利于脱氮除磷还可不设初次沉淀池，同时，还可使后续处理中的污泥更为均质，利于污泥的农用。

当需要去除水中纤维、纸浆、藻类等稍小的杂质时，可选择不同孔径的筛网。孔径小于 10 mm 的筛网主要用于工业废水的预处理，可将尺寸大于 3 mm 的漂浮物截留在网上。孔径小于 0.1 mm 的细筛网则用于处理后出水的最终处理或重复再生水的处理。

应用于废水处理或短小纤维回收的筛网主要有两种形式，即振动筛网和水力筛网。

在振动筛网中，污水由渠道流至振动筛网上，进行水和悬浮物的分离，并利用机械振动，将呈倾斜面的振动筛网上截留的纤维等杂质卸到固定筛网上，进一步滤去附在纤维上的水滴。

振动筛网呈圆锥形，中心轴呈水平状态，锥体呈倾斜状态。废水从圆锥体的小端进入，在水流从小端到大端的流动过程中，纤维状污染物被筛网截留，水则从筛网的细小孔中流入集水装置。由于整个筛网呈圆锥形，被截留的污染物沿筛网的倾斜面卸到固定筛上，以进一步滤去水滴。这种筛网依靠进水的水流作为旋转动力，因此在水力筛网的进水端一般不用筛网，而用不透水的材料制成壁面，必要时还可在壁面上设置固定的导水叶片，但不可过多地增加运动筛的重量。原水进水管的设置位置与出口的管径要适宜，以保证进水有一定的流速射向导水叶片，从而利用水的冲击力和重力作用产生旋转运动。

当设计采用水力筛网时，一般应在废水进水管处保持一定的压力，压力的大小与筛网的大小及废水性质有关。

格栅或筛网截留的污染物的处置方法有填埋、焚烧（820 ℃以上）及堆肥等，也可将栅渣粉碎后再送回废水中，作为可沉固体进入初沉污泥。粉碎机应设置在沉砂池后，以免大的无机颗粒损坏粉碎机。此外，大的破布和织物在粉碎前应先去除。

第二节　重力分离法

重力分离法是利用水中悬浮微粒与水的密度差来分离污水中的悬浮物，使水得到澄清的一种方法。若悬浮物密度大于水的密度，则悬浮物在重力作用下下沉形成沉淀物：反之，则上浮到水面形成浮渣。通过收集沉淀物或浮渣，使污水得到净化的过程就是重力分离法的实质。前者称为沉淀法，后者称为上浮法。重力沉淀法是最常用、最基本、最经济的污水处理方法，几乎所有的污水处理系统都用到该方法。

重力分离法可用于：化学或生物处理的预处理；分离化学沉淀物或生物污泥；污泥浓缩脱水；污灌的灌前处理；去除污水中的可浮油。重力分离法的去除对象为砂粒、一般悬浮物、剩余活性污泥、生物膜残体等粒径大于 10 μm 的可沉固体和可浮油，所用设备有沉砂池和沉淀池等沉淀设备及隔油池和气浮池等上浮设备。

一、重力分离法的主要作用

①污水处理系统的预处理。对于城市污水处理系统，污水首先经过沉砂池，沉砂池主要用于去除污水中易沉降的砂粒类无机固体颗粒。

②污水的初级处理。在二级污水处理系统中，通常在生物处理前设初次沉淀池，初次沉淀池主要用于去除污水中的砂粒、悬浮物，以减轻后续处理设备的负荷，保证生物处理系统正常运行。

③在生物处理后设二次沉淀池，二次沉淀池主要用于去除从生物处理工艺中排出的剩余活性污泥、脱落的生物膜残体等。

④用于絮凝处理后的固液分离，如絮凝沉淀池。

⑤用于污泥处理阶段的污泥浓缩。

二、重力分离法的主要设备类型

大部分含无机或有机悬浮物的污水，都可通过重力分离设备（构筑物）去除悬浮物。对重力分离设备（构筑物）的要求是能最大限度地除去废水中的悬浮物，减轻后续净化设备的负担。水处理工程中最常见的重力分离设备（构筑物）就是沉砂池和沉淀池。

（一）沉砂池

沉砂池的作用是从污水中去除砂子、煤渣等比重较大的颗粒，以免这些杂质影响后续处理的正常运行。

沉砂池的工作原理是以重力分离为基础，控制进入沉砂池的污水流速，使比重大的无机颗粒下沉，而有机悬浮颗粒被水流带走。

沉砂池可分为平流式沉砂池、竖流式沉砂池和曝气沉砂池三种基本形式。

1. 平流式沉砂池

平流式沉砂池是最常用的一种沉砂池形式，由入流渠、出流渠、闸板、水流部分及沉砂斗组成。具有构造简单、工作稳定、处理效果好且易于排沉砂等特点。平流式沉砂池的主体部分是一个加深加宽的明渠，两端设有闸板。池底一般应有0.01～0.02的坡度，并设有1～2个贮砂斗。贮砂斗的容积按2日沉砂量计算，斗壁与水平面的倾角不应小于55°，下接排砂管。沉砂可用闸阀或射流泵、螺旋泵排出。

2. 竖流式沉砂池

在竖流式沉砂池中，污水由中心管进入池后自下而上流动，无机物颗粒借重力沉于池底，处理效果一般较差。

3. 曝气沉砂池

平流式沉砂池的主要缺点是沉砂中夹杂有15%的有机物，使沉砂的后续处理难度增加。故常需配洗砂机，把排砂清洗后，再外运。曝气沉砂池可以克服这一缺点。

曝气沉砂池具有以下特点：①沉砂中含有机物的量低于5%；②由于池中设有曝气设备，具有预曝气、脱臭、防止污水厌氧分解、除泡以及加速污水中油类的分离等作用。这些特点为后续的沉淀、曝气、污泥消化池的正常运行以及对沉砂的干燥脱水提供了有利条件。另外，在水中曝气可脱臭，改善水质，有利于后续处理，还可起到预曝气作用。

曝气沉砂池是一矩形渠道，应在沿渠壁一侧的整个长度方向，距池底60～90 cm处安设曝气装置，在其下部设集砂斗，池底要有一定的坡度，以保证砂粒滑入。

其工作原理为：污水在池中存在着两种运动形式：一是水平流动形式（流速一般取0.1 m/s，不得超过0.3 m/s），二是螺旋状流动形式。由于在池的一侧有曝气作用，因而在池的横断面上产生旋转运动，整个池内水流产生螺旋状的流动形式。旋转速度在过水断面的中心处最小，而在池的周边则最大。空气的供给量应保证池中污水的旋流速度达到0.25～0.3 m/s。由于曝气以及水流的螺旋旋转作用，污水中悬浮颗粒相互碰撞、摩擦并受到气泡上升时的冲刷作用，使黏附在砂粒上的有机污染物得以去除，沉于池底的砂粒较为纯净。有机物含量只有5%左右的砂粒，长期搁置也不易腐化。曝气沉砂池的形状应尽可能不产生偏流和死角，在砂槽上方宜安装纵向挡板，进出口布置应防止产生短流。

（二）沉淀池

沉淀池是分离悬浮物的一种常用构筑物。用于生物处理法中作预处理的沉淀池称为初次沉淀池。设置在初次沉淀池之后的沉淀池称为二次沉淀池，是生物处理工艺中的一个组成部分。

1. 沉淀类型

按照水中悬浮颗粒的浓度、性质及其絮凝性能的不同，沉淀现象可分为以下几种类型。

（1）自由沉淀

自由沉淀发生在水中悬浮物浓度不高而且它们之间没有凝聚作用的场合，有人认为浓度值应小于 50 mg/L，这个数值是一个大概的分界值，还与颗粒物的分散度有关。沉淀过程中悬浮固体之间互不干扰，颗粒各自进行单独沉淀。假设颗粒的大小、形状和比重不变，它的沉降速度也不会变。假设水流的水平流速不变，颗粒的水平分速等于水流的水平流速，由于颗粒水平分速度和垂直分速度的合速度方向不变，因此不同水深的相同颗粒在沉降过程中的轨迹是平行的斜线。沉砂池中的沉淀和初次沉淀池中的沉淀都属于自由沉淀。

（2）絮凝沉淀

悬浮物的浓度虽然不高（即使浓度小于 50 mg/L 也可能发生絮凝现象。这个浓度值没有绝对分界线。如果悬浮物的浓度很高，就是下面要讨论的区域沉淀），但是颗粒间会发生絮凝作用，颗粒数会变少。由于颗粒的大小、形状和比重发生变化，所以颗粒的沉淀速度是变化的。在絮凝过程中，颗粒的尺度总体上是增大的。假设沉淀池内颗粒物的水平分速度等于水流的水平流速，那么颗粒的水平分速度和垂直分速度的合速度的方向是不断变化的，而且是逐渐向下的。计算絮凝颗粒的去除率是一个困难的工作，而实验是一个实用的方法。化学混凝后的沉淀和二次沉淀池中的沉淀都属于絮凝沉淀。

（3）区域沉淀

区域沉淀也称成层沉淀、干涉沉淀或拥挤沉淀。区域沉淀的悬浮物浓度较高（5 g/L 以上）。顾名思义，干涉沉淀或拥挤沉淀是指颗粒的沉降受到周围其他颗粒的影响。区域沉淀是指颗粒的相对位置保持不变而形成一个整体下沉的现象。成层沉淀是指该沉降过程中会观察到悬浮物区与澄清水之间有清晰的界面。二次沉淀池的后期、混凝中絮凝反应后的沉淀池后期和浓缩池中均有区域沉淀发生。

（4）压缩沉淀

压缩沉淀发生在高浓度的悬浮物颗粒沉淀过程中。下面的颗粒对上面的颗粒有承托，下层颗粒间的水在上层颗粒的重力作用下被挤出一部分，使污泥得以浓缩。污泥浓缩的程度取决于浓缩时间、污泥的浓缩性能、浓缩条件。二次沉淀池污泥斗、絮凝后的沉淀池的污泥斗和浓缩池下部存在压缩沉淀。二次沉淀池内经过压缩沉淀或浓缩池的污泥，考虑浓缩成本，最低含水率也有96%。

在静置沉淀中，同一颗粒的沉淀类型会发生变化，如从自由沉淀向成层沉淀，最后向压缩沉淀变化。在连续流沉淀池内会同时发生由不同颗粒呈现的几种沉淀现象，例如，二次沉淀池中同时存在絮凝沉淀、区域沉淀和压缩沉淀，生化处理系统的浓缩池中同时存在成层沉淀和压缩沉淀，絮凝反应后的沉淀池中同时存在絮凝沉淀、成层沉淀和压缩沉淀。

2. 沉淀池分类

沉淀池按水流方向分为平流式、竖流式及辐流式三种，按工艺布置可分为初次沉淀池和二次沉淀池。初次沉淀池可作为一级污水处理的主体构筑物，或作为二级处理的预处理，可去除40%～55%的SS、20%～30%的BOD_5，降低后续处理的负荷；二次沉淀池位于生物处理装置后，用于泥水分离，是生物处理的重要组成部分。生物处理再加上二次沉淀池沉淀，一般可去除70%～90%的SS和65%～95%的BOD_5。

3. 沉淀池类型选择

选择沉淀池类型时，应综合考虑以下因素：水量的大小；水中悬浮物质的物理性质及沉降特性；污水处理厂的总体布置及地形地质情况；等等。各种沉淀池的比较如表4-2所示。

表4-2 各种沉淀池比较

池型	优点	缺点	适用条件
平流式	沉淀效果好；对冲击负荷和温度变化适应能力强；施工简易，造价较低	配水不均匀；采用多斗排泥时，每个泥斗需要单独设排泥管，操作量大，管理复杂；采用链带式刮泥排泥时，机件浸于水中，易腐蚀	适用于地下水位高及地质较差地区；适用于大、中、小型污水处理厂
竖流式	排泥方便，管理简单；占地面积小	池子深度较大，施工困难：造价较高；对冲击负荷和温度变化适应能力较差；池径不宜过大，否则布水不均匀	适用于小型污水处理厂，在给水厂中并不多用

续表

池型	优点	缺点	适用条件
辐流式	多为间歇排泥，运行较稳定，管理较简单；排泥设备运行也较稳定	水流不易均匀，沉淀效果较差；机械排泥设备复杂，对施工质量要求较高	适用于地下水位较高的地区；适用于大、中型污水处理厂

4. 沉淀池的工作模型假设

为分析颗粒在实际沉淀池中的运动规律及沉淀效果，一般采用海伦（Haren）模型进行研究。海伦模型假定：①进水在整个沉淀区的进水断面上均匀分布，且以均匀的水平流速 v 流过沉淀区；②悬浮颗粒在沉淀区等速下沉，速度为 u；③悬浮颗粒在沉淀区断面上的水平流速等于水的过流速度 v；④颗粒一旦离开流动层进入池底，就认为已被去除。符合上述假设条件的沉淀池称为理想沉淀池。

理想沉淀池按功能分为进水区、沉淀区、出水区和污泥区 4 个部分。其有效长、宽、深分别为 L、B、H，进水流量为 Q。某一颗粒自 A 点进入沉淀区后，一方面随水流做水平方向的流动，另一方面在重力作用下垂直下沉，其运动轨迹为水平分速度 v 和下沉速度 u 的矢量和。

基于海伦模型，颗粒的水平分速度等于水流的水平流速，即：

$$v=\frac{Q}{H\bullet B} \tag{4-1}$$

而垂直下沉速度 u 则为颗粒的自由沉降速度。若颗粒在水平方向运动 L 距离时，在垂直方向沉降了 H 高度，则颗粒恰好落于 D 点，既可能进入溢流，也可能沉入池底，其临界条件为：

$$\frac{L}{v}=\frac{H}{u_0} \tag{4-2}$$

式中：u_0——从 A 点进入沉淀区恰好落于 D 点被去除的那一颗粒的沉降速度，m/s。

我们将这个流速为 u_0 的颗粒称为临界颗粒（或截留颗粒），将该颗粒的粒度称为临界粒度（或截留粒度）。将式（4-1）代入式（4-2）并进行整理，可得：

$$u_0=\frac{Q}{L\bullet B}=\frac{Q}{S}=q \tag{4-3}$$

式中：Q/S——单位沉淀面积所接纳的流量，$m^3/m^2 \cdot h$ 一般称之为表面负荷，用 q 表示。表面负荷 q 在数值上等于临界颗粒的沉降速度 u_0，而且理想沉淀池的沉淀效率与池的水面面积 S 有关，与池深 H 无关。

对于 $u \geqslant u_0$ 的颗粒，无论处于进口端的任何位置，都可在 D 点之前沉淀到池底而被去除。对于 $u \leqslant u_0$ 的颗粒，则视其在流入区所处的位置而定：若位于靠近水面的某一位置时，颗粒不能沉到池底，而会随水流出；若位于靠近池底的某一位置时，则可以沉到池底而被去除。上述讨论说明对于沉速小于 u_0 的颗粒，仅有一部分可沉到池底而被去除。

若 $u < u_0$ 的颗粒的重量占全部颗粒的重量比为 $\mathrm{d}P$，则其中（h/H）$\mathrm{d}P$ 为可被去除的量。对于同一沉淀时间 t，有：

$$h = u_1 t$$

$$H = u_0 t$$

$$\frac{h}{H} = \frac{u}{u_0}$$

$$\frac{h}{H}\mathrm{d}P = \frac{u}{u_0}\mathrm{d}P$$

则对于 $u < u_0$ 的全部悬浮颗粒，可被去除的总量为：

$$\int_0^{P_0} \frac{u}{u_0}\mathrm{d}P = \frac{1}{u_0}\int_0^{P_0} u\mathrm{d}P \tag{4-4}$$

沉淀池去除的颗粒包括 $u \geqslant u_0$ 及 $u < u_0$ 两部分，故理想沉淀池的悬浮物总去除率为：

$$E = (1 - P_0) + \frac{1}{u_0}\int_0^{P_0} u\mathrm{d}P \tag{4-5}$$

第三节　离心分离法

一、离心分离法原理

物体高速旋转时会产生离心力场，利用离心力分离废水中杂质的处理方法称为离心分离法。废水做高速旋转时，悬浮固体颗粒同时受到两种径向力的作用，即离心力和水对颗粒的向心推力。从理论上讲，离心力场中各质点可受到比自身所受重力大数十倍甚至上百倍的离心力作用，因而离心分离的效率远高于重力分离。在离心力场的给定位置上（该处的质点具有相同的回转半径及角速度），离心力的大小主要取决于质点的质量，因此当含有悬浮固体或乳化油的废水高速旋转时，由于废水所含杂质和水之间的密度存在差异，各质点所受到的离心力不尽相同，密度高质量大的质点被甩向外侧，密度低质量小的质点则会被留在内侧，将分离后的水流通过不同的出口分别排出，即可达到分离处理的目的。

在离心力场中，悬浮颗粒受离心力 F_1 作用向外侧运动的同时，还受到水在离心力作用下相对向内侧运动的阻力 F_2 的作用。设颗粒和同体积水的质量分别为 m_1、m_2，旋转半径为 r，角速度为 ω，线速度为 v，转速为 n，则颗粒所受到的净离心力为：

$$F = F_1 - F_2 = (m_1 - m_2)\omega^2 r = (m_1 - m_2)\frac{v^2}{r} \tag{4-6}$$

而水中颗粒所受净重力为：

$$F_g = (m_1 - m_2)g \tag{4-7}$$

离心力场所产生的离心加速度和重力加速度的比值，称为分离因数（也称离心强度），并以 Z 表示。Z 的定义式如下：

$$Z = \frac{\text{离心加速度}}{\text{重力加速度}} = \frac{r\omega^2}{g} = \frac{v^2}{rg} \tag{4-8}$$

将 $\omega = \frac{2\pi n}{60}$ 代入式（4-8）中，整理可得出下面的公式：

$$Z = \frac{\pi^2 n^2 r}{900g} \approx \frac{n^2 r}{900} \tag{4-9}$$

由式（4-9）可知，分离因数 Z 越大，越容易实现固液分离，分离效果也越好。Z 与转速 n 的平方及旋转半径 r 的一次方成正比，因此可通过增加转速 n 和半径 r 提高离心力场的分离强度，且增加转速比增加旋转半径更为有效。

二、离心分离法的设备

根据产生离心力的方式，离心分离设备可分成水力旋流器和离心分离机两种类型。前者是设备本身不动，由水流在设备中做旋转运动而产生离心力；后者则是靠设备本身旋转带动液体旋转而产生离心力。

（一）水力旋流器

水力旋流器的基本分离原理为离心沉降，即利用离心力分离悬浮颗粒。这种离心分离设备本身没有运动部件，其离心力由流体的旋流运动产生。水力旋流器又分为压力式水力旋流器和重力式水力旋流器两种。

1. 压力式水力旋流器

压力式水力旋流器的主体由空心的圆形筒体和圆锥体两部分连接组成。进水口设在圆形筒体上，圆锥体下部为底流排出口，器顶为出水溢流管。

含有悬浮物的废水由进水口沿切线方向流入（进水速度为 6 ～ 10 m/s），并沿筒壁做高速旋转流动，废水中粒度较大的悬浮颗粒受惯性离心力作用被甩向筒壁，并随外旋流沿筒壁向下做螺旋运动，最终由底流口排出；而粒度较小的颗粒所受惯性离心力较小，向筒壁迁移的速度也较慢，当该速度小到随水流向下运动至锥体顶部时仍未到达筒壁，就会在反转向上的内旋流的携带下，进入溢流管而随水流排出。如此，含悬浮物的废水在流经压力式水力旋流器的过程中，直接完成了固液分离操作。

压力式水力旋流器分离效率的具体影响因素可分为结构参数和工艺参数两大类。结构参数主要包括筒体直径、进水口尺寸、溢流管直径及插入深度、底流口直径、锥角和圆筒筒体部分的高度等；工艺参数则主要包括废水浓度、悬浮物颗粒的粒度以及进水压力等。此外，尽管压力式水力旋流器产生的离心力要远大于重力，但重力仍对压力式水力旋流器的工作指标具有实质性影响，且其影响随压力式水力旋流器进水压力的降低而增大。

压力式水力旋流器具有结构简单、体积小、单位处理能力高等优点，但设备磨损严重，动力消耗比较大。由于压力式水力旋流器单体直径较小，一般不超过 500 mm，因而在实际应用中常采用多个旋流器分组并联的方式。

2. 重力式水力旋流器

重力式水力旋流器，也可称为水力旋流沉淀池。废水沿切线方向由进水管进入沉淀池底部，借助进、出水的压差，在分离器内做旋转升流运动，在离心力和重力的作用下，水中的重质悬浮颗粒被甩向器壁并下滑至底部，由抓斗定期排出；分离处理后的出水经溢流堰进入吸水井中，由水泵排出；分离出的浮油通过油泵抽入集油槽。重力式水力旋流器的表面负荷一般在 25 ～ 30 $m^3/(m^2 \cdot h)$，作用水头一般为 0.005 ～ 0.006 MPa。与压力式水力旋流器相比，重力式水力旋流器能耗低，且可避免水泵及设备的严重磨损，但设备容积大，池体下部深度较大，施工困难。

（二）离心分离机

离心分离机的类型：按分离因数 Z 的大小可分为高速离心机（Z 大于 3000）、中速离心机（Z 为 1500 ～ 3000）、低速离心机（Z 为 1000 ～ 1500）；按离心机形状可分为过滤离心机、转筒式离心机、管式离心机、盘式离心机和板式离心机等。

1. 常速离心机

中、低速离心机统称为常速离心机，在废水处理中多用于污泥脱水和化学沉渣的分离。其分离效果主要取决于离心机的转速及悬浮颗粒的性质，如密度和粒度。在转速一定的条件下，离心机的分离效果随颗粒的密度和粒度的增加而提高，而对于悬浮物性质一定的废水和泥渣，则离心机的转速越高，分离效果越好。因此，使用时要求悬浮物与水之间有较大的密度差。常速离心机按原理可分为间歇式过滤离心机和转筒式沉降离心机两种。

（1）间歇式过滤离心机

间歇式过滤离心机属离心过滤式，其工作原理是将要处理的废水加入绕垂直轴旋转的多孔转鼓内，转鼓壁上有很多的圆孔，壁内衬有滤布，在离心力的作用下，悬浮颗粒在转鼓壁上形成滤渣层，而水则透过滤渣层和转鼓滤布的孔隙排出，从而实现了固液的分离，待停机后将滤渣取出，可进行下一批次废水的处理。这种离心机适于小量废水处理。

（2）转筒式过滤离心机

转筒式过滤离心机属离心沉降式，其工作原理是废水从旋转筒壁的一端进入并随筒壁旋转，离心力作用使固体颗粒沉积在筒壁上，固体颗粒中的水分受离心力挤压进入离心液，过滤分离后的澄清水由另一侧排出，所形成的筒壁沉渣由安装在旋转筒壁内的螺旋刮刀进行刮卸，从而实现悬浮物与水的分离。这种离心机由于是依靠离心沉降作用进行分离的，因此适用的废水浓度范围较宽，分离效率一般在 60% ～ 70%，并且能连续稳定工作，适应性强，分离性能好。

离心分离效率的提高，可以通过提高离心机的转速或是增大离心机的直径实现，但由于转速过高，设备会产生振动，而直径过大，设备的动平衡不易维持，因而通常应根据实际情况将两种方法结合使用。例如，小型离心机采用小直径、高转速，而大型离心机则采用大直径、低转速。

2. 高速离心机

高速离心机的转速一般大于 5000 r/min，有管式和盘式两种类型，主要用于废水中乳化油脂类、细微悬浮物以及有机分散相类物质（如羊毛脂等）的分离。

第四节 浮力浮上法

一、浮力浮上法分类

浮力浮上法是利用水的浮力作用，以微小气泡为载体去黏附不溶态污染物，使其附着气泡上浮至水面，然后通过机械刮除分离的一种水处理方法。作为一种有效的固－液、液－液分离技术，浮力浮上法主要应用于含油污水的处理、污水中有用物质的回收以及污泥的浓缩等场合。

根据所分离悬浮物的密度和表面性质，浮力浮上法可分为以下三类：

①自然浮上法。水中那些粒径较粗且密度接近或小于 1 g/cm^3 的强疏水性物质，可以依靠浮力的作用自然上浮与水分离，这种方法称为自然浮上法，又称隔油。

②气泡浮升法。对于水中的弱疏水性悬浮固体或乳化油，可利用高度分散的微小气泡为载体去黏附，并使其随气泡浮升到水面，这种方法称为气泡浮升法，简称气浮。

③药剂浮选法。通过向水中投加某些药剂，将亲水性的悬浮物转变成疏水的性质，从而能附着并随气泡升浮，这种方法称为药剂浮选法，简称浮选，该方法适用于自然浮上法、气泡浮升法难以去除的乳化油或亲水性物质，因为气泡浮升法和药剂浮选法的理论基础是相同的，故有时也将两者统称为气浮。

二、浮力浮上法的设备

（一）自然浮上法——隔油池

在石油开采炼制、石油化工、钢铁、毛纺、机械加工等行业的生产过程中，有大量含油污水排放，其中含有天然石油、石油产品、焦油及分馏物、动植物油等，污水的含油量及特征，随工业种类、工艺流程、设备和操作条件的不同而相差较大。污水中所含油类，除重焦油的相对密度可达 1.1 g/cm^3 外，其余油类的相对密度都小于 1 g/cm^3。对于含油污水的处理主要是去除浮油和乳化油，其中浮油易于上浮，可通过隔油池加以回收利用。隔油池是利用自然上浮法进行分离的设备，目前普遍采用平流式隔油池和斜板式隔油池。

1. 平流式隔油池

平流式隔油池在国内使用最为普遍，是处理炼油厂污水的标准设备。污水从池的一端由进水孔进入池中，以较低的水平流速（2 ～ 5 mm/s）流经池子，流动过程中，密度小于水的油粒上升到水面，密度大于水的颗粒杂质沉于池底，分离后的水进入集水槽，经由出水管从池子的另一端排出。

在隔油池的出水端设置集油管，集油管一般用直径 200 ～ 300 mm 的钢管制成，在管壁的一侧沿长度方向开有弧宽为 60° 或 90° 的槽口。平时槽口位于水面之上，当水面上的油层达到一定的厚度时，转动集油管，开槽方向转向水平面以下收集浮油，并将浮油导出池外。

大型隔油池中还应设置刮油刮泥机，它的主要作用是推动浮油和刮集沉渣。刮油刮泥机是由链条牵引缓慢转动的，带速一般为 0.01 ～ 0.05 m/s，它将浮油推向集油管，将沉渣刮向池前部的污泥斗中，为了使沉渣能顺畅地排出，污泥斗倾角应为 45° ，排渣管直径一般为 200 mm。收集在污泥斗中的沉渣应由设在池底的排渣管借助静水压力排走。

隔油池的宽度应与选用的刮泥机规格相匹配，当采用机械刮泥时，隔油池每个格间的宽度一般为 6.0 m、4.5 m、2.5 m、2.0 m；若采用人工除油，每个格间的宽度不得超过 3.0 m。为防水、防雨、保温及防止油气散发，平流式隔油池表面应设置盖板，在寒冷地区还应在池内设置蒸汽加热管，以便必要时加温。

平流式隔油池能去除的最小油珠直径一般不低于 100 ～ 150 μm，除油效率在 70% 以上，它工作稳定，构造简单，便于管理，但存在占地面积大、受水流不均匀性影响较大、排泥困难等缺点。

2. 斜板式隔油池

斜板式隔油池以浅池原理为基础设计，具有占地面积小、分离效率高的特点。斜板式隔油池由进水管、布水设施、斜板组、出水管和集油管等部分组成。按斜板的形式，斜板式隔油池又分为平行斜板式隔油池和波纹斜板式隔油池。

平流式隔油池稍加改进，即在其池内安装许多倾斜的平衡板，便成了平行斜板式隔油池。斜板间距为 10 cm。这种隔油池的特点是油水分离迅速，占地面积小（只有平流式隔油池的 1/2），但是结构复杂，维护清理较困难。

波纹斜板式隔油池池内安装有一组波纹状斜板，斜板倾角不小于 45° ，板间距离一般为 20 ～ 40 mm。污水沿板面向下运动，进入出水堰，由出水管排出，水中油珠沿板的下表面向上流动，由集油管收集，沉渣落在斜板表面上，下滑落入池底经排泥管排出。该设备属于异向流斜板装置，斜板一般采用聚酯玻璃钢制成，耐腐蚀、不沾油、光洁度比较好，池内还应设斜板清洗装置。

斜板隔油池油水分离效果好，可去除的最小油珠粒径达 60 μm，相应的上升速度约为 0.2 mm/s。斜板式隔油池的效率高，污水停留时间短，一般不超过 30 min，表面水力负荷为 0.6 ～ 0.8 $m^3/(m^2 \cdot h)$，池容仅为平流式隔油池的 1/4 ～ 1/2。目前我国新建的一些含油污水处理站，多采用斜板式隔油池。

（二）气泡浮升法——气浮池

在污水处理过程中，常用的气浮设备是气浮池。根据水流方向的不同，气浮池分为平流式气浮池和竖流式气浮池两种。通常，废水在分离室的停留时间不少于 60 min。平流式气浮池的长宽比应大于 3，水平流速为 4 ～ 10 m/s，工作区水深为 1.5 ～ 2.5 m。竖流式气浮池为圆形或方形池，污水从下部进入，向上流动，油渣集于水面，可借助上部的刮渣机将油渣收集。竖流式气浮池的高度为 4 ～ 5 m，长、宽或直径为 9 ～ 10 m，与竖式沉淀池类似。

（三）药剂浮选法——化学药剂

对于疏水性很强的物质，如植物纤维、油珠及炭粉末等，不投加化学药剂便可获得满意的固 - 液、液 - 液分离效果。而对于一般的疏水性或亲水性的物质，则均需投加化学药剂，以改变颗粒的表面性质，增加气泡与颗粒的吸附。这些化学药剂分为下述几类。

①混凝剂。各种无机或有机高分子混凝剂，它们不仅可以改变污水中悬浮颗粒的亲水性能，而且还能使污水中的细小颗粒絮凝成较大的絮状体以吸附、截留气泡，加速颗粒上浮。

②浮选剂。浮选剂大多数由极性 - 非极性分子组成。当浮选剂的极性基被吸附在亲水性悬浮颗粒的表面后，非极性基则朝向水中，这样就可以使亲水性物质转化为疏水性物质，从而能使其与微细气泡相黏附。浮选剂的种类有松香油、石油、表面活性剂、硬脂酸盐等。

③助凝剂。助凝剂的作用是提高悬浮颗粒表面的水密性，以提高颗粒的可浮性，如聚丙烯酰胺。

④抑制剂。抑制剂的作用是暂时或永久性地抑制某些物质的浮上性能，而又不妨碍需要去除的悬浮颗粒的上浮，如石灰、硫化钠等。

⑤调节剂。调节剂主要是调节污水的 pH 值，改进和提高气泡在水中的分散度以及提高悬浮颗粒与气泡的黏附能力，如各种酸、碱等。

第五章　污水的化学处理技术

污水处理的技术多种多样，其中化学处理技术占据十分重要的地位。化学处理技术是通过化学反应去除污染物的一种水处理技术。通过化学反应来去除污染物，基本上是将污染物转化为化学沉淀、转化为无毒性的气体或转化为溶解于水的无毒性的其他物质。在污水处理过程中，要对化学处理技术给予足够的重视，并且需要进一步完善和优化。本章分为混凝法、中和法、化学沉淀法、氧化还原法四部分，主要内容包括混凝原理、混凝剂和助凝剂、影响混凝效果的主要因素、混凝处理工艺流程、中和原理等方面。

第一节　混凝法

一、混凝原理

（一）胶体的稳定性及其基本原因

胶体稳定性是指胶体颗粒长时间保持布朗运动的分散状态而不聚集下沉的性质。胶体颗粒表面极性基团少，与水相有明显的界面，这是憎水性胶体颗粒，如碳粉颗粒；而更多的另外一类胶体颗粒表面有大量的极性基团或可电离的基团，如黏土、细菌胶体、蛋白质、腐殖质、淀粉和人工合成的含有氨基（$—NH_2$）、羧基（—COOH）、羟基（—OH）、巯基（—SH）、酰胺基（$—CONH_2$）的由相应单体聚合而成的高分子等，这些物质组成的胶体颗粒表面与水分子间有自发的结合作用，有润湿层，这是亲水性胶体颗粒。胶体颗粒的稳定性由以下性质决定。

1. 胶体颗粒粒径小

胶体颗粒直径一般为 1 nm ～ 1 μm。胶体颗粒小，重力小，易受水分子热运动的不对称碰撞而做无规则的布朗运动。胶体颗粒的重力不足以克服这种撞击，因此不能沉降。

高分散的胶体颗粒在热力学上是不稳定的，如果胶体颗粒聚集成粒径大于1 μm的颗粒，其布朗运动就会逐渐减弱以致消失，从而发生沉降。胶体颗粒不能聚集成更大的颗粒，其基本原因是胶粒带有同号电荷。对于亲水性胶体颗粒，还与其表面存在的水化层有关。

2. 胶体颗粒的双电层结构及带电原因

（1）胶体颗粒的双电层结构

胶体溶液中独立运动的颗粒是胶体颗粒，废水中的胶体颗粒一般带有负电荷，带负电荷的胶粒与溶液中的水分子、正负离子作用形成不同静电作用状态的双电层结构，假设颗粒是球形胶体颗粒，其双电层结构的组成如下：

①胶核。胶核是产生胶体颗粒的起点，具有特定的化学成分。

②紧密双电层。胶核通过各种带电机理带有正电荷或负电荷，胶核表面与电中性溶液间自然存在电位差，这个电位差称作 φ 电位。一般条件下，水中的胶体颗粒带有负电荷。带负电荷胶核的离子层（吸附层）会吸附反荷离子，组成紧密双电层，吸附层的厚度很薄，约2～3 Å（1 nm=10 Å）。

③滑动面。吸附的反荷离子是水化离子，胶体溶液中独立运动的粒子是由“胶核＋吸附反荷离子＋水化层”构成的。胶粒的水化层与液相本体的界面是胶体颗粒的滑动面。

④扩散层。胶核表面的电荷一般没有被反荷离子完全中和，胶体颗粒滑动面上的电位称为移动电位，即 ζ 电位。一般胶体颗粒滑动面的 ζ 电位不为零，带负电荷的胶粒吸引液相中的反荷离子而排斥液相中的同荷离子。液相中反荷离子浓度随离胶体颗粒表面距离的增加呈逐渐下降的趋势，同荷离子浓度变化规律相反，直到胶体颗粒静电作用消失。这个区域称为扩散层，其厚度可能是吸附层的几百倍。扩散层不仅有正负离子，而且可能有比胶核小的带负电荷的胶体颗粒。吸附层与扩散层组成动态双电层，虽然独立运动的胶体颗粒不包括扩散层，但是扩散层总是随胶体颗粒而存在。ζ 电位越高，扩散层越厚，胶体颗粒稳定性越好。

扩散层中正负离子的电荷相等，即静电力为零的界面是扩散层边界。φ 电位和 ζ 电位随径向距离增加而减小，至扩散层边界为零。

扩散层边界也是胶团边界。胶团由边界以及该界面之内的胶核、φ 电位形成离子、吸附反荷离子、水化膜、扩散层（离子和介质）组成。

假设胶团是直径为 d 的球形，当胶团间中心距离 h 大于或等于直径 d 时，扩散层没有重叠；当胶团间中心距离 h 小于直径 d 时，扩散层有重叠。扩散层过剩的反荷离子存在排斥力，距离越近排斥力越大，这是胶体颗粒不能聚集的电学原因。

（2）胶核表面带电荷的原因

胶粒带电是胶核带电的延伸，而胶核表面电荷的产生有如下四个机理：

①特异性化学作用。固相表面的电荷或基团对水中某种离子的特异性化学作用使得固相表面带有某种符号电荷，如矿物表面的氨基（$—NH_2$），可以与许多重金属离子产生络合反应，而带正电。

②固体颗粒表面选择性溶解。难溶离子型固体颗粒与溶解下来的离子之间存在溶解沉淀的平衡关系，这一平衡关系由溶度积来定量确定。溶解或沉淀都是以该化合物的化学式进行的，固体表面不会产生电荷。实际上难溶离子型化合物中的阳离子和阴离子的溶解能力常常有差异，这个差异使得颗粒表面带上正电荷或负电荷。

③颗粒表面基团的离子化。极性基团的离解使颗粒表面带上电荷（受pH值控制），如表面羧基和羟基等基团的电离或某些基团（如氨基、羟基）的质子化等。

④晶体缺陷。某些晶体缺陷在晶体表面产生过量的正电荷或负电荷，这是污水中常见的黏土及其他铝硅酸盐矿物晶体表面负电荷的成因。同晶置换也发生在硅酸盐矿物晶体的形成过程中，晶体中心离子被离子直径相近的低价阳离子取代，这种晶体有缺陷，比如蒙脱石等黏土矿物的四面体中心离子 Si^{4+} 被 Al^{3+} 取代或八面体中心离子 Al^{3+} 被 Mg^{2+} 取代，这种替代造成正负电荷失衡，原有的负电荷没有被低价替换离子完全中和。缺陷晶体一旦形成后，同晶置换产生的负电荷就会存在于晶体内部，它不会随着外界环境（pH值、电解质浓度）的改变而改变，所以同晶置换所产生的负电荷属永久电荷。上述除晶体缺陷之外原因引起的电荷都与pH值有关，称为可变电荷。

（3）水化膜

胶体颗粒表面的极性基团对水分子的强烈吸附，使胶体颗粒周围包裹着一层较厚的水化膜阻碍胶体颗粒相互靠近。水化膜越厚，胶体的稳定性越好。对于亲水性胶体，水化膜在其稳定性中起着重要作用。憎水性胶体表面的水化程度比亲水性胶体低得多。

（二）混凝机理

污水中投入某些混凝剂后，胶体因 ζ 电位降低或消除而脱稳。脱稳的颗粒便相互聚集为较大颗粒而下沉，此过程称为凝聚，此类混凝剂称为凝聚剂。但有些混凝剂可使未经脱稳的胶体也形成大的絮状物而下沉，这种现象称为絮凝，此类混凝剂称为絮凝剂。不同的混凝剂能使胶体以不同的方式脱稳，凝聚或絮凝。按机理不同，混凝可分为压缩双电层、吸附电中和、吸附架桥、沉淀物网捕四种。

1. 压缩双电层机理

当向溶液中投加电解质后，溶液中与胶体反荷离子相同电荷的离子浓度增高，这些离子与扩散层原有反荷离子之间的静电斥力把原有部分反荷离子挤压到吸附层中，从而使扩散层厚度减小，胶体颗粒所带电荷数减少，ζ 电位相应降低。因此，胶体颗粒间的相互排斥力也减少。当排斥力降至一定值，分子间以吸引力为主时，胶体颗粒就相互聚合与凝聚。

2. 吸附电中和机理

当向溶液中投加电解质作混凝剂时，混凝剂水解后在水中形成胶体微粒，其所带电荷与水中原有胶体颗粒所带电荷相反。由于异性电荷之间有强烈的吸附作用，这种吸附作用中和了电位离子所带电荷，减少了静电斥力，降低了 ζ 电位，使胶体脱稳并发生凝聚。但若混凝剂投加过多，混凝效果反而下降。因为胶体颗粒吸附了过多的反离子，使原来的电荷变性，排斥力变大，从而发生了再稳现象。

3. 吸附架桥机理

吸附架桥作用主要是指高分子聚合物与胶体颗粒和细微悬浮物等发生吸附、桥联的过程。高分子絮凝剂具有线性结构，含有某些化学活性基团，能与胶体颗粒表面产生特殊反应而互相吸附，在相距较远的两胶体颗粒间进行吸附架桥，使颗粒逐渐变大，从而形成较大的絮凝体。

4. 沉淀物网捕机理

若采用硫酸铝，石灰或氯化铁等高价金属盐类作混凝剂，当投加量大得足以迅速沉淀金属氢氧化物 [如 $Al(OH)_3$、$Fe(OH)_3$] 或金属碳酸盐（如 $CaCO_3$）时，水中的胶体颗粒和细微悬浮物可被这些沉淀物在形成时作为晶核或吸附质所网捕。

以上介绍的四种混凝机理，在污水处理中往往是同时或交叉发挥作用的，只是在一定情况下以某种作用机理为主而已。低分子电解质混凝剂，以双电层作用产生凝聚为主；高分子聚合物则以架桥联结产生絮凝为主。所以，通常将低分子电解质称为凝聚剂，而把高分子聚合物称为絮凝剂。向污水中投加药剂，进行水和药剂的混合，从而使水中的胶体物质产生凝聚和絮凝，这一综合过程称为混凝过程。

二、混凝剂和助凝剂

（一）混凝剂

混凝剂应符合如下要求：混凝效果良好，对人体健康无害，价廉易得，使用方便。混凝剂的种类较多，主要有以下两大类。

1. *无机盐类混凝剂*

目前应用最广的是铝盐和铁盐。铝盐中主要有硫酸铝、明矾、聚合氯化铝、聚合硫酸铝等，比较常用的是 $Al_2(SO_4)_3 \cdot 18H_2O$，混凝效果较好，使用方便，适宜 pH 值范围为 5.5 ～ 8，但水温低时，硫酸铝水解困难，形成的絮凝体较松散，效果不及铁盐。聚合氯化铝是在人工控制条件下预先制成的最优形态聚合物，投入水中后可发挥优良混凝作用，对各种水质适应性较强，pH 值适用范围较广，对低温水效果也较好，形成的絮凝体粒大而重，所需的投量为硫酸铝的 1/3 ～ 1/2。

铁盐主要有三氯化铁、硫酸亚铁、硫酸铁、聚合硫酸铁、聚合氯化铁等。（$FeCl_3$）是褐色结晶体，极易溶解，形成的絮凝体较紧密、易沉淀，pH 值适宜范围也较铝盐宽，为 5 ～ 11，但三氯化铁为铁锈色，腐蚀性强，易吸水潮解，不易保管，而且投量控制不好会导致出水色度升高。硫酸亚铁（$FeSO_4 \cdot 7H_2O$）是半透明绿色结晶体，离解出的 Fe^{2+} 不具有三价铁盐的良好混凝作用，使用时需将二价铁氧化成三价铁。聚合铁盐与聚合铝盐的作用机理颇为相似，具有投加剂量小、絮体形成快、对不同水质适应强等优点，所以在水处理中应用越来越广泛。

2. *有机高分子混凝剂*

有机高分子混凝剂有天然和人工合成两种。凡链节上含有可解离基团且基团水解后带正电者称为阳离子型，带负电者称为阴离子型，链节上不含可解离基团的称为非离子型。我国当前使用较多的是人工合成的聚丙烯酰胺，为非离子型高聚物，聚合度为 2×10^4 ～ 9×10^4，相应的分子量为 150×10^4 ～ 600×10^4，但它可通过水解构成阴离子型，也可通过引入基团制成阳离子型。

有机高分子混凝剂由于对水中胶体微粒有极强的吸附作用，所以混凝效果好。其中，阴离子型高聚物，对负电胶体有强的吸附作用，但对于未脱稳的胶体，由于静电斥力作用，有碍于吸附架桥作用，所以通常作助凝剂使用；阳离子型高聚物的吸附作用尤其强烈，且在吸附的同时，对负电胶体有电中和脱稳作用。

有机高分子混凝剂虽然效果优异，但制造过程复杂，价格较高。另外，聚丙烯酰胺单体——丙烯酰胺有一定的毒性，也在一定程度上限制了它的广泛使用。

（二）助凝剂

在实际水处理中，有时使用单一混凝剂不能取得良好效果，可投加某些辅助药剂以提高混凝效果，这些辅助药剂称为助凝剂。助凝剂可参加混凝，也可不参加混凝。广义上的助凝剂分为三类：①酸碱类，主要用以调节水的 pH 值；②加大絮凝体粒度和结实性，可利用高分子助凝剂的强烈吸附架桥作用，使细小松散的絮凝体变得粗大而紧密，常用的有聚丙烯酰胺、活化硅酸、骨胶、海藻酸钠、黏土等；③氧化剂类，如投加 Cl_2、O_3 等以分解过多有机物，避免其对混凝剂的干扰。

三、影响混凝效果的主要因素

影响混凝效果的主要因素有水温、pH 值、水中悬浮物颗粒大小和浓度及共存物质，可以根据混凝机理及其他原理进行理解。

（一）水温

低温下絮体形成缓慢，絮凝颗粒细小、松散。原因如下：无机混凝剂水解是吸热反应，低温时水解困难。低温水黏度大，布朗运动减弱，不利凝聚。同时，水流剪力增大，影响絮体的成长。胶体颗粒水化作用增强，不利于颗粒间的黏附。水温过高，无机混凝剂水解速度加快，产生的絮体大而比重轻，沉速慢。污泥含水量高，体积大，难处理。高温使生物高分子变性，空间结构改变，某些活性基团不再与悬浮颗粒结合，表现出絮凝活性的下降。一般而言，温度降低，黏度增大，颗粒浓度的半衰期增大。水温下降会引起异向凝聚速率和同向絮凝速率都下降。

（二）pH 值

对普通无机混凝剂的影响：不同的 pH 值，其水解产物的形态不同，混凝效果也各不相同。不同混凝剂对 pH 值的适应范围不同。另外，在混凝剂的水解过程中不断产生 H^+，导致 pH 值下降，所以必须有足够的碱性物质与其中和，即要保证碱度适中。如果碱度不足，应投加碱性物质（如熟石灰）。

对高分子混凝剂的影响：相比普通无机混凝剂，高分子混凝剂的混凝效果受水的 pH 值影响较小。一般无机高分子混凝剂和有机高分子絮凝剂相比，前者的有效混凝形态受 pH 值的影响比较大，而后者的有效混凝形态受 pH 值的影响要具体分析，比如 pH 值对非离子型的影响较小，对弱酸性的阴离子型影响较大（如部分水解聚丙烯酰胺）。pH 值也会影响许多混凝剂的带电情况。

（三）水中悬浮物颗粒大小和浓度

当水中悬浮物浓度很低时，颗粒碰撞速率大大减少，从而导致混凝效果比较差。这时可采取以下措施：投加高分子助凝剂，利用吸附架桥作用；投加矿物颗粒（如黏土），增加混凝剂水解产物的凝结中心，提高颗粒碰撞速率并增加絮凝体密度。接触絮凝是处理低浓度水的有效技术。水中悬浮物浓度太高时，应加大混凝剂用量。

当 SS 浓度相同时，颗粒尺度小有利于凝聚。

（四）共存物质

原水中若存在高价阳离子，有益于中和颗粒表面的电荷。Ca^{2+} 在菌体絮凝过程中，能显著改变胶体的 ζ 电位，降低其表面电荷，促进大分子与胶体颗粒的吸附和架桥。

当存在 SO_4^{2-} 离子时，可扩大硫酸铝凝聚的 pH 值范围。Cl^- 离子较高时会使絮凝体的形成受到阻碍而变成微细絮凝体。存在硅酸离子时，硫酸铝絮凝的 pH 值范围明显地移向酸性范围，硫酸亚铁的最佳 pH 值也向酸性方向移动，且絮凝范围变小。偏磷酸钠含量在百万分之五以上时，增大或减少硫酸铝投加量，都不产生絮凝体。

对于含黏土的颗粒，可减少絮凝剂用量，而对于含大量有机物的颗粒，则应增加絮凝剂用量。

四、混凝处理工艺流程

常规的混凝处理工艺过程为混凝剂的配制、投加、混凝、絮凝、固液分离。

（一）混凝剂的配制和投加

1. 混凝剂的溶液和配制

混凝剂在溶解池中溶解时，可通过搅拌加速药剂溶解，搅拌方法有机械搅拌、压缩空气搅拌、水泵搅拌。药剂完全溶解后，将浓药液送入溶液池，用清水稀释到一定的浓度备用。

2. 混凝剂溶液的投加

混凝剂溶液的投加，需准确计量，最好能自动控制。计量设备有转子流量计、电磁流量计等。投加方式有泵前吸水管或吸水嘴投加、高位溶液池重力投加、（加压泵 + 水射器）投加、计量泵直接投加。

（二）混凝

快速将混凝剂均匀地分布到混合池的各个部位与原水颗粒良好混合和脱稳、凝聚，要有合理的速度梯度。常见的混合方式有以下几种：

①水泵混合。高速旋转的叶片使混合在泵内完成。混合时间很短，约 1 s 之内。虽然在泵内完成了混合，但是并没有完成凝聚，要有足够的凝聚时间，比如 60 s，管内凝聚应维持足够的速度梯度和流速，以防止形成絮凝体并在管内沉淀。这种混合方式的优点是简单、能耗低、混合效果好。

②隔板混合。想要达到良好混合效果，就要有足够的水头损失。隔板混合的缺点是占地面积大、基建投资大。

③静态管式混合。这种混合方式混合的能量来自进水的动能，管内装有的固定混合器（这是“静态”之意），使流体不断改变流动方向，从而造成良好的径向和径向环流混合效果。这种混合方式投资少、管理简单、占地很少、能量损失小。混合效果取决于流体黏度、入管水流流速、管内混合器构造、管径、管长。一般要求管内流速不小于 1 m/s。管内混合时间也很短，约 1 s 左右，因此混合后要有足够的凝聚时间。

④机械混合。机械混合是指搅拌装置混合。如果发生整体旋转，其混合效果差，要预防。

（三）絮凝

絮凝反应池有隔板反应池和机械反应池，不管产生速度梯度的能量来源是什么，都必须有合理的速度梯度和絮凝时间以促进颗粒相互碰撞进行絮凝。由于絮凝体逐渐长大，更容易被破碎，为此，隔板中的速度梯度应逐渐减小，但是要防止絮凝体在絮凝池内沉降。隔板反应池的速度梯度由水流流速和隔板间隔共同控制。

（四）固液分离

1. 絮凝沉淀池

进水絮凝之后进入絮凝沉淀池，沉淀类型有絮凝沉淀、成层沉淀、压缩沉淀。

为了保证出水 SS 达到要求，成层沉淀速度至少要等于絮凝沉淀池的表面水力负荷（单位时间内通过沉淀池单位表面积的流量），成层沉淀速度 u 为：

$$u = u_0 10^{-\lambda c} \tag{5-1}$$

由式（5-1）可知，成层沉淀速度 u 与絮凝体的压实系数 λ（L/g）、浓度 c（g/L）有关。

2. 接触絮凝（深层过滤）

对于低浊度进水，接触絮凝的效果比普通絮凝效果好，因为在这种滤池中存在大量的可凝聚或絮凝的滤料颗粒表面。对于高浊度原水，如果必要的话需进行混凝和沉淀后再进行接触絮凝。

第二节　中和法

一、中和原理

中和处理发生的主要反应是酸与碱生成盐和水的中和反应。在中和过程中，酸碱双方的当量恰好相等时称为中和反应的等当点。强酸强碱互相中和时，由于生成的强酸强碱盐不发生水解，因此等当点即中性点，溶液的 pH 值等于 7.0。如中和的一方为弱酸或弱碱，由于中和过程所生成的盐的水解，尽管达到等当点，但溶液并非中性，pH 值大小取决于所生成盐的水解度。

中和处理所采用的药剂称为中和剂。酸性废水处理时所用中和剂有石灰、石灰石、白云石、苏打、苛性钠等。碱性废水处理时所用中和剂有盐酸和硫酸。

中和处理时，首先应考虑将酸性废水与碱性废水互相中和，其次再考虑向酸性或碱性废水中投加药剂中和以及过滤中和等。

二、酸性废水的中和处理

（一）酸碱废水互相中和法

酸性、碱性废水相互中和法是一种既简单又经济的以废治废的处理方法，该法既能处理酸性废水，又能处理碱性废水。如可以将电镀厂的酸性废水和印染厂的碱性废水相互混合，以达到中和目的。

常用的中和设备有连续流中和池、间歇式中和池、集水井及混合槽等。当水质和水量较稳定或后续处理对 pH 值要求较宽时，可直接在集水井、管道或混合槽中进行连续中和反应，不需设中和池；当水质水量变化不大或者后续处理对 pH 值的要求较高时，可设连续流中和池；而当水质变化较大且水量较小，连续流中和池无法保证出水 pH 值要求，或者出水中含有其他杂质，如重金属离子时，多采用间歇式中和池，即在间歇池内同时完成混合、反应、沉淀、排泥等操作。

（二）药剂中和法

药剂中和法能处理任何浓度、任何性质的酸性废水，对水质和水量波动适应性强，中和药剂利用率高，中和过程易调节，但也存在劳动条件差、药剂配制及投加设备较多、基建投资大、泥渣多且脱水难等缺点。选择碱性药剂时，不仅要考虑它本身的溶解性、反应速度、成本、二次污染、使用方便等因素，还要考虑中和产物的性状、数量及处理费用等因素。常用药剂有石灰（CaO）、石灰石（$CaCO_3$）、碳酸钠、电石渣等，因石灰来源广泛、价格便宜，所以最为常用。当投加石灰进行中和处理时，产生的 $Ca(OH)_2$ 还有凝聚作用，因此对杂质多、浓度高的酸性废水尤其适宜。

药剂中和法的流程通常包括污水的预处理、药剂的制备与投配、混合与反应、中和产物的分离、泥渣的处理与利用等环节。其中，污水的预处理包括悬浮杂质的澄清、水质及水量的均和调节，前者可以减少投药量，后者可以创造稳定的处理条件。中和剂的投加量可按实验绘制的中和曲线确定，也可根据水质分析资料，按中和反应的化学计量关系确定。

当采用石灰作为中和剂时，其投加方式可分为干投法和湿投法。干投法可采用具有电磁振荡装置的石灰振荡设备投加，以保证投加均匀。此设备构造简单，但反应较慢，而且不充分，投药量大（需为理论量的 1.4 ～ 1.5 倍）。当石灰成块状时，可采用湿投法，将石灰在消解槽内先加水消解，可采用人工方法或机械方法消解。消解机有立式和卧式两种，立式消解机适用于石灰耗量为 4 ～ 8 t/d 的情形，卧式消解机适用于石灰耗量在 8 t/d 以上的情形。石灰经消解成为 40% ～ 50% 浓度的乳液后，投入乳液槽中，经加水搅拌配成含量 5% ～ 15% 的石灰水，然后用耐碱水泵送到投配槽中，经投加器投入渠道，与酸性废水共同流入中和池，反应后进行澄清，使水与沉淀物进行分离。在消解槽和乳液槽中可用机械搅拌或水泵循环搅拌，以防产生沉淀。投配系统采用溢流循环方式，即输送到投配槽的乳液量大于投加量，剩余量沿溢流管流回乳液槽，这样可维持投配槽内液面稳定，易于控制投加量。

药剂中和法有以下两种运行方式：当污水量少或间断排出时，采用间歇处理，设置 2 ～ 3 个池子进行交替工作；当污水量大时，采用连续流式处理，并采取多级串联的方式，以获得稳定可靠的中和效果。

（三）过滤中和法

废水流经具有中和能力的滤料并与滤料进行中和反应的方法称为过滤中和法。工业上常用石灰石、大理石或白云石作为中和滤料处理酸性废水，反应在中和滤池中进行。水流方式为竖流式（升流或降流均可）。

过滤中和法较药剂投加中和法具有操作方便、运行费用低及劳动条件好等优点。但用石灰石作滤料处理浓度较高的酸性废水尤其是硫酸废水时，因中和过程中生成的硫酸钙在水中溶解度很小，易在滤料表面形成覆盖层，阻碍滤料和酸的接触反应。因此，废水的硫酸浓度一般不超过 1 ～ 2 g/L。当用白云石作为滤料时，硫酸浓度可以适当提高。如硫酸浓度过高，可以回流出水，予以稀释。

过滤中和法所使用的中和滤池有普通中和滤池、升流式膨胀中和滤池和滚筒式中和滤池。

1. 普通中和滤池

普通中和滤池为固定床形式，水的流向有平流式和竖流式，目前多采用竖流式。竖流式又分为升流式和降流式两种。普通中和滤池的滤料粒径一般为 30 ～ 50 mm，不能混有粉料杂质。废水中如含有可能堵塞滤料的物质，应进行预处理。过滤速度一般不大于 5 m/h，接触时间不小于 10 min，滤床厚度一般为 1 ～ 1.5 m。

2. 升流式膨胀中和滤池

采用升流式膨胀中和滤池，可以改善硫酸废水的中和过滤。具体操作是：废水从滤池的底部进入，水流自下向上流动，从池顶部流出，废水上升滤速高达 50 ～ 70 m/h。滤料相互碰撞摩擦，加上生成的 CO_2 气体作用，有助于防止结壳。滤料表面不断更新，具有较好的中和效果。滤池分为四部分：底部为进水设备，一般采用大阻力穿孔管布水系统，出水孔孔径 9 ～ 12 mm；进水设备上面是卵石垫层，厚度为 0.15 ～ 0.2 m，卵石粒径为 20 ～ 40 mm；垫层上面为石灰石滤料，石灰石滤料粒径较小（0.5 ～ 3 mm），滤床膨胀率保持在 50% 左右，膨胀后的滤层高度为 1.5 ～ 18 m；滤层上部清水区高度为 0.5 m，水流速度逐渐缓慢，出水从出水槽均匀汇集流出。滤床总高度为 3 m 左右，直径大于 2 m。

当废水硫酸浓度小于 2200 mg/L 时，经中和处理后，出水的 pH 值可提高为 6 ～ 6.5。

滤池在运行时，滤料有所消耗，应定期补充。膨胀中和滤池一般每班加料 2 ～ 4 次。当出水的 pH 值小于等于 4.2 时，应倒床换料。当滤料量大时，应考虑加料和倒床机械化操作，以减轻劳动强度。

3. 滚筒式中和滤池

装于滚筒中的滤料随滚筒一起转动，使滤料相互碰撞；及时剥离由中和产物形成的覆盖层，可以加快中和反应速度。废水由滚筒的另一端流出。

滚筒直径 1 m 或更大，长度为直径的 6 ～ 7 倍。滚筒转速约为 10 r/min，转轴倾斜角度为 0.5° ～ 1° 。滤料粒径有十几毫米，装料体积约为转桶体积的一半。进水中硫酸浓度可以超过允许浓度的数倍，滤料粒径不必碎得很小。同时，滚筒也存在很多缺点，如负荷率低（约为 $36\ m^3/m^2 \cdot h$）、构造复杂且动力费用较高、运转时噪声较大、对设备材料的耐腐蚀性能要求较高。

三、碱性废水的中和处理

（一）药剂中和法

碱性废水的中和剂主要是采用工业盐酸，因为其价格较低。使用盐酸的优点是反应产物的溶解度高，泥渣量少，但出水溶解固体浓度高。无机酸中和碱性废水的工艺、设备和酸性废水的加药中和设备基本相同。

（二）烟道气中和法

在工业上还常用另外一种形式的滤床（称为喷淋塔）来处理碱性废水。中和剂则是含有 CO_2 和少量 SO_2、H_2S 的烟道气。

烟道气中的 CO_2 和少量 SO_2、H_2S 与碱性废水反应式如下：

$$CO_2+2NaOH=Na_2CO_3+H_2O$$

$$SO_2+2NaOH=Na_2SO_3+H_2O$$

$$H_2S+2NaOH=Na_2S+2H_2O$$

喷淋塔也是一种竖流式滤池，其滤料是一种惰性填料，本身并不参与中和反应。在运行时，碱性废水从塔顶用布液器喷出，流向填料床，烟道气则自塔底进入，升入填料床。水、气在填料床逆向接触的过程中，废水和烟道气都得到了净化，使废水中和、烟尘消除。

第三节　化学沉淀法

一、化学沉淀处理方法

化学沉淀法是指向污水中投加化学药剂（沉淀剂），使之与其中的溶解态物质发生化学反应，生成难溶固体物质，然后进行固液分离，从而达到去除污染物的一种处理方法，该法可以去除污水中的重金属离子（如汞、镉、铅、锌、镍、铬、铁、铜等）、钙、镁和某些非金属（如砷、氟、硫、硼等），某些有机污染物亦可采用化学沉淀法去除。

化学沉淀法的工艺流程通常包括投加化学沉淀剂、与水中污染物反应、生成难溶沉淀物而析出；通过凝聚、沉降、浮上、过滤、离心等方法进行固液分离；泥渣处理和回收利用。

在污水处理中，根据沉淀/溶解平衡移动的一般原理，可利用过量投药、防止络合、沉淀转化、分步沉淀等来提高处理效率，回收有用物质。可根据难溶电解质的溶度积常数 K_{sp} 进行相关计算。根据沉淀剂的不同，常见的化学沉淀法有氢氧化物沉淀法、硫化物沉淀法、碳酸盐沉淀法、铁氧体沉淀法、钡盐沉淀法、卤化物沉淀法等。

（一）氢氧化物沉淀法

除了碱金属和部分碱土金属外，其他金属的氢氧化物大都是难溶物，因此，工业废水中的许多金属离子可通过生成氢氧化物沉淀得以去除。金属氢氧化物的溶解度与废水 pH 值直接相关。

氢氧化物沉淀法中所用沉淀剂为各种碱性药剂，主要有石灰、碳酸钠、苛性钠、石灰石、白云石等，石灰石最常用，其优点是去除污染物范围广（不仅可沉淀去除重金属，而且可沉淀去除砷、氟、磷等）、药剂来源广、价格低、操作简便、处理可靠且不产生二次污染；主要缺点是劳动卫生条件差、管道易结垢堵塞、泥渣体积庞大且脱水困难。

（二）硫化物沉淀法

大多数过渡金属的硫化物都难溶于水，向污水中投加硫化氢、硫化钠或硫化钾等沉淀剂，使其中的重金属离子反应生成难溶硫化物沉淀，然后过滤去除，此即硫化物沉淀法。由于重金属离子与硫离子能生成溶度积很小的硫化物，所以硫化物沉淀法能更彻底地去除污水中溶解性重金属离子，并且，由于各种金属硫化物的溶度积相差较大，可通过控制水体 pH 值，用硫化物沉淀法把水中不同的金属离子分步沉淀而加以回收。

采用硫化物沉淀法处理含重金属离子的污水，具有 pH 值适用范围大、去除率高、可分步沉淀、便于回收利用等优点，但过量 S^{2-} 可使污水 COD 增加，且当 pH 值降低时，会产生有毒 H_2S。此外，有些金属硫化物（如 HgS）的颗粒微细而难以分离，需要投加适量絮凝剂进行共沉。硫化物沉淀法在含 Cu^{2+}、Cd^{2+}、Zn^{2+}、Pb^{2+} 等污水的处理中已得到应用。

（三）其他化学沉淀法

1. 碳酸盐沉淀法

碳酸盐沉淀法的基本原理是通过向水中投加某种沉淀剂，使其与金属离子生成碳酸盐沉淀物，从而回收金属。对于不同的处理对象，碳酸盐沉淀法有三种不同的应用方式：投加可溶性碳酸盐（如碳酸钠），使水中金属离子生成难溶碳酸盐而沉淀析出，这种方式可除去水中重金属离子和非碳酸盐硬度；投加难溶碳酸盐（如碳酸钙），利用沉淀转化原理，使水中重金属离子（如 Pb^{2+}、Cd^{2+}、Zn^{2+}、Ni^{2+} 等离子）生成溶解度更小的碳酸盐而沉淀析出；投加石灰，使之与水中碳酸氢盐，如 $Ca(HCO_3)_2$、$Mg(HCO_3)_2$，生成难溶的碳酸钙和氢氧化镁而沉淀析出，此方式可去除水中的碳酸盐硬度。下面仅对处理重金属污水的某些实例做简要介绍。

①除锌。对于含锌污水，可采用碳酸钠作沉淀剂，将它投加入污水中，经混合反应，可生成碳酸锌沉淀物而从水中析出。沉渣经清水漂洗、真空抽滤，可回收利用。

②除铅。对于铅蓄电池污水，可采用碳酸钠作沉淀剂，使其与污水中的铅反应生成碳酸铅沉淀物，再经砂滤处理。在采用白云石过滤含铅污水时，可以使溶解的铅变成碳酸铅沉淀，而后从污水中去除。

③除铜。用化学沉淀法处理含铜污水时，可用碳酸钠作沉淀剂。若污水的 pH 值在碱性条件下，则可向污水中加入碳酸钠，使铜离子生成不溶于水的碱式碳酸铜而从水中分离出来。

2. 铁氧体沉淀法

铁氧体是一类具有一定晶体结构的复合金属氧化物，是一种重要的磁性介质。

铁氧体主要由二价金属氧化物与三价金属氧化物构成，最常见的是磁性氧化铁 Fe_3O_4（FeO 和 Fe_2O_3 的混合物）。所谓铁氧体沉淀法，就是采用适宜的处理工艺，使污水中各种金属离子形成不溶性的铁氧体晶粒而沉淀析出，从而使污水中金属离子得以去除。

铁氧体法的处理工艺过程包括投加亚铁盐、调整 pH 值、充氧加热、固液分离、沉渣处理五个环节。

①投加亚铁盐。为了形成铁氧体，需要有足量的 Fe^{2+} 及 Fe^{3+}。投加亚铁盐的作用有三：补充 Fe^{2+}；通过氧化，补充 Fe^{3+}；若污水中有六价铬，则 Fe^{2+} 能使其还原为 Cr^{3+}，而 Cr^{3+} 是铁氧体的原料之一。

②调整 pH 值。一般调整污水的 pH 值为 8 ～ 9，以使大多数金属氢氧化物能沉淀析出。

③充氧加热。通常向污水中通入空气，使二价铁转化为三价铁，通过加热，促使反应的进行，加速形成铁氧体。

④固液分离。可采用沉淀法或离心分离法使铁氧体与污水分离。因铁氧体带有磁性，也可采用磁力分离法使之与污水分离。

⑤沉渣处理。按沉渣的组成、性能及用途的不同，处理方式各异。若污水的成分单纯，浓度稳定，则沉渣可作铁淦氧导磁体的原料。若污水成分复杂，则沉渣可用于制作耐蚀瓷器或暂时堆置贮存。

采用铁氧体法去除污水中铬、汞及其他金属，效果均很显著。此法在电镀含铬废水处理、钝化和电镀污水混合处理、含汞废水处理中已获得应用，尤其对处理电镀混合废水比较适宜。试验研究表明，此法也可在常温下进行，但反应时间比加热条件下所需时间要长得多。

铁氧体法的优点：可同时去除废水中存在的多种金属离子；出水水质好；沉渣易分离；设备较简单。缺点：不能单独回收有用金属；需耗亚铁碱与热能，处理成本较高；出水中硫酸铁含量高。

3. 钡盐沉淀法

钡盐沉淀法主要用于处理含六价铬的废水，采用的沉淀剂为 $BaCO_3$、$BaCl_2$、BaS 等。pH 值对钡盐沉淀法有很大影响，pH 值越低，$BaCrO_4$ 溶解度越大，对铬去除越不利；而 pH 值太高，CO_2 气体难以析出，也不利于除铬反应。当采用 $BaCO_3$ 为沉淀剂时，用硫酸或乙酸调 pH 值至 4.5 ～ 5，反应速度快，除铬效果好，药剂用量少；若用 $BaCl_2$ 为沉淀剂，则要将 pH 值调至 6.5 ～ 7.5，因会生成盐酸而使 pH 值降低。为了促使沉淀，常过量投加沉淀剂，出水中若含过量的钡则可通过加入石膏生成硫酸钡去除。钡盐法形成的沉渣中主要含铬酸钡，可回收利用，通常是向沉渣中投加硝酸和硫酸，反应产物有硫酸钡和铬酸。

4. 卤化物沉淀法

卤化物沉淀法的用途之一是处理含银废水，用以回收银。处理时，一般先用电解法回收污水中的银，将银离子浓度降为 100 ～ 500 mg/L，然后用氯化物沉淀法将银离子浓度降至 1 mg/L 左右。当污水中含有多种金属离子时，调 pH 值至碱性，同时投加氯化物，则其他金属离子可形成氢氧化物沉淀，只有银离子生成氯化银沉淀，二者共沉淀，可使银离子浓度降至 0.1 mg/L。

卤化物沉淀法的另一个用途是处理含氟废水。当水中含有单纯的氟离子时，投加石灰，调 pH 值为 10 ～ 12，生成 CaF_2 沉淀，可使氟浓度降为 10 ～ 20 mg/L。若水中还含有其他金属离子（如 Mg^{2+}、Fe^{3+}、Al^{3+} 等），加石灰后，除形成 CaF_2 沉淀外，还生成金属氢氧化物沉淀。由于后者的吸附共沉作用，可使氟浓度降至 8 mg/L，如果加石灰至 pH 值为 11 ～ 12，再加硫酸铝，生成氢氧化铝就可使氟浓度降至 5 mg/L。

二、化学沉淀处理设备

化学沉淀处理系统主要包括投药系统、化学沉淀反应系统和沉淀分离系统三部分。投药系统按照投药方式的不同，采用的设备有干式加药机、液式加药机和气式加药机三种，其中干式加药机又分为重力式和容积式两类，液式加药机分为浆液式和溶液式两类。

采用氢氧化物沉淀法处理焊管厂废水的工艺流程：混合废水先进入调节池缓冲水质，调节池内设鼓风搅拌装置，焊管厂混合废水中的亚铁在曝气条件下可以转化为三价铁，然后废水经提升泵输送至水力循环沉淀澄清池，废水中形成氢氧化铁、氢氧化锌沉淀；上清液排入 pH 值缓冲池，最后经滤池过滤后可达标排放；污泥经污泥浓缩池浓缩、板框压滤机脱水后打包外运制砖。

工艺流程中所采用的设备和构筑物如表 5-1 所示。

表 5-1　氢氧化物沉淀法处理焊管厂废水的设备及构筑物

项目	结构尺寸	项目	型号
溶药、储药池	2 m×2 m×2 m	化工泵	IH125-100-200A

续表

项目	结构尺寸	项目	型号
调节池	10 m×5 m×3 m	加药泵	QW32-12-15
水力循环沉淀澄清池	φ=5 m，H=5 m	污泥泵	NL50-21
pH 值缓冲池	2 m×2 m×3 m	浓浆泵	I-1B 螺杆泵
滤池	2 m×3 m×3 m	板框压滤机	BAJZ30/1000-60
污泥浓缩池	φ=4.5 m，H=5 m	鼓风机	TSC-80 罗茨鼓风机

注：φ——直径；H——池深。

工厂用硫化物沉淀法处理含汞废水的工艺流程：废水在立式沉淀池中与加入的 Na_2S 在空气搅拌的作用下充分混合反应，然后静止沉淀 1 ～ 2 h，经砂滤柱过滤。为了进一步减少废水中硫化物含量，砂滤后废水应再经铁屑滤柱过滤。经处理后的水含汞量低于 0.01 mg/L 时，可以直接排放。

铁氧体沉淀法处理含铬电镀废水的工艺流程：含六价铬的废水由调节池进入反应槽。根据含铬量投加一定量硫酸亚铁进行氧化还原反应，然后投加氢氧化钠调 pH 值为 7 ～ 9，产生氢氧化物沉淀。通过蒸汽加热使温度保持在 60 ～ 80 ℃，通空气曝气 20 min，当沉淀呈黑褐色时，停止通气。静置沉淀后，排放或回用上清液，沉淀经离心分离洗去钠盐后烘干，以便利用。当进水的 CrO_4^{2-} 含量为 190 ～ 2800 mg/L 时，经处理后的出水含铬量低于 0.1 mg/L。每克铬酐约可得到 6 g 铁氧体干渣。

第四节　氧化还原法

一、氧化还原的原理

水中的溶解性物质，包括无机物和有机物，都可以通过化学反应过程将其氧化或还原，形成无害的新物质或者易从水中分离排出的形态（气体或者固体），从而达到处理的目的。氧化还原法的实质是使元素失去或得到电子，引起化学键的升高或降低。失去电子的过程叫氧化，得到电子的过程叫还原。

氧化还原反应总是朝着使电位值较大的一方得到电子，使电位值较小的一方失去电子的方向进行。为保证污水处理效果，在选择适宜氧化剂或还原剂时，必须考虑以下因素：

①对水中特定杂质有良好的氧化还原作用；

②反应后的生成产物应当无害，不需二次处理；

③价格合理、易得；

④常温下反应迅速，不需加热；

⑤反应时，所需 pH 值不宜过高或过低。

二、氧化剂和还原剂

（一）氧化剂

水处理中常用的氧化剂有臭氧（O_3）、过氧化氢（H_2O_2）、二氧化氯（ClO_2）、高锰酸根（MnO_4^-）、氯气（Cl_2）和次氯酸（HClO）和空气（O_2）等。这些氧化剂可以在不同情况下用于各种废水的氧化处理。化学氧化反应，可以使废水中溶解性的有机或无机污染物氧化分解，从而降低废水的 BOD 和 COD 值，或使废水中的有毒物质无害化。

1. 氧

氧是水和废水处理中常用的氧化剂，其在酸性和碱性溶液中的标准氧化还原电位分别为 1.229 V 和 0.401 V。在常温常压条件下，曝气充氧的氧化速度缓慢，但其在催化剂和高温高压条件下可加速氧化反应的进行。利用空气中的氧，可以通过生物化学作用去除污水中的有机物，又可以通过化学作用除铁、除锰等。

2. 氯系氧化剂

氯系氧化剂包括氯气（Cl_2）、次氯酸（HClO）、二氧化氯（ClO_2）以及漂白粉（$CaOCl_2$）。它们的氧化还原电位均较高，如氯气的标准氧化还原电位为 1.359 V，次氯酸根的标准氧化还原电位为 1.2 V。其主要用于含氰化物、硫化物、酚、醇、醛、油类等污染物的氧化去除以及脱色、脱臭、杀菌等。其作用原理为氯系氧化剂在与水接触时发生歧化反应，形成次氯酸或次氯酸根，而次氯酸或次氯酸根反应过程中释放原子氧（O），从而实现对污染物的氧化。

以氰化物为例，氯、次氯酸、二氧化氯以及漂白粉与氰化物的反应分两阶段完成，第一步是在第一反应池完成，pH 值控制在 10 ～ 11，将 CN^- 氧化成氰酸盐，反应速度较快，一般 10 ～ 15 min 即可完成；第三阶段在第二反应池进行，增加氯系氧化剂的投加量，调节 pH 值为 8 ～ 8.5，维持反应时间 30 min，使其破坏 C—N 键，最终生成氮气和二氧化碳。沉淀池泥水分离。

工艺设备有反应池和投药设备。反应池的大小可按废水流量及其水力停留时间设计。投药设备视所用药剂及其用量而异。一般投药量可按氯系药剂氧化方程式的理论需要量的 110% ～ 115% 设计，或通过试验确定。

3. 臭氧和过氧化氢

臭氧（O_3）是一种强氧化剂，当空气中臭氧的浓度大于 0.01 mg/L 时，可嗅到臭氧的刺激性臭味。由于高浓度臭氧会影响肺功能，因而工作场所规定最大允许浓度为 0.01 mg/L。

臭氧可释放原子氧，具有很强的氧化能力。过氧化氢（H_2O_2）具有和臭氧类似的氧化功能。

在臭氧氧化氯化物的过程中，需要调节适宜的 pH 值，以使反应快速进行，对于含酚废水，pH 值以 12 为宜。pH 值越高，臭氧的消耗量越少。

臭氧在水中的溶解度比氧约高出仅 10 倍，但臭氧发生器产生的臭氧分压很低。要使臭氧较好溶于水，仍需要良好的气水接触设备，以提高臭氧的传质效果。因此，臭氧氧化法的设计内容应包含臭氧发生器、接触反应装置和尾气处理三部分。

接触反应装置多采用鼓泡塔，塔内设多层板塔，不设填料（空塔），气水逆向接触。接触反应时间一般为 5 ～ 10 min，对于难降解有机物，接触反应时间宜控制在 30 min 左右。

在臭氧氧化过程中，臭氧的最高浓度为 20 ～ 25 mg/L，经济浓度为 10 ～ 14 mg/L。臭氧与废水接触后的尾气中含有一定量的臭氧，为防止大气污染，应进行必要的处理。常见的处理方法有活性炭吸附、催化分解、燃烧分解等。

（二）还原剂

常用的还原剂有亚铁盐、金属铁、金属锌、二氧化硫和亚硫酸盐等。以铁屑（或锌屑）池过滤为例，铁屑能作为较强的还原剂处理含汞、含铬、含铜等重金属离子废水。当含铬废水进入铁屑池后，会发生反应，Cr^{6+} 被还原为 Cr^{3+} 需在 pH 值为 2.5 ～ 3.0 的酸性条件下进行。为从废水中去除铬，实现 Cr^{2+} 形成 $Cr(OH)_3$ 沉淀，需要将废水 pH 值调节为 8 ～ 9。所以，随着上述反应不断进行，H^+ 被大量消耗，使 OH^- 浓度不断增加，当达到一定浓度（或通过补充碱）使 pH 值维持在 8 ～ 9 时，铬和铁屑会与 OH^- 反应形成氢氧化物沉淀。氢氧化铁的絮凝作用将氢氧化铬吸附凝聚脱出。吸附饱和的铁屑丧失还原能力后，可用酸或碱再生，以降低使用成本。

铁屑池过滤处理含铬废水的铁屑填充高度为 1.5 m，含铬废水通过铁屑滤床的过滤滤速为 3 m/h，进水 pH 值控制在 3.0 为宜。

亚硫酸盐和硫酸亚铁还原法处理含铬废水，具有与铁屑池过滤除铬类似的化学作用过程和 pH 值要求，即先在酸性条件下将 Cr^{6+} 还原为 Cr^{3+}，后在碱性条件下 Cr^{3+} 和 Fe^{3+} 与 OH^- 反应形成氢氧化物沉淀，进而从废水中去除。

三、氧化还原处理方法

（一）化学氧化法

常见的化学氧化法有氯系氧化法、臭氧氧化法、过氧化氢氧化法、光化学氧化法、湿式氧化法、超临界水氧化法等。这里只介绍前两种方法。

1. 氯系氧化法

氯系氧化法中常用的氧化剂有氯气、液氯、二氧化氯、次氯酸钠、漂白粉 [$Ca(ClO)_2$]、漂粉精 [$3Ca(ClO)_2 \cdot 2Ca(OH)_2$] 等。

（1）基本原理

除了二氧化氯外，其他氯系氧化剂溶于水后，在常温下很快水解生成次氯酸（HClO），次氯酸解离生成次氯酸根（ClO^-），HClO 与 ClO^- 均具有强氧化性，可氧化水中的氰、硫、醇、醛、氨氮等，并能去除某些染料而起到脱色作用，同时也具有杀菌、防腐作用。

二氧化氯在水中不发生水解，也不聚合，而是与水反应生成多种强氧化剂，如氯酸（$HClO_3$）、亚氯酸（$HClO_2$）、Cl_2 等，ClO_3^- 和 ClO_2^- 在酸性条件下具有很强的氧化性，能氧化降解污水中的带色基团和其他有机污染物。二氧化氯本身为强氧化剂，能很好地氧化分解水中的酚类、氯酚、硫醇、叔胺、四氯化碳、蒽醌等难降解有机物，也能有效去除氰化物、硫化物和铁、锰等无机物，并能起到脱色、脱臭、杀菌、防腐等作用。

（2）氯系氧化法在水处理中的应用

氯系氧化法在水处理中的应用已有近百年历史，目前主要用于氰化物、硫化物、酚类的氧化去除及脱色、脱臭、杀菌、防腐等。

在采用氯系氧化法处理含氰废水时，氯氧化剂与氰化物的反应分两个阶段：第一阶段是将氰化物氧化成氰酸盐离子（CNO^-），反应在 pH 值为 10 ～ 11 条件下进行，一般 5 ～ 10 min 即可完成；第二阶段增加氯氧化剂的投量，进一步将 CNO^- 氧化成 CO_3^{2-}、CO_2 和 N_2，pH 值控制在 8 ～ 8.5 时氰酸盐氧化最完全，反应约半小时。

氯系氧化法处理含氰废水工艺分间歇式和连续式两种。当水量较小、浓度变化较大，且处理效果要求较高时，常采用间歇法处理。一般设两个反应池，交替进行。污水注满一个池子后，先搅拌使氰化物分布均匀，随后调 pH 值并投加氯氧化剂，再搅拌 30 min 左右后静置沉淀，取上清液测定氰含量，达标后即可排放，池底的污泥排至污泥干化场进行处理。当污水量较大时常采用连续运行方式。污水先进入调节池以均化水质与水量，然后进入第一反应池，投加氯氧化剂和碱，使 pH 值维持在 10 ～ 11，水力停留时间为 10 ～ 15 min，以完成第一阶段反应。第一反应池的出水进入第二反应池后，向第二反应池继续投加氯氧化剂和碱，使 pH 值维持在 8 ～ 9，水力停留 30 min 以上，以完成第二阶段反应。第二反应池的出水进入沉淀池后，上清液经检测后排放，污泥应进入干化场处理。若采用石灰调节 pH 值，则必须设置沉淀池与污泥干化场；若采用 NaOH 调节 pH 值，则可不设沉淀池与干化场。处理水直接从第二反应池排放。

2. 臭氧氧化法

（1）基本原理

臭氧是一种强氧化剂，其在水中的标准氧化还原电位为 2.07 V，氧化能力比氧气（1.23 V）、氯气（1.36 V）、二氧化氯（1.50 V）等常用氧化剂都强。在理想反应条件下，臭氧可将水中大多数单质和化合物氧化到它们的最高氧化态，对水中有机物有强烈的氧化降解作用，还能起到强烈的杀菌消毒作用。臭氧除了单独作为氧化剂使用外，还常与 H_2O_2、紫外光（UV）及固体催化剂（金属及其氧化物、活性炭等）组合使用，可产生羟基自由基。与其他氧化剂相比，羟基自由基具有更高的氧化还原电位（2.80 V），因而具有更强的氧化性能。

（2）臭氧氧化技术在水处理中的应用

臭氧及其在水中分解产生的羟基自由基都有很强的氧化能力，可分解一般氧化剂难以处理的有机物，具有反应完全、速度快、剩余臭氧会迅速转化为氧、出水无嗅无味、不产生污泥、原料（空气）来源广等优点，因此臭氧氧化技术广泛用于印染废水、含酚废水、农药生产废水、造纸废水、表面活性剂废水、石油化工废水等的处理，在饮用水处理中也用于微污染源水的深度处理。例如，对印染废水，采用生化法时，脱色率较低（仅为 40% ～ 50%），而采用臭氧氧化法时，O_3 投量为 40 ～ 60 mg/L，接触反应 10 ～ 30 min，脱色率为 90% ～ 99%；对经脱硫、浮选和曝气处理后的炼油厂废水，含酚 0.1 ～ 0.3 mg/L、含油 5 ～ 10 mg/L、含硫化物 0.05 mg/L，色度为 8° ～ 12° ，采用 O_3 进行深度处理时，O_3 投量为 50 mg/L，接触反应 10 min，处理后酚含量在 0.01 mg/L 以下、油含量在 0.3 mg/

L以下、硫化物含量在0.02 mg/L以下、色度为2° ～4° 。

（二）化学还原法

1. 药剂还原除铬

含铬废水主要来自电镀厂、制革厂、冶炼厂等，其中剧毒六价铬通常以铬酸根（CrO_4^{2-}）和重铬酸根（$Cr_2O_7^{2-}$）两种形态存在，二者均可用还原法还原成低毒的三价铬，再通过加碱至pH值为7.5～9生成氢氧化铬沉淀，而从溶液中分离除去。采用药剂还原法去除六价铬时，还原剂的选择要因地制宜，全面考虑，采用亚硫酸氢钠，具有设备简单、沉渣量少且易于回收利用等优点。硫酸亚铁也可作为还原剂，反应在pH值为2～3的条件下进行，反应后应向水中投加石灰乳进行中和沉淀，使反应生成的Cr^{3+}和Fe^{3+}分别生成$Cr(OH)_3$和$Fe(OH)_3$一起沉淀，此法也叫硫酸亚铁石灰法。

采用药剂还原法去除六价铬时，若厂区有二氧化硫和硫化氢废气，则可采用尾气还原法；若厂区同时有含铬废水和含氰废水，则可互相进行氧化还原反应，以废治废。

2. 金属还原除汞

金属还原法主要用于除去水中二价汞离子，常用的还原剂为比汞活泼的金属，如铁、锌、铝、铜等，水中若为有机汞，通常先用氧化剂（如氯）将其转化为无机汞后，再用此法去除。

在用金属还原法除汞时，常将含汞废水通过金属屑滤床，或与金属粉混合反应，置换出汞。金属通常破碎成2～4 mm的碎屑，并用汽油或酸预先去掉表面油污或锈蚀层，反应温度一般控制在20～80 ℃。当采用铁屑过滤时，pH值宜为6～9，此时耗铁量最少；pH值小于6时，铁因溶解而耗量增大；pH值小于5时，有氢析出，吸附于铁屑表面，减小了金属的有效表面积，并且氢离子阻碍除汞反应。采用锌粒还原时，pH值宜为9～11；采用铜屑还原时，pH值在1～10均可。

第六章　污水的物理化学处理技术

污水的物理化学处理技术是对水资源回收利用的一种重要方法，对解决水资源短缺、减少环境污染、遏制水资源恶化具有非常重要的作用。物理化学处理技术可以使污水处理平稳进行，提高污水处理效率，节约成本。木章分为吸附法、气浮法、萃取法、离子交换法、膜分离技术五部分。主要内容包括吸附的原理及分类、吸附剂及再生、吸附工艺及设备、吸附的影响因素、气浮法的工作原理、气浮法的分类、气浮设备及其设计计算、气浮法的应用领域、萃取及其分类、萃取的基本原理、萃取剂的选择等。

第一节　吸附法

一、吸附的原理及分类

利用多孔性固体吸附剂，使水中一种或多种物质被吸附在固体表面上，从而予以回收或去除的方法称为吸附法。吸附法主要用以脱除水中的微量污染物，应用范围包括脱色、除臭味及脱除重金属、各种溶解性有机物、放射性元素等。在处理流程中，吸附法可作为离子交换、膜分离等方法的预处理，以去除有机物、胶体物及余氯等，也可以作为二级处理后的深度处理手段，以保证回用水的质量。

（一）吸附的基本原理

吸附是一种物质附着在另一种物质表面上的过程，它可发生在气液、气固、液固两相之间。在相界面，物质的浓度自动发生累积或浓集。在水处理中，吸附法主要利用的是固体物质表面对水中物质的吸附作用。

当一种固体吸附剂表面与一种溶液接触时，常会发生吸附现象。由于表面力的不平衡，固体吸附剂表面上会积聚一层溶质分子。吸附法可有效实现对水的多种净化功能，如脱色、脱臭、脱除重金属离子和放射性元素、脱除多种难以用一般方法处理的剧毒或难生物降解的有机物等。

具有吸附能力的多孔性固体物质称为吸附剂，如活性炭、焦煤、煤渣、吸附树脂、木屑等，其中以活性炭的应用最为普遍；而废水中被吸附的物质则称为吸附质；包容吸附剂和吸附质并以分散形式存在的介质被称为分散相。

吸附处理可作为离子交换、膜分离处理系统的预处理单元，用以分离、去除对后续处理单元有毒害作用的有机物、胶体和离子型物质，还可以作为三级处理后出水的深度处理单元，以获取高质量的处理出水，进而实现废水的资源化应用。吸附法可有效捕集浓度很低的物质，因而在水处理技术领域中得到了广泛的应用。但是，吸附法对进水的预处理要求较为严格，运行费用较高。

（二）吸附的分类

吸附剂表面的吸附力可分为三种，即分子间引力（范德华力）、化学键力和静电引力。由此吸附可分为三种类型：物理吸附、化学吸附和离子交换吸附。

1. 物理吸附

物理吸附是一种常见的吸附现象，亦称为范德华力吸附，是由吸附质与吸附剂之间的静电力或分子间引力作用而产生的吸附过程。物理吸附的特征表现在以下几个方面：

①物理吸附是一种放热反应。当系统温度升高时，被吸附的物质由于分子的热运动会脱离吸附剂表面而自由转移。该现象称为脱附或解吸。吸附质在吸附剂表面可以较易解吸。

②由于物理吸附是分子间引力引起的，所以吸附热较小，一般在 41.9 kJ/mol 以内。

③没有特定的选择性。由于物质间普遍存在着分子间引力，同一种吸附剂可以吸附多种吸附质，只是因为吸附质间性质的差异而导致同一种吸附剂对不同吸附质的吸附能力有所不同。因此，物理吸附可以是单分子层吸附，也可以是多分子层吸附。

④影响物理吸附的主要因素是吸附剂的比表面积。

2. 化学吸附

化学吸附是吸附质与吸附剂之间通过化学键力结合而引起的吸附过程。化学吸附的特征有如下几个方面。

①吸附热大，相当于化学反应热，吸附热一般在 83.7 ～ 418.7 kJ/mol。

②有选择性，一种吸附剂只能对一种或几种吸附质发生吸附作用，且只能形成单分子层吸附。

③化学吸附比较稳定，当吸附的化学键力较大时，吸附反应不可逆。

④吸附剂表面的化学性能、吸附质的化学性质以及温度条件等，对化学吸附有较大的影响。

3. 离子交换吸附

离子交换吸附是指吸附质的离子由于静电引力聚集到吸附剂表面的带电点上，同时吸附剂表面原先固定在这些带电点上的其他离子被置换出来，等于吸附剂表面放出一个等当量离子。这种吸附实质上在吸附剂的表面发生了离子交换反应。在吸附质浓度相同的条件下，离子所带电荷越多，吸附越强。而对于电荷相同的离子，其水合半径越小，越易被吸附。物理吸附、化学吸附和离子交换吸附并不是孤立的，往往相伴发生。在污水处理中，大多数的吸附现象往往是上述吸附作用的综合结果。吸附质、吸附剂以及吸附温度等具体吸附条件的不同，可能使得某种吸附占主要地位。例如，同一吸附体系在中高温条件下可能主要发生化学吸附，而在低温条件下可能主要发生物理吸附。

二、吸附剂及再生

（一）吸附剂

目前，在废水处理中应用的吸附剂有活性炭、树脂、腐殖酸和其他吸剂。

1. 活性炭

活性炭是一种非极性吸附剂。外观为暗黑色，有粒状和粉状两种，目前工业上大量采用的是粒状活性炭。活性炭主要成分除碳以外，还含有少量的氧、氢、硫等元素，以及水分、灰分。它具有良好的吸附性能和稳定的化学性质，可以耐强酸、强碱，能经受水浸、高温、高压作用，不易破碎。活性炭除了能去除由酚、石油类等引发的臭味和由各种燃料形成的颜色或有机污染物及铁、锰等形成的色度外，还可用于去除汞、铬等重金属离子、合成洗涤剂及放射性物质等，同时对农药、杀虫剂、氯代烃、芳香族化合物及其他难生物降解有机物也有很好的去除效果。

与其他吸附剂相比，活性炭具有巨大的比表面积和特别发达的微孔。通常，活性炭的比表面积在 500 ～ 1700 m^2/g，这是活性炭吸附能力强、吸附容量大的主要原因。当然，比表面积相同的活性炭，对同一物质的吸附容量有时也不同，这与活性炭的内孔结构和分布以及表面化学性质有关。活性炭的吸附以物理吸附为主，但由于表面氧化物的存在，也进行一些化学选择性吸附。如果在活性炭中渗入一些具有催化作用的金属离子可以改善处理效果。活性炭种类很多，可以根据原料、活化方法、形状及用途来分类和选择。活性炭是目前水处理中普遍采用的吸附剂。其中，粒状炭的生产工艺简单，操作方便，用量最大。国外使用的粒状炭多为煤质或果壳质无定型炭，国内多用柱状煤质炭。

2. 树脂

树脂是一种具有立体结构的多孔海绵状物，可在 150 ℃下使用，不溶于酸、碱及一般溶剂，比表面积可达 800 m^2/g。根据其结构特性，树脂可分为非极性、弱极性、极性、强极性四类。它的吸附能力接近活性炭，但比活性炭容易再生，一般为溶剂再生。此外，树脂还有稳定性高、选择性强、应用范围广等优点，是废水处理中有发展前途的一种新型吸附剂。

例如，国产的 TXF 型吸附树脂（炭质吸附树脂），比表面积为 35 ～ 350 m^2/g，它是含氯有机化合物的特效吸附剂。XAD-2 树脂对 TNT 的去除效果很好，树脂易于再生，当原水中含 TNT 34 mg/L 时每个循环可处理体积为树脂体积 500 倍的废水，吸附后可用丙酮进行再生，TNT 的回收率达 80%。

3. 腐殖酸

腐殖酸是一组含芳香结构、性质相似的无定形酸性物质组成的混合物。据测定，腐殖酸含的活性基团有酚羟基、羧基、醇羟基、甲氧基、羰基、醌基等。这些活性基团决定了腐殖酸的阳离子吸附性能。

用作吸附剂的腐殖酸类物质有两大类：一类是天然的富含腐殖酸的风化煤、泥煤、褐煤等，它们可直接或者经简单处理后作吸附剂用；另一类是把富含腐殖酸的物质用适当的黏合剂制备成腐殖酸系树脂，造粒成型后使用。

腐殖酸类物质在吸附重金属离子后，容易解吸再生，重复使用。常用的解吸剂有 H_2SO_4、HCl、NaCl、$CaCl_2$ 等。物质能吸附工业废水中的许多金属离子，如汞、锌、铅、铜、镉等，吸附率在 90% ～ 99%。

4. 其他吸附剂

沸石是沸石族矿物的总称，是一种含水的碱金属或碱土金属的铝硅酸矿物。任何沸石都由硅氧四面体和铝氧四面体组成。沸石内部充满了细微的孔穴和通道，比蜂房要复杂得多，1 μm^3 沸石内有 100 万个“房间”。沸石的特点是有分子筛作用，斜发沸石比表面积约为 1000 m^2/g，对水中氨氮具有特异性吸附能力，吸附量可达 15 mg/g。

活性氧化铝是氧化铝的水合物（以三水合物为主）加热脱水得到的。活性氧化铝可用于含氟废水处理。

（二）吸附剂的再生

吸附剂在达到饱和吸附后，必须进行脱附再生，才能重复使用。目前吸附剂的再生方法有加热再生、药剂再生、化学氧化再生、湿式氧化再生、生物再生等。重要方法的分类如表 6-1 所示。

表 6-1　吸附剂再生方法分类

种类		处理温度	主要条件
加热再生	加热脱附	100 ～ 200 ℃	水蒸气、惰性气体
	高温加热再生（炭化再生）	750 ～ 950 ℃（400 ～ 500 ℃）	水蒸气、燃烧气体、CO_2
药剂再生	无机药剂	常温～ 80 ℃	HCl、H_2SO_4、NaOH、氧化剂、
	有机药剂（萃取）	常温～ 80 ℃	有机溶剂（苯、丙酮、甲醇等）
生物再生		常温	好气菌、厌气菌
湿式氧化分解		180 ～ 220 ℃、加压常温	O_2、空气、氧化剂
电解氧化		常温	O_2

在选择再生方法时，主要考虑三方面的因素：吸附质的理化性质；吸附机理；吸附质的回收价值。

1. 加热再生法

在高温下，吸附质分子提高了振动能，因而易于从吸附剂活性中心点脱离；同时，被吸附的有机物在高温下能氧化分解，或以气态分子逸出，或断裂成短链，因此也恢复了吸附能力。

加热再生过程分五步进行：

①脱水。使活性炭和输送液分离。

②干燥。加热使温度保持在 100 ～ 150 ℃，将细孔中的水分蒸发出来，同时使一部分低沸点的有机物也挥发出来。

③碳化。加热使温度保持在 300 ～ 700 ℃，高沸点的有机物由于热分解，一部分成为低沸点物质而挥发，另一部分被碳化留在活性炭细孔中。

④活化。加热使温度保持在 700 ～ 1000 ℃，使碳化后留在细孔中的残留碳与活化气体（如蒸气、CO_2、O_2 等）反应，反应产物以气态形式（CO_2、CO、H_2）逸出，达到重新造孔的目的。

⑤冷却。活化后的活性炭用水急剧冷却，防止氧化。

上述步骤②～④在一个多段再生炉中进行。炉内分隔成 4 ～ 9 段炉床，中心轴转动时带动耙柄使活性炭自上段向下段移动。六段炉的第一、二段用于干燥，第三、四段用于碳化，第五六段为活化用。炉内保持微氧化气氛，既供应氧化所需要的氧气，又不致使炭燃烧损失。采用这种再生炉时，排气中含有甲烷、乙烷、乙烯、二氧化硫、一氧化碳等气体，应该加以净化，防止污染大气。

2. 药剂再生法

药剂再生法分无机药剂再生法和有机溶剂再生法两类。

（1）无机药剂再生法

无机药剂再生法是指采用碱（NaOH）或无机酸（H_2SO_3、HCl）等无机药剂，使吸附在活性炭上的污染物脱附的一种方法。例如，能电离的物质最好以分子形式吸附、以离子形式脱附，即酸性物质宜在酸中吸附、在碱中脱附，碱性物质在碱中吸附、在酸中脱附。

（2）有机溶剂再生法

有机溶剂再生法是指用苯丙酮及甲醇等有机溶剂，萃取吸附在活性炭上的有机物的一种方法。例如，吸附含二硝基氨苯的染料废水的饱和活性炭用有机溶剂氨苯脱附后，再用热蒸汽吹扫氯苯。脱附率可达 93%。树脂吸附剂从污水中吸附酚类后，一般采用丙酮或甲醇脱附。

药剂用量应尽量节省，以控制在 2 ～ 4 倍吸附剂体积为宜。药剂再生设备和操作管理简单，可在吸附塔内进行。但药剂再生一般随再生次数的增加，吸附性能明显降低，需要补充新的活性炭，废弃一部分饱和活性炭。

3. 化学再生法

化学再生法通过化学反应，可使吸附质转化为易溶于水的物质而解吸下来。例如，处理含铬废水时，用浓度为 10% ～ 20% 的硫酸浸泡活性炭 4 ～ 6 h，使铬变成硫酸铬溶解出来；也可用氢氧化钠使六价铬转化成 Na_2CrO_4 溶解下来。再如，吸附苯酚的活性炭，可用氢氧化钠再生，使其以酚钠盐的形式溶于水而解吸。

化学再生法还包括使用某种溶剂将被活性炭吸附的物质解吸下来。常用的溶剂有酸、碱、苯、丙酮、甲醇等。化学氧化法也属于一种化学再生法。

4. 生物再生法

生物再生法是指利用微生物的作用，将被活性炭吸附的有机物氧化分解，从而可使活性炭得到再生的一种方法。

三、吸附工艺及设备

（一）吸附工艺的操作方式

吸附分为静态吸附和动态吸附两种方式。

1. 静态吸附

静态吸附使用较少，主要用于小水量工业污水的一级处理。静态吸附是把一定数量的活性炭投入一定数量的待处理污水中，进行搅拌，达到吸附平衡后，再用沉淀或过滤的方法使污水和活性炭分离的过程。如果一次吸附后的出水水质不能达到要求，可以使用多次静态吸附。

2. 动态吸附

动态吸附是在污水连续流动的条件下进行的吸附操作，目前已有许多成功的技术和工艺，可以用于大规模的工业废水或生活污水的处理。动态吸附法主要应用在污水处理系统和污水回用深度处理系统的最后一个环节，以保证出水最终达标排放或符合回用要求。

有时为了提高曝气池的处理能力，可以向曝气池内投加粉末活性炭来改善活性污泥的性能和增加曝气池的生物量，以避免在二次沉淀池出现污泥膨胀现象。粉末活性炭的大量细孔吸附了微生物、有机物和水中的氧气，可以使难以生物降解的有机物也能被生物降解，这是吸附、微生物氧化分解的协同作用。这种处理方法效果好而且比较稳定，能适应成分复杂且水质、水量多变的污水。

（二）吸附设备

1. 固定床

这是废水处理工艺中最常用的一种方式。由于吸附剂固定填充在吸附柱（或塔）中，所以叫作固定床。当废水连续流过吸附剂层时，吸附质便不断地被吸附。若吸附剂数量足够，出水中吸附质的浓度即可降低至接近于零。但随着运行时间的延长，出水中吸附质的浓度会逐渐增加。当达到某一规定的数值时，就必须停止通水，进行吸附剂再生。

根据水流方式的不同，固定床吸附又分为降流式和升流式两种。降流式固定床的水流由上而下穿过吸附剂层，过滤速度为 4 ～ 20 m/h。吸附剂层总厚 3 ～ 5 m，可分成多柱串联工作。接触时间一般不大于 30 ～ 60 min。降流式用于处理含悬浮物很少的废水，能获得很好的出水水质。当悬浮物含量高时，容易引起吸附剂层堵塞，降低吸附量，同时增大水头损失。

另外，降流式固定床的滤层容易滋长细菌，恶化水质。升流式固定床的水流由下而上穿过吸附剂层，其压头损失小，允许废水含的悬浮物稍高，对预处理要求较低，但滤速较小。升流式可避免炭床内因积有气泡而产生短路，也便于发挥生物协同作用；缺点是冲洗效果较降流式差，操作失误时易将吸附剂流失。

2. 移动床

废水从吸附柱底部进入，处理后的水由柱顶排出。在操作过程中，定期将一部分接近饱和的吸附剂从柱底排出，送到再生柱进行再生，与此同时，将等量的新鲜吸附剂由柱顶加入，这种吸附床称为移动床。这种运行方式较固定床吸附能更充分地利用吸附剂的吸附能力，水头损失小，但柱内上下层吸附剂不能相混，因而对操作管理要求较为严格。

3. 膨胀床

吸附剂在塔内处于膨胀状态，悬浮于由下而上的水流中，这种吸附床称为膨胀床。膨胀床的吸附率高，适用于处理悬浮物含量较高的废水。

4. 流化床

流化床目前使用较少，由于流化床内活性炭粒径较小，在塔内上层的活性炭与从塔底进入的水充分搅动，使活性炭与水接触的表面积增大，因此可以用少量的活性炭处理较多的水，不需反冲洗，预处理要求低，可以连续运转。充填的活性炭的粒度分布决定静止层及流化层高度，另外运行操作要求较高。

四、吸附的影响因素

在实际应用中，若想达到预期的吸附净化效果，除了需要针对所处理的废水性质选择合适的吸附剂外，还必须将处理系统控制在最佳的工艺操作条件下。影响吸附的因素主要有吸附剂的性质、吸附质的性质和吸附过程的操作条件等。

（一）吸附剂的性质

吸附剂的性质主要有比表面积、种类、极性、颗粒大小、细孔的构造和分布情况及表面化学性质等。吸附是一种表面现象。比表面积越大，颗粒越小，吸附容量就越大，吸附能力就越强。

吸附剂表面的化学结构和表面荷电性质对吸附过程也有较大影响。一般来说，极性分子（或离子）型的吸附剂易吸附极性分子（或离子）型的吸附质，反之亦然。例如，活性炭基本可以看成一种非极性的吸附剂，对水中非极性物质的吸附能力大于极性物质。

（二）吸附质的性质

吸附质的性质主要有溶解度、表面自由能、极性、吸附质分子大小和不饱和度、吸附质的浓度等。

吸附质的溶解性能对平衡吸附有重大影响。溶解度越小的吸附质越容易被吸附，也就越不容易被解吸。随着同系物含碳原子数的增加，有机物的疏水性增强，溶解度减小，因而活性炭对其吸附容量增大，如活性炭从水中吸附有机酸的次序是按甲酸—乙酸—丙酸—丁酸的顺序增加的。

吸附质分子的大小和化学结构对吸附也有较大的影响。吸附质体积越大，其扩散系数越大，吸附效率就越高。对于活性炭吸附剂来说，在同系物中，分子大的有机物较分子小的易被吸附，不饱和的有机物较饱和的易被吸附，芳香族有机物较脂肪族有机物易被吸附。

吸附质的浓度在一定范围时，随着浓度增高，吸附容量增大。

（三）吸附过程的操作条件

吸附过程的操作条件主要包括溶液的 pH 值共存物质、温度、接触时间等。

1.pH 值

pH 值不仅会影响因吸附质在水中的离解度、溶解度及其存在状态，同样也会影响吸附剂表面的荷电性和其他化学特性，从而影响吸附效果。活性炭从水中吸附有机污染物质的效果，一般随溶液 pH 值的增加而降低。当 pH 值大于 9 时，不易吸附；pH 值越低，效果越好。在实际应用中。最佳 pH 值通过试验确定。

2. 共存物质

应用吸附法处理水时，通常水中不是单一的污染物质，而是多组分污染物的混合物。在物理吸附过程中，吸附剂可对多种吸附质产生吸附作用，所以多种吸附质共存时，吸附剂对其中任一种吸附质的吸附能力都要低于组分浓度相同但只含有该吸附质时的吸附能力，即每种溶质都会以某种方式与其他溶质竞争吸附活性中心点。另外，当废水中有油类或悬浮物质存在时，油类物质会在吸附剂表面形成油脱。悬浮物质会堵塞吸附剂孔隙，对孔隙扩散产生干扰和阻碍作用，故应采取预处理措施。

3. 温度

吸附过程一般是放热过程，所以低温有利于吸附，特别是以物理吸附为主的场合。吸附过程的热效应较低，在通常情况下温度变化并不明显，因而温度对吸附过程的影响不大。用活性炭处理时，温度对吸附的影响不显著。而在活性炭再生时，则需要通过大幅度加温以促使吸附质解吸。

4. 接触时间

只有保证足够的时间使吸附剂和吸附质接触，才能达到吸附平衡，吸附剂的吸附能力才能得到充分发挥。达到吸附平衡所需要的时间长短取决于吸附操作，吸附速度越快，达到平衡所需要的接触时间就越短。

综上所述，影响吸附的因素很多，应综合分析，根据具体情况，选择最佳吸附条件，达到最好的吸附效果。

第二节　气浮法

一、气浮法的工作原理

气浮法的工作原理是利用废水中的颗粒（或油类）的疏水性，通过向气浮设备的废水中通入一定尺寸的气泡，使废水中的污染物附着在气泡表面，由于浮力作用，气泡开始上浮，污染物也随之浮到水面上而形成由气泡、水和污染物组成的三相泡沫层，收集泡沫层即可把污染物与水分离开来。根据以上描述，气浮法水处理工艺必须满足下述基本条件：水中的被处理污染物表面应呈疏水性；必须向水中提供足够量的细微气泡；必须使污水中的污染物质形成悬浮状态；必须使气泡与悬浮的物质产生黏附作用。以上条件相辅相成，共同作用，从而实现水与污染物的分离目的。

气浮法分离的影响因素有如下几个方面：

①水中颗粒与气泡黏附的条件。由于悬浮颗粒对水的润湿性质不同，其对气泡的黏附情况也有很大的差别。污染物呈“亲水性”不能气浮，污染物呈“疏水性”可以气浮。向水中投加浮选剂改变污染物的疏水性能，可以使污染物由亲水

性物质变为疏水性物质。

②气泡的稳定性。气泡浮到水面后，水分很快蒸发，泡沫极易破灭，会使已经浮到水面的污染物又脱落回到水中。投加起泡剂（表面活性物质）可达到改善气泡稳定性的目的。

③气浮中气泡对絮体和颗粒单体的结合方式。气浮过程中气泡对混凝絮体和颗粒单体的结合可以有三种方式，即气泡顶托，气泡裹挟和气粒吸附。显然，它们之间的裹挟和黏附力的强弱，即气、粒（絮凝体）结合的牢固程度与否，不仅与颗粒、絮凝体的形状有关，更重要的是要受水、气、粒三相界面性质的影响。水中活性剂的含量，水的硬度，悬浮物的浓度，都和气泡的黏附强度有着密切的联系。气浮运行的好坏与此有根本的关联。在实际应用中应调整水质。

④气泡直径。气泡的直径越小，能除去的污染物颗粒就越细，净化效率也越高。按气泡产生的不同方式，气浮分为布气气浮、加压溶气气浮和电解气浮。产生气泡的方法有溶气法和散气法。溶气法，又称加压溶气气浮。将气体压入废水的溶气罐中，水与气充分接触，气在水中的溶解达到饱和度，气泡的直径一般小于 80 μm。散气法采用多孔扩散板曝气和叶轮搅拌产生气泡，气泡直径较大，在 1000 μm 左右。气浮法已被广泛应用于去除含油废水（石油化工、机械加工、食品工业废水等）中的悬浮油（气泡直径大于 10 μm，隔油池）和溶解性乳化油（气泡直径小于 10 μm，一般 0.1 ～ 2 μm，气浮池）、造纸厂白水回收纤维、染色废水处理、毛纺工业洗毛废水（羊毛脂及洗涤剂）处理等。气浮法也常被用作饮用水的前处理措施。对于含藻类的湖水或水库水、低温低浊水，气浮法是一种较好的处理方法。

气浮法的主要优点是处理效率较高，一般只需 10 ～ 20 min 即可完成固液分离，且占地较少；生成的污泥比较干燥，表面刮泥也较方便；在处理废水时，向水中曝气，增加了水中的溶解氧，对后续的生化处理有利。

气浮法的缺点是电耗较大，设备的维修和管理工作量也较大，特别是减压阀、释放器或射流器等容易被堵塞。

二、气浮法的分类

按微细气泡产生的方式不同，气浮法主要分为电解气浮法、溶解空气气浮法（简称“溶气气浮法”）和分散空气气浮法（简称“散气气浮法”）三类。

（一）电解气浮法

电解气浮法是在直流电作用下，用不溶性阳极和阴极直接电解污水，在电极周围产生的氢和氧的微气泡黏附于悬浮物上，将其带至水面而实现分离的一种方法。

电解气浮法产生的气泡微细，密度小，直径为 10 ～ 60 μm（远小于散气气浮法和溶气气浮法），浮升过程中不会引起水流紊动，浮载能力大，特别适合于脆弱絮凝体的分离。电解气浮法除具有固液分离的作用外，还有降低 BOD、氧化、脱色和杀菌的作用。

电解气浮法具有去除污染物范围广、对污水负荷变化适应能力强、生成泥渣量少、工艺简单、设备小、不产生噪声等优点，但存在电耗大、电极易结垢等问题，较难适用于大型生产。目前，电解气浮法主要用于去除污水中的细分散悬浮固体和乳化油，处理规模为 10 ～ 20 m^2/h。

（二）溶气气浮法

溶气气浮法是使空气在一定压力下溶于污水并达到饱和，然后骤然降低压力，这时溶解的空气便以微小气泡形式从水中析出以进行浮选的一类方法。根据气泡从水中析出时所处压力的不同，溶气气浮法可分为溶气真空气浮法和加压溶气气浮法两种类型。

1. 溶气真空气浮法

溶气真空气浮法是将空气在常压或加压条件下溶入水中，在负压条件下析出并进行浮选的一种方法。该方法动力消耗少，气泡形成和气泡与絮粒的黏附较稳定，但溶气量有限，且处理设备需密封。运行维护困难，因此实际应用不多。

2. 加压溶气气浮法

加压溶气气浮法是目前常用的一种气浮法。加压溶气气浮法即在加压情况下将空气溶解在污水中达到饱和状态，然后突然减至常压，这时溶解在水中的空气就处于过饱和状态，以极微小的气泡释放出来，悬浮颗粒就黏附于气泡周围而随其上浮到水面形成气泡，然后由刮泡器清除，使污水得到净化。

根据污水中所含悬浮物的浓度、种类，性质、处理水净化程度和加压方式的不同，加压溶气气浮法可分为以下三种。

（1）全溶气气浮法

全溶气气浮法即将全部污水用水泵加压，在泵前或泵后注入空气，在溶气罐内加压至 0.3 ～ 0.4 MPa，使空气溶解于污水中，然后通过减压阀将污水送入气浮池。污水中形成许多微小气泡，悬浮物附着微小气泡上浮到水面，在水面上形成浮渣，用刮板将浮渣连续排入浮渣槽，经浮渣槽管排出池外，处理后的污水通过溢流堰和水管排出。

全溶气气浮法有如下几个方面的特点：

①溶气量大，增加了悬浮颗粒与气泡的接触机会；

②在处理水量相同的条件下，它较部分回流溶气气浮法所需的气浮池小，从而减少了基建投资；

③在处理含油污水时，由于全部污水加压增加了含油污水的乳化程度，而且所需的压力泵和溶气罐的容量均较大，因此投资和运转动力消耗较大；

④若气浮前进行混凝处理，则混凝处理所形成的絮凝体在加压与减压过程中破碎，影响混凝效果。

（2）部分溶气气浮法

部分溶气气浮法即取部分污水（通常占总水量 15% ～ 40%）加压和溶气，其余污水直接进入气浮池中与溶气污水混合，利用部分加压溶气水的减压释放微小气泡对全部污水进行固液分离。

这种方法的特点有如下几个方面：

①较全溶气气浮法所需的压力泵小，故动力消耗低；

②压力泵所造成的乳化油量较全溶气气浮法低；

③气浮池的大小与全溶气气浮法相同，但较部分回流溶气气浮法小。

（3）部分回流溶气气浮法

部分回流溶气气浮法即取一部分处理后的澄清出水回流进行加压和溶气，减压后直接进入气浮池，与入流污水混合浮选。回流量一般为污水量的 25% ～ 50%。

部分回流溶气气浮法的特点如下：

①加压的水量少、动力消耗少；

②若处理含油污水，气浮过程中不促进乳化；

③若气浮前进行混凝处理，对混凝处理的效果影响小；

④气浮池的容积较前两种大。为了提高气浮的处理效果，往往向污水中加入混凝剂或浮选剂，投加量因水质不同而异，一般由实验确定。

目前常用的加压溶气气浮池有平流式和竖流式，均为敞口式水池。

（三）散气气浮法

散气气浮法是指利用散气装置使空气以微气泡形式均匀分布于污水中而进行

浮选处理的一类方法。按散气装置的不同，散气气浮法可分为微孔曝气气浮法和剪切气泡气浮法两种。

1. 微孔曝气气浮法

微孔曝气气浮法是指通过具有微细孔隙的扩散装置或微孔管，利用压缩空气的爆破力和微孔的剪切力使空气以微小气泡的形式进入水中，从而进行浮选处理的一种方法。该方法简单易行，但空气扩散装置的微孔容易堵塞，产生的气泡较大（直径为 1 ～ 10 mm）且难以控制，气浮效率不高，因此这种方法近年已很少使用。

2. 剪切气泡气浮法

（1）叶轮气浮法

叶轮气浮法即将空气引入一个高速旋转的叶轮附近，通过叶轮的高速剪切运动，将空气吸入并切割粉碎成细小气泡（直径为 1 mm 左右）进行浮选。叶轮气浮法的特点是设备不易堵塞，操作管理比较简单，适用于处理水量不大，而悬浮物含量高的污水，如洗煤污水、含油脂或羊毛的污水，去除效率可达 80% 左右。

（2）射流气浮法

射流气浮法是指通过射流器向污水中充入空气，进行浮选处理的一种方法。高压水经喷嘴射出时在吸入室产生负压，使空气从吸气管吸入并与水混合。气水混合物在通过喉管时将水中的气泡剪切，粉碎成微气泡，并在进入扩散管段后，其动能转化为势能，进一步压缩气泡，增大空气在水中的溶解度，最后进入气浮池完成气浮过程。该方法设备简单，但受设备工作特性的限制，吸气量不大，一般不超过进水量的 10%。

（3）涡凹气浮法

涡凹气浮法又叫空穴气浮法，是美国海德罗科尔（Hydrocal）环保公司的专利产品，用以去除污水中的油脂、胶状物以及固体悬浮物。高速旋转的涡轮使涡轮轴心产生负压，从进气孔吸入空气，空气沿涡轮的 4 个气孔排出，并被涡轮叶片打碎，从而形成大量微小气泡；污水流经涡凹曝气机的涡轮，在上升过程中与曝气机产生的微气泡充分混合；水中悬浮污染物颗粒与微气泡黏附，形成密度小于水的气浮体上浮到水面成为浮渣，通过刮泥机刮进集渣槽，用螺旋输送器排出系统。

涡凹曝气机在产生微气泡的同时，在回流管的底部形成负压区，使污水从池底部回流管回流到接触区，然后又返回分离区，这种循环作用大大减少了固体沉淀的可能性，同时确保了在没有进水流量的情况下，气浮仍可继续进行。在整个气浮过程中，污水和循环水不需要通过任何强制的孔或喷嘴，因此不会产生堵塞，循环不需要泵等设备。

涡凹气浮法是一种性能优良的新型机械碎气气浮技术，具有投资小、效率高、占地少、操作简单、运行费用低、安装方便、无噪声、应用范围广等突出优点，因此，被广泛用于造纸污水、含油污水、制革污水、洗衣污水、食品工业污水、印染污水和市政污水等处理工程。

三、气浮设备及其设计计算

（一）气浮池

平流式气浮池池深一般为 1.5 ～ 2.0 mm，不超过 2.5 m，池深与池宽之比大于 0.3。气浮池表面负荷通常取 5 ～ 10 m^2/h，总停留时间为 30 ～ 40 min。

为了防止进口区水流对颗粒上浮的干扰，在气浮池的前部均设置隔板，使已附着气泡的颗粒向池表面浮升，隔板与水平面夹角为 60°，板顶离水面约 3.0 m。

在隔板前面的部分称为接触区，在隔板后面的部分则称为分离区。在接触区隔板下端的水流上升流速一般可取 20 mm/s 左右，而隔板上端的水流上升流速则一般为 5 ～ 20 mm/s，接触室的停留时间不少于 2 min。

分离区的作用是使附着气泡的颗粒与水分离，并上浮至池面。清水从分离区的底部排出，产生一个向下流速。显然，当颗粒上浮速度大于下流速度时，固液可以分离；当颗粒上浮速度小于下流速度时，颗粒则下沉而随水流排出，因此，分离区的大小实际上受向下流速的控制，设计时向下流速可取 1.0 ～ 3.0 mm/s。

浮集于水面的浮渣的厚度与浮渣性质和刮渣周期有关。一般都用机械方法刮渣，刮渣机的水平移动速度为 5 m/min。采用逆水流方向刮渣可防止浮渣下沉。收集的浮渣若泡沫很多，可经加热处理消泡。

竖流式气浮池的高度可取 4 ～ 5 m，长度或直径一般为 9 ～ 10 m。中央进水室、刮渣板和刮泥耙都安装在中心转轴上，依靠电机驱动以同样速度旋转。

（二）气浮工艺

加压气浮按加压情况分为部分溶气方式加压气浮、全溶气方式加压气浮和回流水加压气浮三种，加压气浮装置由加压水泵、空气压缩机、溶气罐、溶气释放器和气浮池等组成。其中，回流水加压气浮是将处理后的部分废水加压溶气，然后将溶气的废水与未溶气的废水混合后进行固液分离，回流量一般为

20% ～ 50%。这种流程处理的效果较好，不会打碎絮凝体，出水的水质稳定，加压泵及溶气罐的容量及能耗等都较小，但气浮池的体积则相应较大。

（三）设计计算

压力溶气气浮系统的设计计算内容主要包括溶气量、溶气水量、溶气罐尺寸和气浮池主要尺寸等。

1. 溶气量和溶气水量的估算

有时在加压溶气系统设计中，常用的基本参数是气固比，即空气析出总量 G 与原水中悬浮固体总量 S 的比值，可用下式表示：

$$\frac{G}{S}=\frac{Q_pC_s(fp-1)\times10^3}{QS_0}$$

式中：Q——入流污水流量，m^3/h；

Q_p——加压溶气水量，m^3/h，如全部进水加压，则 $q=Q$；

C_s——个大气压下空气在水中的溶解度，mL/L，其值与温度有关；

f——溶气水中的空气饱和系数，与溶气罐结构、溶气压力和时间有关，一般为 0.5 ～ 0.8；

p——溶气罐中的绝对压力，kPa；

S_0——入流污水的 SS 浓度，mg/L。

气固比的选用涉及原水水质、出水要求、设备、动力等因素，对于所处理的污水最好通过气浮试验来确定气固比。当无试验资料时，一般可按 0.005 ～ 0.06 选取，原水悬浮物含量低时取下限，高时则取上限，如气浮法用于剩余污泥浓缩时，气固比一般取 0.03 ～ 0.04。

当确定了 G/S 和溶气压力 p 后，可由上式计算加压溶气水量 Q_p，并按下式计算溶气量 Q_g（L/h）：

$$Q_g=\frac{Q_pK_Tp}{\eta}$$

式中：K_T——空气在水中的溶解度系数，$L/(kPa\cdot m^3)$；

η——溶气效率，%，为实际释气量与理论溶气量的百分比。

2. 溶气罐尺寸

（1）溶气罐直径 D_d

选定过流密度 I 后，溶气罐直径按下式计算：

$$D_d = \sqrt{\frac{4 \times Q_p}{\pi I}}$$

一般对于空罐，I 选用 1000 ～ 2000 $m^3/(m^2 \cdot d)$；对于填料罐，I 选用 2500 ～ 5000 $m^3/(m^2 \cdot d)$。

（2）溶气罐高 h

$$h = 2h_1 + h_2 + h_3 + h_4$$

式中：h_1——罐顶、底封头高度（根据罐直径而定），m。

h_2——布水区高度，一般取 0.2 ～ 0.3 m。

h_3——贮水区高度，一般取 1.0 m。

h_4——填料层高度，一般取 1.0 ～ 1.3 m。

3. 气浮池主要尺寸

（1）接触池的表面积 A_c

选定接触室中水流的上升流速 v_c 后，按下式计算：

$$A_c = \frac{(Q + Q_p)}{v_c}$$

接触室的容积一般应按停留时间大于 60s 进行复核。

（2）分离室的表面积 A_s

选定分离速度（分离室的向下平均水流速度）v_s 后，按下式计算：

$$A_s = \frac{(Q + Q_p)}{v_s}$$

对矩形池子，分离室的长宽比一般取 1 ∶ 1 ～ 2 ∶ 1。

（3）气浮池的净容积

选定池的平均水深 H（指分离室深），气浮池的净容积 V 按下式计算：

$$V = \frac{(A_c + A_s)}{H}$$

以池内停留时间（t）进行校核，一般要求 t 为 10 ～ 20 min。

（4）气浮池总高度 H

$$H = 2h_1 + h_2 + h_3$$

式中：h_1——保护高度，取 0.4 ～ 0.5 m；

h_2——有效水深；

h_3——池底安装集水管所需高度，取 0.5 m。

气浮池底应以 0.01 ～ 0.02 的坡度坡向排污口（或由两端坡向中央），排污管进口处应设集泥坑。浮渣槽应以 0.03 ～ 0.05 的坡度坡向排渣口。穿孔集水管常用 ϕ200 mm 的铸铁管，管中心线距池底 250 ～ 300 mm。相邻两管中心距为 1.2 ～ 1.5 m，沿池长方向排列。每根集水管应单独设出水阀，以便调节出水量和在刮渣时提高池内水位。

四、气浮法的应用领域

在水处理技术领域，气浮法固 - 液或液 - 液分离技术主要应用在：

①机械工业、石油工业中的乳化液、含油废水的固液分离；

②工业废水的处理，如汽车工业或其他工业的油漆处理及印染废水处理等；

③污水中有用物质的回收，如造纸厂纸机白水回收及中段废水纤维回收和黑液中木质素的回收等；

④污水处理工艺中剩余污泥的固液分离及浓缩工艺；

⑤微生物养殖行业从高浓度盐水中提取盐藻。

目前，新的应用领域还在不断发现和拓展之中。

第三节　萃取法

一、萃取及其分类

萃取是工业生产用于产品分离的一种重要工艺。废水中若有很有用的成分而且浓度足够高，则可用萃取工艺进行回收，并减轻后续工艺的负荷。废水是被萃取相，萃取相有许多种，如不溶于水的有机溶剂萃取相、膜萃取相、反胶团萃取相、超临界萃取相。在这里仅介绍有机溶剂相为萃取相的萃取。萃取体系的两相由分散相和连续相构成，分散相或连续相可以是有机溶剂相，也可以是水相。

根据被萃取的成分是否发生化学反应，萃取可分为物理萃取和可逆化学萃取。物理萃取利用溶质在互不相溶的水相 / 有机溶剂相中不同的分配关系来分离。这个萃取比较适合回收和处理废水中亲油性较强的溶质，如含氮、含磷类有机农药，含除草剂、硝基苯类废水。要注意溶剂在水中的残留。

可逆化学萃取基本上是基于废水中的溶质和萃取剂中的络合剂之间的络合作用来达到分离目的的，分离对象是 Lewis 酸或 Lewis 碱、重金属离子。近年来，人们针对有机酸废水、酚类废水、有机磺酸类废水、苯胺废水、硝基苯类废水以及两性官能团有机废水、重金属废水找到了许多合适的络合萃取体系。

在有机物的络合萃取中，被萃取的溶质与萃取剂的化学作用是常温下发生的络合反应，如络合剂与一些属于路易斯（Lewis）酸或路易斯碱的有机污染物的络合。这两者之间形成的络合物与溶剂的化学作用键能一般在 10 ～ 60 kJ/mol，便于形成萃合物，实现相间转移，但是化学作用键能不能太高，否则络合剂再生和溶质回收不容易。

二、萃取的基本原理

萃取即将一种不溶于水而能溶解水中某种物质（溶质或萃取物）的溶剂投加入废水中，使溶质充分溶解在溶剂内，从而从废水中分离除去或回收某种物质。萃取的实质是利用溶质在水中和溶剂中有不同溶解度的性质。例如，对于含酚浓度较高的废水，由于酚在有机溶剂中的溶解度远远高于在水中的溶解度，就可以利用酚的这种性质以及有机溶剂（如油）与水不相溶的性质，选用适当的有机溶剂从废水中把有害物质提取出来。

在萃取过程中，所用的溶剂称为萃取剂；混合液中欲分离的组分称为溶质；萃取剂提取的溶质称为萃取相，分离出萃取相后剩余的混合液称为萃余相。

萃取操作过程包括：混合、分离、回收。

萃取一般分为物理萃取和化学萃取两大类。

物理萃取是基本上不涉及化学反应的物质传递过程。它是利用溶质在两种互不相溶的液相中不同的分配关系将其分离开来的。物理萃取主要遵循相似相溶规则，主要是依据被萃取物与萃取溶剂在结构或性质上的相似性来选择溶剂的。对于废水处理来说，这种工艺流程主要适用于高浓度有机废水的预处理。研究者对物理萃取醋酸和苯酚进行了大量的研究工作，研究结果表明：采用物理溶剂萃取水溶液中较高浓度的醋酸和苯酚，可以达到降低污染、回收资源的目的。与物理萃取不同，对于许多液液萃取体系，特别是金属的溶剂萃取体系，其过程多伴有化学反应，即存在溶质与萃取剂之间的化学作用。这类伴有化学反应的萃取过程，一般称为化学萃取。19 世纪 80 年代初，美国加州大学教授提出了一种基于可逆络合反应的极性有机物萃取分离方法。基于可逆络合反应的萃取分离方法（简称络合萃取法）对于极性有机物的分离具有高效性和高选择性，是一种典型的化学萃取法。

三、萃取剂的选择

选择适合的萃取剂是保证萃取操作能够正常进行，且经济合理的关键。在实际生产中，选择萃取剂需重点考虑以下几个方面的因素。

①萃取剂的选择性。萃取剂的选择性是指萃取剂对原料中溶质及溶剂两个组分溶解能力的差异。萃取剂的分配系数应尽量大，即萃取剂的选择性应尽量大，分离系数应大于 1；料液与萃取剂互溶度应尽量小；萃取剂的毒性要低，化学性质要稳定，腐蚀性要小。

②萃取剂的经济性。萃取剂的经济性直接影响萃取操作成本。对萃取剂经济性的分析还需从萃取工艺（萃取相与萃余相的分离、萃取剂的回收成本）、萃取剂的价格、环境因子等方面综合考虑。常用的萃取剂有乙酸乙酯、乙酸戊酯、丁醇。

③萃取剂的其他物理性质，包括密度、相界面张力和黏度等。

四、萃取设备

为了增加相间传质，可增加两相的充分接触，将分散相充分分散，增加界面面积，也可增强紊流强度。萃取设备要补给能量，如搅拌、脉冲、振动等。萃取过程有连续运行和间歇运行两种。分散相的推动力和设备如表 6-2 所示。

表 6-2　分散相的动力和设备

分散相的推动力	微分接触（逆流萃取）	逐段接触（错流萃取）
重力	喷淋塔、填料塔	筛板塔、流动混合器
机械搅拌	转盘萃取塔、搅拌萃取塔、振动筛板塔	混合澄清器
脉冲	脉冲填料塔、脉冲筛板塔	脉冲混合澄清器
离心分离	连续离心萃取器	逐级离心萃取器

五、萃取的影响因素

在使用萃取技术处理废水时，应注意下列因素的影响。

（一）萃取压力的影响

在萃取过程中，萃取剂（SF）密度的变化直接影响萃取效果。萃取压力是影响萃取剂密度的重要参数。压力的变化能显著提高萃取剂溶解物质的能力。

当压力增加到一定程度后，溶解能力增加缓慢，这是由高压下超临界相密度随压力变化缓慢所致的。另外，压力对萃取效果的影响还与溶质的性质有关。

（二）温度的影响

温度对萃取效果的影响较为复杂，可从两个方面来考虑：

一方面，在一定压力下，温度升高，则萃取剂 CO_2 的分子间距增大，分子间作用力减小，密度降低，从而使溶解能力下降；

另一方面，在一定压力下，温度升高，则被萃取物的挥发性增强，分子的热运动加快，分子间缔和的机会增加，从而使溶解能力增大。

（三）萃取剂流量、萃取时间的影响

在超临界流体萃取过程中，萃取剂流量一定时，萃取时间越长，收率越高。萃取刚开始时，由于溶剂与溶质未达到良好接触，收率较低。随着萃取时间的加长，萃取速率增大，直到达到最大之后，由于待分离组分的减少，传质动力降低而使萃取速率降低。萃取剂的流量主要影响萃取时间。

一般来说，收率一定时，流量越大，溶剂、溶质间的传热阻力越小，则萃取的速度越快，所需要的萃取时间越短，但由于萃取回收负荷大，从经济上考虑应选择适宜的萃取时间和流量。

（四）物料性质的影响

物料的粒度影响萃取效果。一般情况下，粒度越小，扩散时间越短，越有利于向物料内部迁移，增加传质效果，但物料粉碎过细会增加表面流动阻力，反而不利于萃取。对于多孔的疏松物料，粒度对萃取率影响较小。

水分是影响萃取效率的重要因素。物料中含水量较高时，其水分主要以单分子水膜形式在亲水性大分子界面形成连续系统，从而增加超临界相流动的阻力，当继续增加水分时，多余的水分子主要以游离态存在，对萃取不产生明显的影响。而当含水量较低时，水分子主要以非连续的单分子层形式存在。

可见，破坏传质界面的连续水膜，使溶质与溶剂之间进行有效的接触，形成连续的主体传质体系就可减小水分的影响。超临界流体的极性是影响萃取速率的又一因素。在弱极性的溶剂中，强极性物质的溶解度远小于非极性物质，可萃取性随极性增加而降低，如超临界 CO_2 是一种非极性溶剂，它非常适用于弱极性物质的萃取。

第四节　离子交换法

一、离子交换法的基本原理

离子交换法是水质软化和去除水中盐的主要方法，在废水处理中可用于去除金属离子和一些非金属离子。例如，离子交换法可用于去除废水中的钙、镁、钾、钠离子以及氯离子、硫酸根离子等。这种方法的实质是利用不可溶解的离子化合物（称为离子交换树脂）上的可交换离子或基团与水中其他同性离子进行离子交换反应，类似化学中的置换反应。这种离子交换过程是可逆的。其反应式可表达如下：

$$RH+M^{+}=RM+H^{+}$$

上式自左向右进行时为交换反应，而其逆反应为再生反应，交换树脂（RH）对两种离子（M^{+}、H^{+}）选择性的不同是离子交换分离的基础。

因此，运用离子交换法处理废水时，离子交换剂的选择非常重要。

离子交换过程可以分为五个连续的步骤：

①电解质离子由溶液向树脂表面扩散，穿过液膜至树脂表面；

②电解质离子进入树脂内部的交联网孔，并在内孔中扩散至某一活性基团位置；

③电解质离子与树脂交换离子进行离子交换反应；

④交换下来的离子从树脂结构内部向外扩散；

⑤交换下来的离子扩散穿过液膜进入水流主体。

因上述第③步速度很快，而其他几个步骤即离子扩散过程的速度一般较慢，故离子交换速度主要取决于离子扩散速度。第②步和第④步是离子通过交换剂内部的孔道进行扩散，即孔道扩散，第①步和第⑤步为液膜扩散。

二、离子交换剂

（一）离子交换剂的结构、组成及分类

离子交换剂分为无机和有机两大类。无机类离子交换剂有天然沸石（如海绿石砂）和人工合成沸石（铝代硅酸盐）。沸石既可用作阳离子交换剂，也可用作吸附剂。有机类离子交换剂包括磺化煤和各种离子交换树脂。在污水处理中，应用较多的是离子交换树脂。

1. 离子交换树脂的结构组成

离子交换树脂是一类具有离子交换特性的有机高分子聚合电解质，是一种疏松的具有多孔结构的固体球形颗粒，粒径一般为 0.3 ～ 11.2 mm，不溶于水也不溶于电解质溶液，它由不溶性的树脂母体（也称骨架）和具有活性的交换基团（也叫活性基团）两部分组成。

树脂母体为有机化合物和交联剂组成的高分子共聚物。交联剂的作用是使树脂母体形成立体的网状结构。

交换基团由起交换作用的离子（称可交换离子）和与树脂母体联结的离子（称固定离子）组成。

2. 离子交换树脂的分类

离子交换树脂的分类方法很多，其中常见的分类方法如下。

离子交换树脂按离子交换的选择性，可分为阳离子交换树脂和阴离子交换树脂。阳离子交换树脂内的活性基团是酸性的，它能够与溶液中的阳离子进行交换。阴离子交换树脂内的活性基团是碱性的，它能够与溶液中的阴离子进行离子交换。

阳离子交换树脂中的 H^+ 可用钠离子 Na^+ 代替，阴离子交换树脂中的氢氧根离子 OH^- 可以用氯离子 Cl^- 代替。因此阳离子交换树脂又有氢型和钠型之分，阴离子交换树脂又有氢氧型和氯型之分。

离子交换树脂按活性基团中酸碱的强弱，可分为以下四类：

①强酸性阳离子交换树脂，活性基团一般为磺酸基（$—SO_3H$），故又称磺酸型阳离子交换树脂。

②弱酸性阳离子交换树脂，活性基团一般为羧基（—COOH），故又称为羧酸型阳离子交换树脂。

③强碱性阴离子交换树脂，活性基团一般为季铵基团（—NOH），故又称为季铵型阴离子交换树脂。

④弱碱性阴离子交换树脂，活性基团一般有$—NH_3OH$、$—NH_2OH$、—NHOH（未水化时分解为$—NH_2$、—NH、—N）之分，故分别又称为伯胺水污染控制工程型、仲胺型和叔胺型离子交换树脂。

离子交换树脂根据离子交换树脂颗粒内部的结构特点，又分为凝胶型和大孔型两类。目前，使用的树脂多数为凝胶型离子交换树脂。

此外，还有一些具有特殊活性基团的离子交换树脂，如氧化还原树脂、两性树脂及整合树脂等。

（二）离子交换树脂的性能

离子交换树脂的性能对处理效率、再生周期及再生剂的耗量都有很大的影响，其物理性能和化学性能如下：

1. 物理性能

①外观。常用凝胶型离子交换树脂为透明或半透明的珠体，大孔树脂为乳白色或不透明的珠体。优良的树脂圆球率高，无裂纹，颜色均匀，无杂质。

②粒度。树脂粒度对交换速度，水流阻力和反洗有很大影响。粒度大，交换速度慢，交换容量低；粒度小，水流阻力大。因此粒度大小要适当，分布要合理。一般树脂粒径为 0.3 ～ 1.2 mm，有效粒径（d_{10}）为 0.36 ～ 0.61 mm，均一系数（d_{40}/d_{90}）为 1.22 ～ 1.66，均一系数的含义是筛上体积为 40% 的筛孔孔径与筛上体积为 90% 的筛孔孔径之比。该比值一般大于等于 1，越接近于 1，说明粒度越均匀。

③密度。树脂密度是设计交换柱、确定反冲洗强度的重要指标，也是影响树脂分层的主要因素。树脂密度有三种表示方法：干真密度、湿真密度和视密度。

a. 干真密度。干真密度表示树脂在干燥情况下的真实密度，一般用 g/mL 表示。

b. 湿真密度。湿真密度指树脂在水中充分溶解后的质量与真体积（不包括颗粒孔隙体积）之比，树脂的湿真密度对交换器反洗强度的大小、混合床再生前分层的好坏影响很大，其值一般为 1.04 ～ 1.3 g/mL。通常阳离子型的湿真密度比阴离子型的大，强型的比弱型的大。树脂在使用过程中，因基团脱落、骨架中链的断裂，其密度略有减小。

c. 湿视密度。湿视密度是指树脂在水中溶解后的质量与堆积体积之比，湿视密度用来计算交换柱所需装填湿树脂的质量，一般为 0.6 ～ 0.85 g/mL。

④含水量。含水量是指在水中充分溶胀的湿树脂所含溶胀水重占湿树脂重的百分数。含水量主要取决于树脂的交联度、活性基因的类型和数量等，一般在 50% 左右。

⑤树脂的溶胀性。用水浸泡干树脂时，由于水分子的逐渐渗入，活性基团的离解水合作用，导致树脂交联网孔增大、体积膨胀的现象叫树脂的溶胀。树脂的溶胀程度可用溶胀率（溶胀前后的体积差与溶胀前的体积之比）来表示。树脂的溶胀率与交联度、活性基团的数量及性质有着密切的关系，它直接影响树脂的机械性能和交换容量，是树脂的重要性质之一。树脂的交联度大时，其溶胀度则小，交换容量亦低。

⑥机械强度。机械强度反映的是树脂保持颗粒完整性的能力。树脂在使用中由于受到冲击、碰撞、摩擦以及胀缩作用，会发生破碎。因此，树脂应具有足够的机械强度，以保证每年树脂的损耗量不超过 3% ～ 7%。树脂的机械强度主要取决于交联度和溶胀率。交联度越大，溶胀率越小，则机械强度越高。

⑦耐热性。各种树脂均有一定的工作温度范围，若操作温度过高，则会发生比较严重的热分解现象，影响交换容量和使用寿命；若温度过低（如低于 0℃），则树脂内水分冻结，使颗粒破裂。通常控制树脂的储存及使用温度在 5 ～ 40℃为宜。

2. 化学性能

（1）工作交换容量

工作交换容量，或称实用交换容量，是指在某一指定的应用条件下树脂表现出来的交换容量，例如，在离子交换柱进行交换的运行过程中，当出水中开始出现需要脱除的离子时，或者说达到穿透点时，交换树脂所达到的实际交换容量，故有时也称穿透交换容量。由上可知，树脂的全交换容量最大，平衡交换容量次之，工作交换容量最小。后两者只是全交换容量的一部分。

离子交换容量的单位，可用每单位重量干树脂所能交换的离子数量来表示，如 mmol/g（干），也可用每单位体积湿树脂所能交换的离子数量来表示，如 mmol/mL（湿）。

（2）树脂的溶胀性

各种离子交换树脂都含有极性很强的交换基团，因此亲水性很强。树脂的这种结构使它具有溶胀和收缩的性能。树脂溶胀或收缩的程度以溶胀率表示。品种不同的树脂具有不同的溶胀率；同一种树脂，活动离子形式不同，其体积也不相同，因此树脂在转型时就会发生体积改变；外溶液不同，树脂溶胀率也不一样，因此树脂浸入某种溶液时就会产生溶胀或收缩。树脂的这种溶胀和收缩性能，直接影响树脂的操作条件和使用寿命，因此在交换器的设计和使用过程中，都应注意这一因素。

（3）树脂的物理与化学稳定性

树脂的物理稳定性包括树脂受到机械作用时（包括在使用过程中的溶胀和收缩）的磨损程度，还包括温度变化对树脂影响的程度。树脂的化学稳定性包括承受酸碱度变化的能力、抵抗氧化还原的能力等。树脂稳定性是选择和使用树脂时必须注意的因素之一。

（三）离子交换树脂的再生

再生是指将一定浓度的化学药剂溶液通过“失效”的离子交换树脂，利用药剂溶液中的可交换离子，将树脂上吸附的离子交换下来，使树脂重新具有交换水中离子能力的过程。

再生时使用的药剂称为再生剂。应根据离子交换树脂的性能不同而有区分地选择再生剂。通常用于阳离子交换树脂的再生剂有硫酸、盐酸等；用于阴离子交换树脂的再生剂有氢氧化钠、碳酸氢钠、碳酸，也可用 NH_3 等。具体来说，强酸性阳离子交换树脂可用盐酸或硫酸等强酸，不宜采用硝酸，因其具有氧化性；弱酸性阳离子交换树脂可以用盐酸、硫酸等；强碱性阴离子交换树脂可用氢氧化钠等强碱；弱碱性阴离子交换树脂可以用氢氧化钠或碳酸钠、碳酸氢钠等，也可用 NH_3，其中 NH_3 虽再生率低，但因价格低廉而常被采用。

此外，再生剂的选择，还应根据水处理工艺、再生效果、经济性及再生剂的供应综合考虑。例如，盐酸与硫酸相比，盐酸的再生效果好。据测定，同样用 4 倍理论用量的再生剂、同样的再生流速，与硫酸相比，用盐酸可以提高离子交换树脂的交换率 42% ～ 50%。

三、离子交换法的工艺流程及常用设备

（一）离子交换法的工艺流程

离子交换法的工艺流程包括交换、反冲洗、再生、清洗（或淋洗）四个阶段。

交换阶段是利用离子交换树脂的交换能力，从废水中分离脱除需要去除的离子的操作过程。操作时，开启进、出水阀，关闭其他阀。当运行到出水中的离子浓度达到限定值时，应立即停止交换。

反冲洗的目的有两个：松动树脂层，使再生液能均匀渗入层中，与交换剂颗粒充分接触；把过滤过程中（交换阶段）产生的破碎粒子和截留的污物冲走。为了达到这两个目的，树脂层在反冲洗时要膨胀 40% ～ 60%。反洗前，关闭进、出水阀门，打开反洗进水、排水阀，冲洗水可用自来水或废再生液。

当离子交换器出水水质变差，即交换达到饱和时，需要再生。再生是交换过程的逆过程，可借助流过树脂层的较高浓度的再生液，把已吸附的离子置换出来，使树脂恢复交换能力。

再生方式分为顺流再生和逆流再生两种。再生阶段的液流方向和交换时的水流方向相同者称为顺流再生，反之为逆流再生。顺流再生的优点是设备简单、操

作方便、工作可靠，缺点是再生剂用量多、获得的交换容量低、出水水质差。逆流再生时，再生剂用量少，树脂再生程度高，且能保证出水质量。但逆流再生的缺点是设备复杂，操作控制较严格。此外，采用这种方式时，切忌搅乱树脂层，以免影响出水水质，所以要控制再生流速，一般要小于 1.5 m/h，而顺流再生的流速一般为 2 ～ 5 m/h。为了提高再生速度，缩短再生时间，在再生时可通入 0.03 ～ 0.05 MPa 的压缩空气压住树脂层。

在再生剂用量和再生率控制上，应尽可能地减少再生剂用量，降低再生费用，同时又要便于回收处理再生废液。为此，应尽量使用浓度较高的再生剂，采用顺流交换逆流再生方法。再生时，一般不追求过高的再生率，只要求把交换剂的交换能力恢复到原来的 80% 即可。这样不仅可以节约再生剂用量，缩短再生时间，而且可以提高再生液中回收物质的浓度，有利于回收。

清洗（或淋洗）的目的是洗涤残留的再生液和再生时可能产生的反应产物。通常清洗水的水流方向和交换阶段是一样的，所以又称为正洗。清洗水的流速应先小后大。清洗过程后期应特别注意掌握清洗终点的 pH 值（尤其是弱性树脂转型之后的清洗），避免重新消耗树脂的交换容量。清洗水最好用交换处理后的净水。一般情况下，清洗水为树脂体积的 4 ～ 13 倍，清洗水的流速为 2 ～ 4 m/h。

（二）离子交换法的常用设备

一个完整的离子交换系统由预处理、离子交换、树脂再生和电控仪表等单元组成，其中离子交换单元是系统的核心。根据离子交换柱的构造、用途和运行方式，离子交换单元装置可分为固定床式离子交换体系和连续式离子交换体系两大类。

固定床式离子交换体系的特点是树脂的交换和再生过程应在同一设备内、在不同的时间内进行，即树脂再生时，离子交换程序要停止运行。固定床依据不同使用要求和水力流向，可分为以下几种。

①只装填一种树脂的单床或多床式。

②将装填阳离子交换树脂的离子交换柱和装填阴离子交换树脂的离子交换柱串联在一起的复合床式。

③依靠水流的作用力将树脂托浮起来运行的浮动床式。

④逆流再生固定床，是依据一定配比装填强、弱两种树脂的双层床式。

连续式离子交换体系的特点是树脂的交换和再生过程可在不同设备内同时进行，即交换过程可以连续进行。连续式离子交换体系可分为流动床和移动床。流动床内的树脂在装置内循环流动，失效树脂在流动过程中经再生清洗后恢复交换能力。移动床内的树脂则呈周期性移动，失效树脂在移动过程中经再生清洗后恢复交换能力，再定期定量补充到交换柱顶端。

（三）离子交换系统的设计

1. 离子交换系统的设计步骤

①根据排放标准或出水的去向和用途，确定处理后的水质要求。

②根据废水水量、水质及处理的要求，选择交换设备的类型，设计系统布置方案，确定合理的处理流程。

③选用离子交换树脂、再生剂种类，确定树脂的交换容量和再生剂用量。在选择中必须综合考虑技术与经济因素。

④确定合理的工艺参数。首先选定合适的过滤速度及工作周期，污染物的浓度大时，过滤速度应小些，反之则大些。人工操作时，过滤周期可长些，一般为 8 ～ 24 h 或更长；自动操作时，可以采用较高的流速和较短的工作周期，这样可以缩小交换器尺寸，节省投资。

⑤进行相关计算。

2. 固定床的设计计算

通过实验或生产实践取得设计参数后，按以下步骤计算：

①树脂用量的初步计算。

②交换柱主要尺寸的计算。

③核算过滤速度。

四、离子交换法的注意事项

由于工业废水水质复杂，在废水处理要求方面，不只是去除某些离子，有些情况下，要求对废水中有回收价值的物质予以回收利用。因此，在使用离子交换法处理时，在操作管理与维护方面应注意下列事项：

①当废水中存在悬浮物质与油类物质时，会堵塞树脂孔隙，降低树脂交换能力，应在废水进入交换柱之前进行预处理，例如，采用砂滤等措施，把悬浮物与油类等物质预先除去。

②当废水中溶解盐含量过高时，将会大大缩短树脂工作周期。当溶解盐含量为 1000 ～ 2000 mg/L 时，不宜采用离子交换法处理。

③工业废水常呈酸性或碱性，这对离子交换有两方面的影响：一是影响某些离子在废水中的存在状态（或形成络合离子或胶体）。例如，当含铬废水的 pH

值很高时，六价铬主要以铬酸根形态存在，而在pH值低的条件下，则以重铬酸根形态存在。因此，用阴离子交换树脂去除六价铬时，在酸性废水中比在碱性废水中的去除效率高。二是影响树脂交换基团离解，如强酸、强碱性树脂交换基团的离解不受pH值的限制，它们可以应用在各种pH值的废水处理中，而弱酸、弱碱树脂的交换基团的离解与pH值关系很大，弱酸性阳离子交换树脂只有在pH值大于4时才显示其交换能力，且pH值越大，交换能力越强。同样，弱碱性阴离子交换树脂只有在pH值较低的条件下，才能得到较好的交换效果。因此，针对具体的处理情况，应采取适当措施，例如，选择适宜的树脂、调整废水的pH值、选择处理流程等。

④温度的影响。工业废水的温度一般都较高，这虽可提高离子扩散速度，加速离子交换反应速度，但温度过高，又会引起树脂的分解，从而降低或破坏树脂的交换能力。因此，水温不得超过树脂耐热性能的要求。各种类型树脂的耐热性能或极限允许温度是不同的，可查阅有关资料或产品说明书。若水温过高，则应在进入交换树脂柱之前采取降温措施，或者选用耐高（或较高）温的树脂。

⑤高价离子的影响。高价金属离子与树脂交换基团的固定离子的结合力强，可优先交换，但再生洗脱比较困难。

⑥氧化剂和高分子有机物的影响。废水中含有较多氧化剂，会造成树脂被氧化。若含高分子有机物，则会引起树脂有机污染。上述情况可导致树脂的使用寿命缩短以及交换容量降低。

第五节　膜分离技术

一、膜分离技术的基本原理

膜分离技术是一门以分离膜为组件，分离、浓缩和提纯物质的新兴技术。膜分离技术经历了漫长的发展过程，除微滤、超滤等方法外，新发展了纳滤、膜蒸馏、渗透蒸馏、气体渗透、液膜分离等方法。膜分离技术在食品、医药和化工工业得到了广泛应用。

（一）膜分离的基本知识

1. 膜的定义

膜是一种起分子级分离过滤作用的介质，当溶液或混合气体与膜接触时，在压力下，或电场作用下，或温差作用下，某些物质可以透过膜，而另些物质则被选择性地拦截，从而使溶液或混合气体的不同组分被分离，这种分离是分子级的分离。

2. 膜的种类

分离膜包括反渗透膜（0.0001 ~ 0.005 μm）、纳滤膜（0.001 ~ 0.005 μm）、超滤膜（0.001 ~ 0.1 μm）、微滤膜（0.1 ~ 1 μm）、电渗析膜、渗透气化膜、液体膜、气体分离膜、电极膜等。它们对应不同的分离机理。不同的设备，有不同的应用对象。膜本身可以由聚合物或无机材料或液体制成，其结构可以是均质或非均质的、多孔或无孔的、固体的或液体的、荷电的或中性的。膜的厚度可以薄至 100 μm，厚至几毫米。不同的膜具有不同的微观结构和功能，需要用不同的方法制备。制膜方法一直是膜领域的核心研究课题，也是各公司严格保密的核心技术。

3. 膜分离技术的定义

把上述的膜制成适合工业使用的构型，与驱动设备（压力泵或电场、加热器、真空泵），阀门、仪表和管道联成设备，在一定的工艺条件下操作，就可以来分离水溶液或混合气体，这种分离技术被称为膜分离技术。透过膜的组分被称为透过流分。

（二）膜分离技术的机理

膜分离技术的机理主要是筛分过程，但有多种因素起作用，如溶质、溶剂分子与膜的吸引和排斥，水和溶液对膜的优先吸附，以及一些特殊的负分离等作用。已提出的膜传质机理与传递模型有吸附孔流模型、微孔扩散模型，优先吸附毛细孔流模型、溶解扩散模型、不完全溶解扩散模型及以不可逆热力学为基础的传递模型等。膜分离技术的种类多，具体机理各不相同，适用范围也不一样，各自具有不同的优缺点。

（三）膜分离技术的分类

根据膜的种类、功能和过程推动力的不同，膜分离技术主要分为电渗析技术、反渗透技术、超滤技术、扩散渗析技术、液膜技术，其特征及应用如表 6-3 所示。

表 6-3　几种主要膜分离技术的特征及应用

膜分离技术	推动力	膜类型	传递机理	渗透物	截留物	主要应用
电渗析技术	电位差	离子交换膜	电解质离子选择性通过	电解质离子	非解离和大分子物质	分离离子，用于回收酸、碱和苦咸水淡化
反渗透技术	压力差（1.0～10.0 MPa）	致密非对称膜或复合膜	溶剂扩散	水和溶剂	全部悬浮物、溶质和盐	分离小分子溶质，用于海水淡化、去除无机离子或有机物
超滤技术	压力差（0.1～0.5 MPa）	非对称超浓膜	筛滤及表面作用	水、溶剂、离子和相对分子质量小于 1000 的小分子	生化制品、胶体和大分子（相对分子质量在 10000～30000）	截留大分子，去除颜料、油漆、微生物等
扩散渗析技术	浓度差	非对称膜、离子交换膜	溶质扩散	离子、低相对分子质量有机物、酸和碱	相对分子质量大于 1000 的溶解物和悬浮物	分离溶质，用于回收酸、碱等
液膜技术	化学反应和浓度差	载体膜	反应促进和扩散传递	电解质离子	非电解质离子	用于离子、有机分子等的回收

（四）在环境保护和水资源化方面的应用

膜分离技术在废水处理、污染防治和水资源综合利用方面得到了广泛应用。利用膜分离技术在许多情况下不仅处理了废水，还能回收有用物质和能量。

1. 各种含油废水及废油的处理

①采油回注水的处理。利用膜分离技术可以除去水中的乳化溶解油，提高注入水的质量。

②含油废水的处理。许多工业生产和运输业都产生大量的含油废水，膜分离技术是达标排放最有效的方法。

③废润滑油的纯化。用常规技术加膜分离技术可得到很纯的润滑油，适用于汽车等的废机油的处理。

④机床切削油的纯化回收。利用膜分离技术可除去废切削油中的细菌和杂质，处理后可回用。

⑤废食用油的纯化处理技术。食用油在连续高温下产生致癌物质，用膜分离技术可将这部分物质除去。

⑥食用菜籽油的纯化。菜籽油中含有 15% ～ 48% 高含碳量的芥子酸，用膜分离技术可将之除去，从而使菜籽油达到标准（芥子酸含量小于 5%）。

2. 废水的处理及回用

①对印刷显影废水，采用膜分离技术处理可以达标排放，也可回收。

②对电镀废水，采用膜分离技术处理，可回用大部分水，回收部分贵重金属。

③对印染废水，采用膜分离技术处理，可除去有色染料，使出水满足回用要求。

④对造纸废水，采用膜分离技术处理，可将废水中的木质素、色素等分离出来，净化水可排放或回用。

二、电渗析技术

1950 年，美国盐水研究机构采用电渗析技术研究海水淡化，后来逐渐发展到用于工业生产中的分离、净化、浓缩以及废水处理等方面。目前，电渗析这门技术已广泛应用于机电、冶金、化工、纺织、化纤、食品、医药、运输、国防和科学研究等方面，如工业用水、生活用水的脱盐，化工原料的制备和提纯，酸碱等基本原料的制造和回收等。电渗析技术还用于放射性废液的处理、奶制品的脱盐、电镀液的回收、氨基酸的精制、血清疫苗的精制等。它对去除废水中的无机营养物（磷、氮）很有效。

（一）电渗析技术的原理

海水或咸水中的盐分能够解离成阳离子和阴离子。因此，在直流电场作用下，可利用只能通过阳离子的阳离子交换膜和另一种只能通过阴离子的阴离子交换膜，选择性地除去水中的阳离子和阴离子，从而达到分离、浓缩和淡化的目的。

离子交换膜具有对离子的选择透过性，即阳离子交换膜构成足够强烈的负电场，正离子易通过，负离子难通过；阴离子交换膜构成足够强烈的正电场，负离子易通过，正离子难通过。多层电渗析装置由交替的阴、阳离子交换膜用隔板隔开，形成浓室及淡室。在通直流电后，一半隔室溶液中阴、阳离子分别穿过阴膜和阳膜向两极方向移动，因此隔室中的水不断地淡化，形成淡室；另一半隔室溶液中的阴、阳离子，由于膜的选择透过性及同性电荷相斥、异性电荷相吸的作用，不能通过阴、阳极，同时要接受相邻淡室迁移过来的离子，因此隔室内的水溶液不断地变浓，形成浓室。例如，把阳离子交换膜放入食盐水中，在膜的两侧通以直流电，液体中的钠离子（Na^+）通过细孔向负极方向移动，与此相反，氯离子（Cl^-）受到正极的吸引，但是仍受到固定在阳离子交换膜上的 SO_3^{2-} 的排斥，故不能通过该膜。

离子交换膜是电渗析的关键部件，按膜体结构可分为异相膜、均相膜和半均相膜三种，按其选择性可分为阳膜、阴膜和特种膜三种。对离子交换膜的要求是离子选择性要大，机械强度要高，而渗水性和膜电阻要低，同时要求结构均匀、耐高温、耐酸碱腐蚀等。

（二）电渗析器

电渗析器是一种电渗析装置。电渗析器主要由膜堆、极区、夹紧装置三部分组成。电渗析器是由 200 ～ 400 块阴离子、阳离子交换膜与特制的部件装配起来的具有 100 ～ 200 对隔室的装置。电渗析器的作用是从浓室引出盐水，从淡室引出淡水。

（三）电渗析器的运行参数

对电渗析器要经过一段时间的调试才能确定最佳运行参数，这对于实现稳定和长周期运行关系很大，需要确定的参数主要有如下几个。

1. 流速和压力

电渗析器都有一定的额定流量，不能过大或过小。若过大，则进水压力过高，会发生装置的泄漏和变形。若过小，则悬浮物会黏附于电渗析器中，使水流压力上升，除盐率下降，造成水流死角和局部极化结垢。基于此，水流过管道时的线速一般控制在 50 ～ 200 mm/s。

2. 电流和电压

电渗析器以电位差为动力进行除盐处理时，要控制一定的直流电压，以得到一定的工作电流。工作电流应低于极限电流。工作电流高有利于提高设备效率，而工作电流低时，要查清原因，不可贸然采用提高电压的办法来处理。

3. 倒极和酸洗

倒极就是为消除极化沉淀将运行的电渗析器阴极、阳极互换。根据调试和运行情况来确定倒极和酸洗的时间间隔。但在水质和温度变化的时候，可以根据具体的情况来更改间隔周期。

4. 水的回收率

运行实践表明，为了得到 1 t 淡水，国内需 2.2 ～ 2.5 t 原水（包括极水），水的回收率控制在 40% ～ 45%。国外现在采用的倒极电渗析器水的回收率在 50% ～ 95%。

三、反渗透技术

（一）反渗透技术的原理

用一张半透膜将淡水和某种浓溶液隔开，该膜只让水分子通过，而不让溶质通过。由于淡水中水分子的化学位比溶液中水分子的化学位高，所以淡水中的水分子自发地透过膜进入溶液中，这种现象叫作渗透。在渗透过程中，淡水一侧液面不断下降，溶液一侧液面则不断上升。当两液面不再变化时，渗透便达到了平衡状态。此时两液面高差称为该种溶液的渗透压。如果在溶液一侧施加大于渗透压的压力，则溶液中的水就会透过半透膜，流向淡水一侧，使溶液浓度增加，这种作用称为反渗透。

由此可见，实现反渗透过程必须具备两个条件：一是必须有一种高选择性和高透水性的半透膜；二是操作压力必须高于溶液的渗透压。

（二）反渗透膜

反渗透膜是一类具有不带电荷的亲水性基团的膜，其种类很多。反渗透膜按成膜材料可分为有机和无机高聚物，目前研究得比较多和应用比较广的是醋酸纤维素膜（CA 膜）和芳香族聚酰胺膜两种。

醋酸纤维素膜的组成如下：①成膜材料，为醋酸纤维素；②溶剂，常用的是丙酮，用来溶解醋酸纤维素；③添加剂，也称溶胀剂，常用的有甲酰胺或过氯酸镁和水等，起膨胀作用，造成微细孔结构。上述材料按一定配方并经溶解形成膜液，充分溶解后可制成多种形式的膜，再经蒸发、凝胶、热处理等步骤，便可使用。醋酸纤维素膜适用于地表水、污水及其他高污染水的处理，其适宜的 pH 值为 3 ～ 8，工作温度低于 35 ℃，操作压力为中压。

芳香族聚酰胺膜以芳香族聚酰胺为成膜材料、二甲基乙酰胺为溶剂、硝酸锂或氯化锂为添加剂，这种膜常做成中空纤维形式，以增大膜的表面积。空心纤维的外径为 45 ～ 85 μm，表皮层厚为 0.1 ～ 1.0 μm，近似人头发的粗细。它的单位体积透水量比醋酸纤维素膜高，使用寿命较长。

反渗透膜是实现反渗透分离的关键。良好的反渗透膜应具有多种性能：选择性好，单位膜面积上透水量大、脱盐率高；机械强度好，能抗压，抗拉、耐磨；热稳定性和化学稳定性好，能耐酸碱腐蚀和微生物侵蚀，耐水解、辐射和氧化；结构均匀一致，且尽可能薄，寿命长，成本低。

膜的透水量取决于膜的物理性质（如孔隙率、厚度等）与膜的化学组成，以及系统的操作条件，如水的温度、膜两侧的压力差、与膜接触的溶液浓度和流速等。在实际操作过程中，膜的物理特性、水温、进出水浓度、流速等对特定的过程是固定不变的，因此透水量仅为膜两侧压力差的函数。

（三）反渗透技术的工艺流程

反渗透技术的工艺流程有三种形式，即一级一段连续式工艺、一级一段循环式工艺及多级串联连续式工艺。在设计时，应根据被处理废水的水质特征、处理要求及选用组件的技术特性选择适宜的工艺。具体的工艺设计可查阅有关设计手册，这里只简单介绍废水的预处理工艺及反渗透膜的清洗。

1. 废水的预处理工艺

废水的预处理工艺包括去除水中过量的悬浮物，调节和控制进水的 pH 值、水温及去除乳化和未乳化的油类及溶解性有机物。

对于悬浮物的去除，通常可用混凝沉淀和过滤联合处理。对于不同反渗透膜的 pH 值适用范围，可采取加酸或加碱的方法调节 pH 值，适宜的 pH 值还可以防止在膜表面形成水垢。例如，当 pH 值为 5 时，磷酸钙和碳酸钙就不易在膜表面沉积。当废水中含钙量过高时，可用石灰软化或离子交换法加以去除。当水温过高时，则应采取降温措施。废水中乳化和未乳化的油类及溶解性有机物可采用氧化法或活性炭吸附法除掉。

2. 反渗透膜的清洗

膜使用一段时间后总会在表面形成污垢而影响处理效果，因此需要定期进行清洗。最简单的方法是用低压高速水冲洗膜面，时间为 30 min，也有用空气与水混合的高速气液流喷射清洗的。

当膜面污垢较密实且厚时，可采用化学法清洗。化学法清洗主要是加入化学清洗剂进行清洗。如用盐酸（pH 值为 2）或柠檬酸（pH 值为 4）的水溶液可有效去除金属氧化物或不溶性盐形成的污垢，清洗时水温以35℃为宜，清洗时间为30 min。清洗剂清洗完后，应再用清水反复冲洗膜面方可投入正常运行。

（四）反渗透装置

常用的反渗透装置有板框式、管式、螺旋卷式、中空纤维式、多束式等多种形式。

①板框式反渗透装置。板框式反渗透装置的构造与压滤机相类似。整个装置由若干圆板一块一块地重叠起来组成。圆板外环有密封圈支撑，使内部组成压力容器，高压水串流通过每块板。圆板中间部分是多孔性材料，用以支撑膜并引出被分离的水。每块板两面都装上反渗透膜，膜周边用胶黏剂和圆板外环密封。板式装置上下安装有进水管和出水管，使处理水进入和排出，板周边用螺栓把整个装置压紧。板框式反渗透装置结构简单，体积比管式的小，其缺点是装卸复杂，单位体积膜的表面积小。

②管式反渗透装置。管式反渗透装置使用管状膜，膜置于小直径（10～20 mm）耐压多孔管的内侧，膜与管之间衬以塑料网或纤维网。管式反渗透装置有多种形式，可分为单管式和管束式、内压管式和外压管式等。管式反渗透装置的优点是水力条件好，安装维修方便，易于换膜，能耐高压，可以处理高黏度原水。缺点是膜的有效面积较小，建造费用较高。

③螺旋卷式反渗透装置。它由平板膜制成。在两层渗透膜中间夹衬多孔支撑材料，把膜的三边密封形成膜袋，另一个开放的边与一根接收淡水的穿孔管密封连接，膜袋外再垫一层细网，作为间隔层，紧密卷绕成一个组件，把一个或多个组件放入耐压筒内便可制成螺旋卷式反渗透装置。工作时，原水及浓缩液沿着与中心管平行的方向在膜袋外细网间隔层中流动，浓缩液由筒的一端引出，渗透水则沿两层膜的垫层（多孔支撑材料）流动，最后由中心集水管引出。螺旋卷式反渗透装置的优点是：单位体积膜的表面积较大，故透水量大；结构紧凑，占地面积小；操作方便。其缺点是：原水流程短，压力损失大，膜沾污后消除困难，不能处理含有悬浮物的液体。

④中空纤维式反渗透装置。中空纤维膜是一种细如头发的空心管。将数十万根中空纤维膜捆成膜束，弯成U形装入耐压圆筒容器中，并将纤维膜开口端固定在环氧树脂管板上，即可组成反渗透器。原水从纤维膜外侧以高压通入，净化水由纤维管中引出。中空纤维式反渗透装置的优点是单位体积膜的表面积很大，制造和安装简单，可在较低压力下运行，膜的压实现象减缓，膜寿命长。其缺点

是装置制作工艺技术较复杂，易堵塞，清洗不便，不能用于处理含有悬浮物的液体。

以上几种类型的反渗透装置由于结构不同，在应用中各有特点，适用于不同的处理范围。由于螺旋卷式及中空纤维式反渗透装置的单位体积处理量高，所以大型装置采用这两种类型较多，而一般小型装置采用板框式或管式反渗透装置较多。

（五）反渗透处理系统

反渗透处理系统包括预处理和膜分离两部分。预处理方法有物理法（如沉淀、过滤、吸附、热处理等）、化学法（如氧化、还原、pH 值调节等）和光化学法。究竟选用哪一种方法进行预处理，不仅取决于原水的物理、化学和生物学特性，而且还需要根据膜和装置构造来做出判断。

反渗透法作为一种分离、浓缩和提纯方法，常见的处理流程有一级处理、一级多段处理、多级处理、循环处理等几种形式。

一级处理即一次通过反渗透装置，该流程最为简单，能量消耗最少，但分离效率不很高。当一级处理达不到净化要求时，可采用一级多段处理或二级处理。在多段处理流程中，将第一段的浓缩液作为第二段的进水，将第二段的浓缩液又作为第三段的进水，以此类推。随着段数增加，浓缩液体积减小，浓度提高，水的回收率上升。在多级处理流程中，将第一级的净化水作为第二级的进水，以此类推，各级浓缩液可以单独排出，也可循环至前面各级作为进水。随着级数增加，净化水质提高。由于经过一级处理，水力损失较多，所以实际应用中在级或段间常设增压泵。

四、超滤技术

（一）超滤技术的基本原理

一般认为，超滤是一种筛分过程，在一定压力作用下，含有大分子、小分子溶质的溶液流过超滤膜表面时，溶剂和小分子物质（如无机盐）透过膜，作为透过液被吸收起来，而大分子溶质（如有机胶体）则被膜截留而作为浓缩液回收。

在超滤中，超滤膜对溶质的分离过程主要有如下几个：

①在膜表面及微孔内吸附（一次吸附）。

②在孔内停留而被去除（阻塞）。

③在膜面的机械截留（筛分）。

（二）超滤膜分离技术的特点

超滤技术具有以下几个显著特点：

①越滤分离过程在常温和低压下进行，能耗低，故设备的运行费用低。

②设备体积小、结构简单，故投资费用低。

③超滤分离过程只是简单的加压输送液体，工艺流程简单，易于操作管理。

④超滤膜是由高分子材料制成的均匀连续体，纯物理方法过滤，物质在分离过程中不发生质的变化，并且在使用过程中不会有任何杂质脱落，可保证超滤液的纯净。

（三）超滤产水量的影响因素和稳定措施

1. 影响超滤产水量的因素

（1）超滤膜稳定运行指标

超滤过程为动态过滤过程，单从运行机理上看，膜一般不易被堵塞。但是，随着运行时间的加长，由于膜面及膜孔的吸附和截留作用，超滤膜逐渐被堵塞，出水量减少。因此，超滤膜本身的运行特点，决定了其稳定运行的必要性。膜透水通量是衡量超滤膜分离性的重要参数之一，其透水通量应根据原水水质，依据通量随压力的变化情况而定。所以，在确定超滤膜稳定运行的低限出水量的同时，需要根据超滤截留率和系统所能提供的可靠的进水压力及反冲洗压力，确定超滤稳定运行低限出水量时的超滤进水操作压力。因此，一定进水操作压力下的超滤低限产水量是由超滤膜稳定运行的两个重要指标确定的。

（2）水质

①进水水质要求。为保证超滤膜安全稳定运行，进水水质要求如下：浊度不大于 1 NTU；颗粒小于 10 μm；浓度小于 5%；水温为 5 ～ 40 ℃；压力最高为 0.20 MPa，正常使用时为 0.10 ～ 0.15 MPa；水回收率为 80% ～ 90%；pH 值为 2 ～ 13。

②水质异常。主要有两种情况：进水中悬浮物含量增多，浊度超标；进水中有机物含量明显增多。

2. 稳定超滤产水量的措施

（1）预防性措施

一是在运行中采用定期逆向水力反冲洗的方法及时冲洗掉超滤过程中膜面及膜孔内吸附和截留的物质，并根据进水水质调整反冲洗间隔时间和工作时间。二是加装各种进水在线水质监测仪表，实现对进水水质的连续监督，便于及时发现水质异常。

（2）针对性措施

针对性措施主要是指对各种水质变化情况所采取的具体处理措施。例如，及时切断异常水源，排掉进入系统中的异常水质，冲洗系统；加强与相关岗位的联系协调，及时掌握水源变化，提前做好预防措施；发现异常及时消除系统故障等。

（3）恢复性措施

恢复性措施主要是指对已受影响、产水量明显降低的超滤膜所采取的恢复其产水能力的措施。这类措施主要是对超滤膜进行有效的清洗。

第七章　污水的生物化学处理技术

本章分为活性污泥法、生物膜法、厌氧消化法三部分，主要内容包括活性污泥法的机理、活性污泥法的基本特点、活性污泥法的运行方式、活性污泥法的曝气设备及活性污泥法的设计参数和性能指标等方面。

第一节　活性污泥法

一、活性污泥法的机理

活性污泥法是指利用人工驯化培养的微生物群体，在人工强化的环境中呈悬浮状态生长，分解氧化污水中可生物降解的有机物质，从而使污水得到净化的一种污水处理方法。活性污泥法自 1914 年由英国学者阿登（E.Arden）和洛基特（W.T.Lockett）创始以来，迄今已有 100 多年的历史，随着实际运行经验的积累和科学技术的发展，活性污泥法亦不断改进和发展。

活性污泥法在污水处理中占有重要地位，除用于城市污水处理外，也成功地用于炼油、石油化工、合成纤维、焦化、煤气、木材防腐、绝缘材料、合成橡胶、有机磷农药、纺织印染、造纸等工业废水处理中。污水处理按处理程度一般分为初级处理、二级处理、三级处理（深度处理）三个等级。初级处理是去除可沉降的悬浮物质、悬浮油类和酸碱等物质；二级处理是去除可降解的溶解性和初级处理没有去除的悬浮、胶体有机物质；三级处理是去除不可降解的有机物质和溶解性的无机物质。活性污泥法和其他生物处理法都属于二级处理。活性污泥法是二级处理中处理效果最高又比较成熟的方法，尤其对于大量的污水处理。活性污泥法由于既适用于大流量的污水处理，又适用于小流量的污水处理，在城市污水处理中获得了最为广泛的应用。

工业废水成分复杂，各有其特殊性，当采用活性污泥法处理时，在设计参数和处理措施上往往和城市污水不同。活性污泥法只能去除可降解的有机物质（通过生物化学活动，改变其化学或物理性能），不是所有的有机工业废水都可以用这个方法。一般可用工业废水的五日生化需氧量（BOD_5）和化学需氧量（COD_{Cr}）的比值做初步判断工业废水用活性污泥法处理的可能性。化学需氧量可以代表污水中全部有机物质和无机还原性物质的总量，五日生化需氧量相当于70%可以被生物氧化的有机物质含量。若BOD_5/COD_{Cr}的值能达到0.7，则工业废水中的有机物质基本可以去除；比值越小越难处理，若比值小于0.2就难以用活性污泥法。

活性污泥法是好氧菌氧化分解污水中的有机污染物质。微生物以污水中的有机污染物质为食物，在有氧的条件下，将这些不稳定的需要消耗氧的物质，转化为不再消耗氧的无机物质，最终的主要产物是二氧化碳和水。所谓活性污泥，就是微生物群及其吸附的有机物质、无机物质的总称。这些微生物中，有原生动物、细菌、藻类等。原生动物对细小的悬浮体和胶体物质如活的和死亡的细菌、淀粉颗粒、小滴乳化油脂等，能直接消化和分解。微生物的新陈代谢（分解代谢和合成代谢），既能够将有机物质分解氧化，同时又能够合成新的细胞物质，并产生一种多糖类的黏质物，使细胞互相黏着形成活性污泥絮体，其外观与水质净化时投加混凝剂形成的矾花相似。在沉淀的过程中，污水中的悬浮物也被吸附去除。若污水中的有机污染物质已被除尽，微生物再没有供新陈代谢的基质，在供氧条件下，细胞就会氧化它本身的组织。这一系列的有机物质氧化、新细胞合成、细胞质氧化的过程，可以用下列反应式表示：

有机物质氧化：

$$C_xH_yO_z + O_2 \longrightarrow CO_2 + H_2O + \Delta H$$

细胞质合成：

$$C_xH_yO_z + NH_3 + O_2 \longrightarrow C_5H_7NO_2 + CO_2 + H_2O + \Delta H$$

细胞质氧化：

$$C_5H_7NO_2 + O_2 \longrightarrow CO_2 + H_2O + NH_3 + \Delta H$$

$C_xH_yO_z$代表微生物可利用的基质，基质是多种多样的，一般概括地用生化需氧量表示其数量。

$C_5H_7NO_2$ 是活性污泥的分子式。目前还很难精确计算活性细胞的数量，由于微生物是固相，就常用混合液的悬浮固体（MLSS）中挥发固体（VSS）的重量假定近似地等于活性细胞数量，但在工程应用上，往往还是用悬浮固体重量表示。

活性污泥法处理污水大体有三个阶段：

第一阶段，是污水和活性污泥接触后，有机污染物质被吸附并有一部分被氧化；

第二阶段，是有机污染物质被氧化（活性污泥再生）；

第三阶段是硝化（氮化合物氧化）。

一般情况只考虑第一、第二阶段，只在有特殊要求时（如排往水体较小的渔场）才考虑第三阶段。

二、活性污泥法的基本特点

（一）活性污泥法的优点

①处理效率高、出水水质好。这是因为微生物溶解氧和有机物能够充分混合接触，传质效果好，可生化的有机物几乎全部被去除。

②去除的对象广，不但能去除溶解性的有机污染物，还可以去除较多的悬浮性的有机污染物以及部分无机物质。

③处理的水量范围广，不管水量小还是水量大都适用。

④运行工艺灵活，在运行中有多种工艺可供选择。

⑤反应速度快。

⑥氧化彻底，最终产物为 CO_2 和 H_2O。

⑦可脱氧除磷，使出水水质进一步提高。

（二）活性污泥法的缺点

①运行费用高。

②对水质水量的变化适应性较差。

③不适合处理高浓度有机废水。

④污泥较容易发生膨胀，影响处理效果。

⑤泥龄较短，产泥量大。

⑥污泥尚需进一步稳定处理。

三、活性污泥法的运行方式

（一）推流式活性污泥法

推流式活性污泥法的曝气池呈矩形，污水由一端进入，推流式流过整个池子，从另一端流出。

推流池多用鼓风曝气，但表面曝气机也同样能够应用。当采用池底铺满多孔型曝气装置时，曝气池中水流只有沿池长方向的速度，为平推流。当鼓风曝气装置位于池横断面的一侧（或两侧）时，由于气泡在池水中造成密度差，产生了旋转流，因此曝气池中水流除沿池长方向外，还有沿侧向的旋流，由此组成了旋转推流。

污水净化过程的吸附和稳定阶段在同一池中完成，进水口处有机物浓度高，沿池长方向逐渐降低，需氧量也沿池长方向逐渐降低。

（二）序批式活性污泥法

序批式活性污泥法是序列式间歇活性污泥污水处理系统的简称，英文缩写为 SBR。1914 年，英国工程师雅顿（Arden）等人发明了活性污泥法污水处理技术。随着自动化水平的提高，该技术得到改进，由于流程简单，对污染物去除效果好，因此，在污水处理领域得到了广泛关注。20 世纪 70 年代初，美国学者欧文（R.Irvine）等人对间歇进水、排水的污水处理工艺进行了系统性的研究，提出了序批式活性污泥法。

SBR 的装置和设备如下：

1. 滗水器

SBR 的最根本特点是单个反应器的排水均采用静止沉淀、集中滗水（或排水）的方式运行，由于集中滗水时间较短，因此每次滗水的流量较大，这就需要在短时间、大量排水的状态下，对反应器内的污泥不造成扰动，因而需安装特别的排水装置——滗水器。

滗水器的组成一般分为收水装置、连接装置及传动装置。SBR 中使用的滗水器可分为五种类型：第一类为电动机械摇臂式滗水器；第二类为套筒式滗水器；第三类为虹吸式滗水器；第四类为旋转型滗水器；第五类为浮筒式滗水器。

2. 曝气装置

SBR 属于活性污泥法，其曝气装置也与活性污泥法基本相同。但由于 SBR 间歇运行的特殊性，其曝气设施也有特殊的要求，如要求曝气器应具备防堵塞、抗瞬间的强度冲击等。

SBR 的曝气分为机械曝气和鼓风曝气两大类。

①机械曝气同传统的活性污泥曝气相同，机械曝气器也可以分为两种形式，表面曝气器和淹没的叶轮曝气器。表面曝气器直接从空气中吸入氧气，叶轮曝气器主要从曝气池底部的空气分布系统引入的空气中吸取氧气。表面曝气器设备比较简单，为常用的形式，但在 SBR 中采用较少。

②鼓风曝气是目前污水处理较为普遍采用的曝气形式，SBR 通常采用微孔曝气器作为曝气设备。

3. 阀门、排泥系统

SBR 运行中其曝气、滗水及排泥等过程均采用计算机自动控制系统完成，因此需要配备相应的电动、气动阀门，以便控制气、水的自动进出及关闭。剩余污泥的排放目前均采用潜水泵的自动排放方式实现。

4. 自动控制系统

SBR 采用自动控制技术来达到控制要求，把用人工操作难以实现的控制通过计算机、软件、仪器设备的有机结合自动完成，并创造满足微生物生存的最佳环境。

5.SBR 的优点

SBR 与连续流活性污泥法相比具有如下优点：

①系统简单无二次沉淀池和污泥回流系统，构成简单、投资运行费用低。

②耐冲击负荷和其他完全混合反应器一样，耐冲击负荷能力强，一般不需初沉池和调节池。

③净化效果好。SBR 运行过程中，有机物浓度始终大于出水浓度，推动力大，反应速度快，净化效果好，出水水质优于连续流系统。

④操作灵活，智能化水平高。各操作单元的状态和运行参数，可根据需要灵活调整，并能自动化操控与管理，使其处于最佳运行状态。

⑤脱氮除磷效果好。SBR 的运行方式可灵活变动，使其交替处于厌氧、缺氧、好氧状态，有利于 N、P 的脱除。

⑥抑制污泥膨胀。反应的基质浓度高，浓度梯度大，交替出现缺氧、好氧状态，泥龄短，有利于高基质细菌的生长，不利于耐低基质专性好氧丝状菌的生长繁殖，能有效抑制污泥膨胀。

由于 SBR 具有以上优点，所以近年来在我国得到了广泛应用。

6.SBR 的缺点

①单一的序批式反应器需要较大的调节池。

②处理水量大时，来水与间歇进水不匹配的问题难以解决。此时需多套序批式反应器并联运行，阀门切换频繁，操作程序复杂。

③大水量时，优势不明显。水量小时，SBR 的运行费用比传统活性污泥法省 20% 左右，但水量大时，SBR 运行费用与传统法相近，可见 SBR 对大水量失去了优势。

④设备闲置率高。

⑤污水提升阻力损失较大。

为克服 SBR 的缺点，人们对 SBR 不断改进。如今出现了多种改进型 SBR，主要有连续进水周期循环延时曝气活性污泥法、连续进水分离式周期循环活性污泥法、不完全连续进水周期循环活性污泥法和交替式活性污泥法等。

（三）完全混合式活性污泥法

在采用完全混合式活性污泥法时，曝气池呈圆形、正方形或矩形。圆形和正方形曝气池，从中间进水，从周边出水；矩形曝气池，从一个长边进水，从另一个长边出水。污水进入曝气池后在曝气设备的搅拌下，立即与原混合液充分混合，继而完成吸附和稳定的净化过程。

采用完全混合式活性污泥法处理生活污水的最佳曝气时间应控制在 5 h 左右，此时具有经济、高效、能耗低等优点；采用完全混合式活性污泥法处理生活污水的最佳 pH 值在 7 ～ 8 内，即在中性略偏碱的范围内处理效果最好，这与生活污水本身呈微碱性正好匹配，因此处理过程可以被简化，处理效果更佳。

随着污泥浓度的增加，出水 COD 逐渐降低，去除率增大；但当污泥浓度超过某个值后，出水 COD 反而增加，去除率降低，污泥浓度在 2000 ～ 2500 mg/L 比较好。

进水 COD 控制在 200 ～ 400 mg/L 以内时，COD 去除率可达到 80%，且 COD 去除率没有下降趋势，由此可见，完全混合式活性污泥法的耐冲击能力非常强，适宜于处理高浓度的废水。

（四）纯氧曝气活性污泥法

纯氧曝气活性污泥法，最早由澳克玛（Okum）提出将纯氧曝气代替空气曝气用于污水处理的方法。但当时由于受制氧技术的限制和存在纯氧费用昂贵等问

题，此项技术并没有得到推广应用。直到 1967 年，随着制氧技术的改进，美国联合碳化公司推出了 UNOX 系统，纯氧曝气技术才走向商业化。近年来，在西班牙，纯氧曝气技术已经与生物膜技术很好地结合，应用于污水的深度处理，并取得了良好的效果。

20 世纪 80 年代，我国开始采用纯氧曝气技术。起初，我国从德国引进了 UNOX 系统，并将之用于石油化工行业（如天津、金山、扬子、齐鲁、大庆等石化公司）的废水处理中，积累了丰富的经验。同时随着现场制氧技术的进步（如国内自主研发的制氧 PU-8 吸附剂，使制氧电耗降低至 0.33 kw · h/m^3），纯氧曝气技术已经被广泛应用于诸如黑臭河湖、甲醇废水、焦化废水、印染废水等各类污染严重、难降解的废水治理中。利用纯氧曝气技术，可以提高氧的利用率、缩短曝气时间、增强处理效率，减少污泥量。

纯氧曝气活性污泥法和空气曝气活性污泥法，都是利用好氧微生物进行生化反应，将废水净化的，但二者的区别在于所使用的氧源不同。根据氧分压高、氧浓度高的特点可知，空气曝气中氧分压占 21%，20 ℃时饱和溶解氧仅为 9.31 mg/L，而纯氧曝气中 20 ℃时饱和溶解氧达 44.16 mg/L，是空气曝气的 4.7 倍。通常在纯氧曝气条件下，污水中的溶解氧能达到 6 ～ 10 mg/L，而在空气曝气条件下，污水中的溶解氧一般只能维持在 1 ～ 2 mg/L。对于微生物降解有机物来说，溶解氧起着关键性因素。虽然空气曝气活性污泥法被广泛应用于污水处理厂，并取得了一些较好的水质处理效果，但是，采用空气曝气往往由于供氧不足，而导致好氧污泥活性不高，污水净化效果达不到最佳理想效果。

（五）阶段曝气活性污泥法

阶段曝气活性污泥法亦称分段进水活性污泥法、多段进水活性污泥法。此种方法和传统活性污泥法的不同之处在于：污水沿曝气池长度分散均匀地进入曝气池内。

阶段曝气活性污泥法是为了克服传统活性污泥法的供氧不合理、体积负荷率低等缺点而改进的一种运行方式。污水沿曝气池长度分段多点进水，使有机物负荷分布较均匀，从而均化了需氧量，避免了前段供氧不足、后端供氧过剩的问题。

（六）延时曝气活性污泥法

延时曝气活性污泥法的特点是曝气时间长、污泥负荷低，所以曝气池容积较大，空气用量较多，投资和运行费用较大，仅适用于小流量污水处理。

延时曝气活性污泥法大都采用完全混合式曝气池，曝气池中污泥浓度较高（3 ～ 6 g/L），剩余污泥少、稳定性好。污泥细小疏松，不易沉淀，沉降时间长，二次沉淀池容积也大。对于间歇来水的场合不设二次沉淀池，而采用间歇运行方式，即曝气、沉淀、排水交替运行，延时曝气活性污泥法对 N、P 的要求不高，耐冲击负荷能力很强，出水水质好。

（七）吸附再生活性污泥法

吸附再生活性污泥法又称接触稳定法。污水与活性污泥在吸附池内曝气接触 15 ～ 60 min，使其中的大部分悬浮物和胶体物质被活性污泥吸附去除。吸附后的污泥活性降低，必须进入再生池曝气稳定，氧化分解掉吸附的有机物，恢复活性后才能再次进入吸附池。

四、活性污泥法的曝气设备

曝气类型大体分为两类：鼓风曝气和机械曝气。鼓风曝气是指采用曝气器——扩散板（扩散管）在水中鼓入气泡的曝气方式。机械曝气是指利用叶轮等器械引入气泡的曝气方式。此外，还有将鼓风曝气和机械曝气相结合的曝气方式，但实际应用较少。

（一）鼓风曝气设备

鼓风曝气设备由鼓风机（空压机）、空气扩散装置（曝气器）和一系列连通的管道组成。鼓风机将空气通过一系列管道输送到安装在池底部的扩散装置（曝气器），经过扩散装置，使空气形成不同尺寸的气泡（气泡在扩散装置出口处形成，尺寸则取决于空气扩散装置的形式），气泡经过上升和随水循环流动，最后在液面处破裂。

鼓风曝气设备用鼓风机供应压缩空气，常用的有罗茨和离心式鼓风机。鼓风曝气设备的空气扩散装置主要分为微气泡、中气泡、大气泡、水力剪切、水力冲击及空气升液等类型。

（二）机械曝气设备

机械曝气设备主要是表面曝气机。表面曝气机按转轴的方向分竖轴和卧轴表面曝气机，按转速又分低速和高速曝气机。表面曝气机供氧搅拌有三种途径：①叶轮的搅拌、提升或推流作用，使池内液体不断循环流动，从而不断更新气液接触表面，不断吸氧；②叶轮旋转，外缘形成水跃，大量水滴甩向空中而吸氧；

③叶轮旋转在中心及背水侧形成负压，通过小孔吸入空气。

第一，竖轴低速表面曝气机。一般所谓表面曝气机专指这种曝气机，转速一般为 20 ～ 100 r/min，最大叶轮直径可达 4 m。叶轮浸没深度一般在 10 ～ 100 mm，视叶轮形式而异。浸没深度大时提升水量大，但功率增加，齿轮箱负荷也大。降低浸没深度可减小负荷，可用叶轮或堰板升降机构调节浸没度。当池深大于 4.5 m 时，可考虑设提升筒，以增加提升量，但所需功率也会增加。在叶轮下面加轴流式辅助叶轮，亦可加大提升量。当污水中含有挥发性物质或有臭气时，可在全池分散进水。表面曝气机叶轮常用的有泵型、K 型、平板型和倒伞型、BS-K 型（中心吸水、四周出水）、Simplex 型（带提升筒）等。

第二，轴流式高速表面曝气机，转速一般为 300 ～ 1200 r/min，与电机直联，也称增氧机，多用于生物稳定塘供氧。

第三，卧式曝气刷，主要用于氧化沟，由水平转轴和固定在轴上的叶片及驱动装置组成。一般直径 0.35 ～ 1 m，长度 1.5 ～ 7.5 m，转速 60 ～ 140 r/min，浸没深度为 1/3 ～ 1/4 直径，动力效率 1.7 ～ 2.4 kg（O_2）/kW · h。随曝气刷直径的加大，氧化沟水深也可加大，一般为 1.3 ～5 m。

五、活性污泥法的设计参数和性能指标

（一）活性污泥微生物量的指标

在污水的生物处理过程中，活性污泥浓度（量）可用混合液悬浮固体浓度和混合液挥发性悬浮固体浓度来表示，分别简写为 MLSS 和 MLVSS。

MLSS 和 MLVSS 都不能精确表示活性微生物量，仅表示活性污泥的相对值，且在一般情况下，对于国内的城市污水，MLVSS/MLSS ≈ 0.75，而根据欧美等国的相关资料，这个比值一般为 0.8 ～ 0.9。

（二）沉降性能

1. 污泥沉降比

污泥沉降比（SV）又称 30 min 沉降率，混合液在量筒内静置 30 min 后所形成沉淀污泥的容积占原混合液容积的百分比，以百分数（%）计。污泥沉降比能够反映曝气池运行过程的活性污泥量，可用于控制、调节剩余污泥的排放量。

2. 污泥容积指数

污泥容积指数（SVI）是指曝气池出口处的混合液，经 30 min 静沉后，

1 g 干污泥所形成的沉淀污泥所占有的容积，以毫升（mL）计。污泥容积指数能够反映活性污泥的凝聚、沉降性能，对于生活污水及城市污水，此值以 80 ～ 150 mL 为宜。污泥容积指数过低，说明泥粒细小，无机质含量高，缺乏活性；污泥容积指数过高，说明污泥的沉降性能不好，并且已有产生膨胀现象的可能。

（三）污泥负荷

污泥负荷是指曝气池内单位质量的活性污泥在单位时间内承受的有机质的数量，单位是 $kgBOD_5/$（kg MLSS · d）。

污泥负荷在 0.5 ～ 1.5 $kgBOD_5/$（kg MLSS · d）时易发生污泥膨胀，因此正常运行的曝气池污泥负荷一般都在 0.5 $kgBOD_5/$（kg MLSS · d）以下，高负荷运行的曝气池污泥负荷一般都在 1.5 $kgBOD_5/$（kg MLSS · d）以上。

（四）容积负荷

容积负荷是指单位有效曝气体积在单位时间内承受的有机质的数量，单位是 $kgBOD_5/$（m^3 · d）。

（五）水力停留时间

水力停留时间是水流在处理构筑物内的平均驻留时间，从直观上看，可以用处理构筑物的容积与处理进水量的比值来表示，水力停留时间的单位一般用小时（h）表示。

（六）固体停留时间

固体停留时间是生物体（污泥）在处理构筑物内的平均驻留时间，即污泥龄，从直观上看，可以用处理构筑物内的污泥总量与剩余污泥排放量的比值来表示，固体停留时间的单位一般用天（d）表示。

就生物处理构筑物而言，水力停留时间实质上是为保证微生物完成代谢降解有机物所提供的时间；固体停留时间实质上是为保证微生物能在生物处理系统内增殖并占优势地位且保持足够的生物量所提供的时间。

（七）去除负荷

去除负荷是指曝气池内单位质量的活性污泥在单位时间内去除的有机质的数量，或单位有效曝气池容积在单位时间内去除的有机质的数量，其单位为 kgBOD/（kgMLVSS · d）。

（八）污泥回流比

污泥回流比是指污泥回流量与曝气池进水量的比值。

（九）剩余污泥

剩余污泥是活性污泥微生物在分解氧化废水中有机物的同时，自身得到繁殖和增殖的结果。为了维持生物处理系统的稳定运行，需要保持微生物数量的稳定，即需要及时将新增长的污泥量当作剩余污泥从系统中排放出去。每日排放的剩余污泥量应大致等于污泥每日的增长量，剩余污泥浓度应与回流污泥浓度相同，其近似值 $X_r = 10^6$/污泥容积指数。

六、活性污泥系统的工艺设计

活性污泥系统由曝气池、二次沉淀池、污泥回流系统和曝气系统构成。

（一）曝气池设计

在进行曝气池容积计算时，应在一定范围内合理地确定污泥负荷和污泥浓度值，此外，还应同时考虑处理效率、污泥容积指数和污泥龄等参数。

设计参数的来源主要有两个途径：一是经验数据；二是通过试验获得。以生活污水为主体的城市污水，主要设计参数已比较成熟，可以直接用于设计，但是对于工业废水，则应通过试验和现场实测以确定其各项设计参数。在工程实践中，由于受试验条件的限制，一般也可根据经验选取。

（二）二次沉淀池设计

二次沉淀池的作用是泥水分离，使混合液澄清、污泥浓缩，并且将分离的活性污泥回流到曝气池，由于水质、水量的变化，还要暂时储存污泥，其工作性能对活性污泥处理系统的出水水质和回流污泥浓度有着直接的影响。初次沉淀池的设计原则一般也适用于二次沉淀池，但由于进入二次沉淀池的活性污泥混合液浓度高，具有絮凝性，属于成层沉淀，并且密度小，沉速较慢，因此，在设计二次沉淀池时，最大允许水平流速（平流式，辐流式）或上升流速（竖流式）都应低于初沉池。由于二次沉淀池起着污泥浓缩的作用，所以需要适当地增大污泥区容积。

二次沉淀池设计的主要内容包括池型的选择、沉淀池面积的计算、有效水深的计算；污泥区容积的计算、污泥排放量的计算等。

（三）污泥回流系统的设计

回流污泥量是关系到污水处理效果的重要设计参数，应根据不同的水质、水量和运行方式确定适宜的回流比。

回流比的大小取决于混合液污泥浓度和回流污泥浓度，而回流污泥浓度又与污泥容积指数有关。因此，在进行污泥回流设备的设计时，应按最大回流比设计，并使其具有在较小回流比时工作的可能性，以便使回流污泥量可以在一定幅度内变化。

活性污泥的回流设备有提升设备和输泥管渠等，常用的污泥提升设备是污泥泵和空气提升器。污泥泵的形式主要有螺旋泵和轴流泵，其运行效率较高，可用于各种规模的污水处理工程。在选择污泥泵时，首先应考虑的因素是不破坏污泥的特性，且运行稳定可靠等。空气提升器结构简单、管理方便，并可在提升过程中对污泥进行充氧，且效率较低，因此，常用于中、小型鼓风曝气系统。

（四）曝气系统的设计

曝气系统的设计包括曝气设备的选择、布置及空气管网的计算等。

七、活性污泥的培养与驯化

（一）活性污泥的培养方法

1. 全流量连续直接培养法

全流量连续直接培养法的特点：全部流量通过活性污泥系统的曝气池和二次沉淀池，连续进水和出水；二次沉淀池不排放剩余污泥，全部回流曝气池，直到混合液悬浮固体浓度和污泥沉降比达到适宜数值为止。

为了加快培养速度，减少培养时间，可考虑污水不经初次沉淀池处理，直接进入曝气池，在不产生大量泡沫的前提下，提高供气量，以保证向混合液提供足够的溶解氧，并使其充分混合。为了缩短培养时间，也可以从同类的正在运行的污水处理厂提取一定数量的活性污泥进行接种。在活性污泥培养驯化期间，必须使微生物的营养物质保持平衡。

2. 流量分段直接培养法

流量分段直接培养法的特点：采用连续进水和出水方式运行，控制污水投配流量，使其随形成的污泥量的增加而增加，即将培养期分为几个阶段，最后使污水投配流量达到设计流量，MILSS 达到适宜浓度。

3. 间歇培养法

间歇培养法适用于生活污水所占比例较小的城市污水处理中。将污水引入曝气池，水量为曝气池容积的50%～70%，曝气4～6 h，再静止1～1.5 h。排放上清液，排放量约占总水量的50%左右。此后再注入污水，重复上述操作，每天1～3次，直到混合液中的污泥沉降比在15%～20%范围内为止，水温在15 ℃以上的条件下，一般营养比较平衡的城市污水，经7～15 d的培养，即可达到上述情况。为了缩短培养时间，也可以考虑用同类污水处理厂的剩余活性污泥进行接种。

（二）活性污泥的驯化

利用废水培养活性污泥生产聚羟基脂肪酸酯（PHA）的过程一般包括废水厌氧处理、活性污泥驯化以及PHA合成3个阶段，现有研究已证明，丰盛－饥饿模式（或称好氧动态补料工艺，ADF）适合应用在活性污泥的驯化中。

在多数研究中，活性污泥的驯化培养和PHA的合成培养都采用ADF工艺，取得的最高PHA产量可达细胞干质量的89%。目前的研究重点为PHA合成阶段培养条件的优化（碳源、pH值、碳氮比、碳磷比等）。在各研究中，驯化阶段所采用的底物组成和培养方式等一般与合成期保持一致，但未有结果表明与PHA合成阶段相似的培养方式对活性污泥的驯化也最有效，而且关于驯化条件的优化研究也鲜有报道。有研究人员为了增加PHA的产量，对比研究了单阶段模式和双阶段模式下所驯化活性污泥的底物利用速率、污泥性质和PHA产量，证明了双阶段模式更适于培养合成PHA的活性污泥。

以剩余污泥水解酸化后产生的挥发性脂肪酸（VFAs）为主要营养物质利用剩余污泥合成PHA已被证明是一条行之有效的剩余污泥减量及资源化利用途径。在驯化过程中，伴随PHA的生成，微生物菌群结构会发生怎样的变化很值得我们去研究。

菌种的多样性对微生物在多种不同底物情况下的适应性起决定性的作用，同一菌株可以利用不同底物进行PHA生产。因此在优化PHA生产和探寻影响PHA储存含量、组成和聚合等因素时，选择一种合适的碳源是非常重要的。据报道，PHA生产费用中超过40%的部分是原料费用，而这部分费用中超过70%的部分又是碳源费用。

多种野生或者重组微生物能够用廉价原料生产PHA。例如，国外学者利斯等人利用蔗糖等多种廉价物质作为碳源在罗尔斯通氏菌中合成了PHA。国内学者齐琦等人利用基因重组方法构建了可利用多种廉价底物生产共聚物羟基丁酸－羟基戊酸共聚酯（PHBV）的大肠杆菌工程菌株。

有关利用污泥合成PHA，国外学者莱莫斯（Lemos）等人研究了不同碳源对

SBR系统中污泥合成PHA的影响。国内学者贾千千等人研究发现高浓度挥发性脂肪酸有利于PHA的合成，但非挥发性脂肪酸有利于菌体的生长而不利于PHA的合成。

（三）活性污泥系统的试运行

活性污泥培训成熟后，就开始对整个系统进行试运行，试运行的目的是确定活性污泥系统的最佳运行条件。在系统运行的过程中，作为变数考虑的因素有混合液污泥浓度、空气量、污水注入方式等；若采用生物吸附法，则还有污泥再生时间和吸附时间的比值；若采用曝气沉淀池，则还要确定回流窗孔开启高度；若工业废水养料不足，则还应确定氮、磷的投加量等。将上述这些变数组合成几种运行条件分阶段试验，观察各种条件的处理效果，并确定最佳运行条件，这就是试运行的任务。

八、活性污泥对有机物的净化过程与机理

（一）初期吸附作用

在生物反应器——曝气池中，污水与活性污泥从池首共同流入，充分混合接触。当二者接触后，在较短的时间内，通常为5～10 min，污水中呈悬浮和胶体状态的有机物被大量去除。产生这种现象的主要原因是活性污泥具有很强的吸附性。

活性污泥具有较大的表面积，据实验测试，曝气池混合液的活性污泥表面积一般为2000～10000 m^2/m^3，在其表面上富集着大量的微生物。这些微生物表面覆盖着一种多糖类的黏质层。当活性污泥与污水接触时，污水中的有机污染物即被活性污泥所吸附和凝聚而被去除。吸附过程能够在30 min内完成。污水中BOD的去除率可达70%。吸附速度的快慢取决于微生物的活性和反应器内水力扩散的程度。

被吸附在活性污泥表面的有机物并没有从实质上被去除，而是要经过数小时降解后，才能够被摄入微生物体内，进而被转化成稳定的无机物。应当指出，有机物被吸附后，需经一段时间才能被降解成无机物，而在这段时间内，反应器中应有充足的溶解氧，且温度要适宜。

（二）微生物的代谢作用

污水中的有机污染物被活性污泥吸附，而活性污泥中含有大量的微生物，有

机物与微生物的细胞表面接触，在微生物透膜酶的催化作用下，一些小分子有机物能够直接穿过细胞壁进入微生物细胞体内，完成生物降解过程；而大分子的有机物，则是在细胞水解酶的作用下，先被水解为小分子，再被微生物摄入体内，然后才被降解。

微生物降解有机物分为分解代谢和合成代谢两个过程，无论是分解代谢还是合成代谢，都能去除污水中的有机污染物，但产物不同。分解代谢的产物是无机小分子的 CO_2 和 H_2O，可直接排入受纳水体；合成代谢的产物是新生的微生物细胞，应以剩余污泥的方式排出处理系统，并加以处置。

（三）微生物的生长规律

1. 活性污泥中的微生物

①菌胶团。能形成活性污泥絮状体的细菌称为菌胶团。它们是构成活性污泥絮状体的主要成分，有很强的吸附、氧化有机物的能力。絮凝体的形成可使细菌避免被微型动物吞噬，而性能良好的絮体是活性污泥絮凝、吸附和沉降功能正常发挥的基础。

②丝状细菌。丝状细菌也是活性污泥微生物的重要组成部分。丝状细菌在活性污泥中交织于菌胶团内，或附着生长于絮凝体表面，少数种类也可游离于污泥絮凝体之间。

③真菌。活性污泥中的真菌主要是霉菌。霉菌是微小腐生或寄生的丝状菌，它能够分解碳水化合物、脂肪、蛋白质及其他含氮化合物，但大量增值也可能导致污泥膨胀。

④原生动物。原生动物对废水的净化也起着重要作用，而且可以将原生动物作为活性污泥系统运行效果的指示性生物。此外，原生动物还不断地摄食水中的游离细菌，起到了进一步净化水质的作用。原生动物主要有肉足虫、鞭毛虫和纤毛虫等。

⑤后生动物。后生动物在活性污泥系统中并不经常出现，只有在水质良好时才会有一些微型后生动物存在，主要有轮虫、线虫和寡毛类蠕虫等。污水中的微生物种类繁多，主要有真菌和藻类。

2. 污泥中微生物的作用与分析

菌胶团是活性污泥的结构和功能的中心，是活性污泥的组成部分。它的作用表现在以下几方面：

①有很强的吸附能力和氧化分解有机物的能力。

②对有机物的吸附和分解，为原生动物和微型后生动物提供了良好的生存环境，例如降解有机物、提供食料、使水中溶解氧升高。

③为原生动物和微型后生动物提供附着场所。

细菌是降解有机物的主要微生物，其世代时间一般为 20 ～ 30 min，具有较强的分解有机物并将其转化为无机物的功能。

3. 微生物的生长规律

随着国内外工业规模的扩大，环保压力也随之增大，特别是在生产过程中产生的大量废水，其处理的程度将直接影响废水排放指标和环保效果。废水难处理，主要是由于废水中菌群的多样性和特殊性。因此，研究微生物生长是研究废水生物处理的基础，是研究连续培养原理和工艺技术的必要步骤，对生产实践具有重大的指导意义。微生物生长曲线能够很好地体现出所拥有的微生物数量及各自在不同的生长阶段的生长特性。利用计算机模拟微生物生长曲线的形态，将有利于对各种环境下微生物生长的规律进行预测，以便为处理工艺的改进提供参考。

微生物的增殖曲线可分为四个阶段，即适应期，对数增殖期，减速增殖期和内源呼吸期。在温度适宜，溶解氧充足而且不存在抑制物质的条件下，活性污泥微生物的增殖速率主要取决于有机物量 F 与微生物量 M 的比值 F/M。它也是有机物降解速率、氧利用速率和活性污泥的凝聚、吸附性能的重要影响因素。

①适应期，也称延迟期、调整期。这是微生物培养的最初始阶段。在这一时期，微生物刚被接种到新鲜培养液中，对新环境有一个适应的过程，此时，微生物不繁殖，微生物的数量不增加。因此，在此时期微生物的生长速度接近于零。这一过程一般出现在活性污泥的培养和驯化阶段。能够适应污水水质的微生物就能生存下来，不能适应的微生物则被淘汰。

②对数增殖期。经过适应期的调整，生存下来的微生物适应了新的培养环境。污水中含有大量的适应微生物生存的营养物质。此时，F/M 比值很高，有机物非常充分，微生物生长、繁殖不受有机物浓度的限制，其生长速度最快。菌体数量以几何级数的速度增加，菌体数量的对数与反应时间呈直线关系，故此时期也称为等速增长期。增长的速度大小取决于微生物自身的生理机能。

在对数增殖期。微生物的营养丰富，活性强，降解有机物速度快，污泥增长不受营养条件的限制，但此时的污泥含能水平高，凝聚性能差，难以重力分离，因而处理效果不好。对数增长期出现在反应器推流式曝气池的首端。

③减速增殖期，又称减衰增殖期、稳定期和平衡期。由于微生物的大量繁殖，

污水中的有机物逐渐被降解，混合液中的有机物与微生物的数量比*F*/*M*逐渐降低，即培养液中的底物逐渐被消耗，从而改变了微生物的环境条件，致使微生物的增长速度逐渐减慢。

④内源呼吸期，又称衰亡期。污水中有机物持续下降，达到近乎耗尽的程度，*F*/*M* 比值随之降至很低的程度。微生物由于得不到充足的营养物质，而开始大量地利用自身体内储存的物质或衰亡菌体，进行内源代谢以维持生命活动。

在此期间，微生物的增殖速率低于自身氧化的速率，致使微生物总量逐渐减少，并走向衰亡，增殖曲线呈显著下降趋势。实际上由于内源呼吸的残留物多是难以降解的细胞壁和细胞膜等物质，因此活性污泥不可能完全消失。

第二节　生物膜法

一、生物膜的基本原理

众所周知，活性污泥法中的微生物是呈悬浮状态的。而生物膜则是基于微生物附着于填料表面形成的活性污泥层，它是固定的生物层。流动的污水，其中的有机污染物通过附着水层进入生物膜，而大量的微生物和原生动物密集在生物膜中，在溶解氧存在的条件下，使进入其中的有机污染物发生降解而被处理掉，从而使流经的污水得到净化。同时，菌类微生物因获得营养物质而不断地生长繁殖，随着微生物的数量增加，生物膜逐渐变厚，进而在溶解氧不能到达的膜层深处形成厌氧层。其中的厌氧微生物只有在生物膜达到一定厚度时才具有较高活性。对于普通的市政污水来说，在 20 ℃的水温中，大约需要 30 天的挂膜周期。生物膜还具有较强的吸附性。

利用生物膜法处理污水的基本工艺流程是这样的，待处理的污水首先进入初次沉淀池，在此去除大部分的悬浮物及固体杂质，其出水进入生物膜反应器进行生化处理，反应过程产生的脱落的生物膜随已处理水进入二次沉淀池，二次沉淀池可以沉淀脱落的生物膜使出水澄清，提升水质。若有必要，二次沉淀池的出水可以回流到初次沉淀池的出水以稀释生物膜反应器的进水，防止生物膜的过快增长。

（一）生物膜的构造及其净化原理

生物膜法净化污水的原理是污水流过固体介质(滤料)表面，经过一段时间后，固体介质表面形成了生物膜，生物膜覆盖了滤料表面。这个过程是生物膜法处理污水的初始阶段，亦称挂膜。对于不同的生物膜法以及性质不同的污水，挂膜需15 ～ 30 d；对于一般城市污水，在 20 ℃左右的条件下，需 30 d 左右完成挂膜。

降解有机物的过程实质就是生物膜与水层之间多种物质的迁移过程及微生物生化反应的过程。由于生物膜的吸附作用，生物膜的表面附着很薄的水层，称之为附着水层。它相对于外侧运动的水流——流动水层，是静止的。这层水膜中的有机物首先被吸附在生物膜上，被生物膜氧化。由于附着水层中有机物浓度比流动层中的低，根据传质理论，流动水层中的有机物可通过水流的紊动和浓度差扩散作用进入附着水层，并进一步扩散到生物膜中，被生物膜吸附、分解、氧化。同时，空气中的氧气不断溶入水中，穿过流动水层、附着水层。

在生物膜内外，生物膜与水层之间进行着多种物质的传递过程。这包括空气中的氧和水中的有机物传递进入生物膜的过程和生物膜中的代谢产物进入水中和空气中而排走的过程。但当厌氧层逐渐加厚到一定程度后，大量的厌氧代谢产物透过好氧层外逸，使好氧层的生态系统稳定状态遭到破坏，从而使生物膜失去活性。处于这种状态的生物膜即为老化生物膜。老化生物膜净化功能较差而且易于脱落，生物膜脱落后，生成新的生物膜，新的生物膜必须在经过一段时间后才能充分发挥其净化功能。比较理想的情况是：减缓生物膜老化进程，不使厌氧层过分增长，加快生物膜的更新，不使生物膜集中脱落。

（二）生物膜法工艺

属于生物膜法工艺的主要有生物转盘工艺、生物滤池（普通生物滤池高负荷生物滤池和塔式生物滤池）工艺、生物接触氧化工艺等。生物滤池工艺是早期出现至今仍在发展的生物处理技术，而其他工艺则是近二三十年来开发的新工艺。

（三）生物膜法的特点

①微生物相复杂，能去除难降解有机物。

②微生物量大，净化效果好。

③剩余污泥少。

④污泥密实，沉降性能好。

⑤耐冲击负荷，能处理低浓度的污水。

⑥操作简单，运行费用低。

⑦不易发生污泥膨胀。

二、生物转盘工艺

（一）生物转盘工艺的技术原理

生物转盘工艺主要是利用转盘上微生物的新陈代谢活动来实现污水净化的。生物转盘通常被排列成一个系列，通过驱动装置推动转盘的旋转。生物转盘在旋转的过程中使转盘与污水、空气交替发生接触。经过一段时间后，盘片上逐渐附着生长一层含有大量微生物的生物膜。连续稳定运行一段时间后，微生物的种属组成逐渐稳定，其新陈代谢功能逐渐发挥出来，并达到稳定的程度，污水中的污染物被生物膜吸附并降解。

当转盘离开污水与空气接触时，空气通过传质不断进入生物膜的固有水层，从而为生物膜和污水补充溶解氧；生物膜交替地与空气和污水接触，以达到净化污水的目的。生物膜从外到里依次形成好氧膜、兼性膜、厌氧膜。在生物膜与污水以及空气之间，不仅存在有机物和 O_2 的传质，还进行着其他物质，如 CO_2、NH_3 等的传递。

随着运行时间的延长，生物膜逐渐增厚，并开始老化。由于盘片转动产生了剪切力，而且由于生物膜老化降低了附着力，老化的生物膜开始脱落，进而新的生物膜又开始生长。生物膜不断进行新老交替。脱落生物膜的密度较高，易于沉淀。生物膜不仅能够实现有机污染物的去除，还能够在厌氧与好氧交替的环境中实现硝化、脱氮除磷的功能。

（二）生物转盘工艺的技术特点

生物转盘工艺是活性污泥法与生物膜法的有机结合，既具有活性污泥法的特点，又具有生物膜法的特性。主要技术特点如下：

1. 微生物浓度高

盘片上的微生物是固着生长的，具有很高的生物量，其生物量转换成混合液挥发性悬浮固体浓度一般在 5000 ～ 6000 mg/L。由于生物转盘上具有很高的生物量浓度，所以生物转盘工艺具有很高的污染物去除率。

2. 生物相分级

生物相分级可以分为横向分级与竖向分级两种情况。横向分级是指每级串联系统中微生物的分级，每级生物转盘中都有适应本段污水水质的生物相；竖向分级指的是，生物盘片上从外到里的微生物相分级，依次为好氧微生物、兼性微生物、厌氧微生物。

3. 污泥龄长

在生物转盘上生长着世代周期很长的微生物，因此生物盘工艺具有脱氮除磷的功能。

4. 耐冲击负荷较高

由于生物盘上的微生物量非常大，食物链较复杂，因此生物转盘工艺具有很高的抗冲击负荷能力。

5. 能耗低

接触反应槽不需要曝气装置，与传统的活性污泥法相比，生物转盘工艺具有能耗低的特点。

（三）生物转盘的基本构造

1. 盘片

①表面形状有平面、凹凸面、波纹（二重波纹、同心圆波纹、放射形波纹）面。盘片的外周形状有圆形、多角形等。

②对盘片材质要求：应具有质轻高强、不变形、耐腐蚀、耐老化、易于挂膜、比表面积大、安装加工方便、就地取材等性质。

③盘片材质有聚苯乙烯、聚乙烯、硬质聚氯乙烯、纤维增强塑料等。

由于在运转过程中，盘片上的生物膜逐渐增厚，为了保证通风的效果，盘片的间距一般为 30 mm。如果采用多级转盘，前级盘片的间距一般为 30 mm，后级为 10 ～ 20 mm。当生物转盘用于脱氮时，其盘片的间距应取大些。

2. 转轴及驱动装置

转轴是支撑盘片并带动其旋转的部件，一般由实心钢轴或无缝钢管材料制成。转轴的长度一般为 0.5 ～ 7.0 m，直径一般为 50 ～ 80 mm。转轴中心和槽内水面的距离 b 与转盘直径 D 的比值 b/D 一般为 0.05 ～ 0.15，通常取 0.06 ～ 0.1。

驱动装置主要包括电动机、减速器，以及齿轮和链条传动装置。动力设备主要包括电力机械传动设备、空气传动设备和水力传动设备等。

3. 接触反应槽

接触反应槽外形应与转盘材料外形相一致，一为半圆形，以避免水流短流和污泥沉积。接触反应槽壁与盘体边缘净距一般取值 100 mm，其底部可做成矩形或梯形。接触反应槽一般建于地面上，也可以建于地下；当场地狭小时，为减小占地面积，反应槽可架空或修建在楼上，这种情况只适合小型设备。反应槽可用钢板焊制，应做好防腐处理；也可用塑料板制成，用钢筋混凝土浇筑，或者选用预制混凝土构件现场安装。反应槽的容积应按水位位于盘片直径的 40% 处及轴长考虑。

接触反应槽底部应设排泥管和放空管及相应的阀门。出水形式多采用锯齿形溢流堰。堰宽应通过计算确定，堰口高度以可调为宜。对于多级生物转盘，接触反应槽应分为若干格，格与格之间应设导流槽。

（四）生物转盘的分类

生物转盘可以分为一体化和模块化两种类型。一体化系统通常属于成套装置，一般处理能力不大于 250 人口当量。我国 2014 年出台的工程建设协会标准《一体化生物转盘污水处理装置技术规程》（CECS 375：2014），对一体化生物转盘的工艺流程、设计、施工验收等进行了规范。该规程对一体化生物转盘的定义为：以生物转盘工艺为基础，由多个功能模块按需求组合的一体化污水处理成套装置。

模块化系统允许更灵活的工艺配置，分别对初级、二级和固体处理进行单独操作，通常处理能力大于 1000 人口当量。由于尺寸和重量限制，通常生物转盘的盘尺寸限制在 4 m 直径以内。模块化生物转盘允许在可接受浓度的负荷内使用并联操作，相反，如果出水质量是主要关注点，则生物转盘通常是串联操作。由于可串联或并联操作，生物转盘也可分为单级单轴、单级多轴和多轴多级等形式。级数的多少主要根据污水的水质、水量和处理要求来定，农村污水处理中多采用单级形式。根据起作用微生物群的氧气需求，生物转盘也可分为好氧生物转盘和厌氧生物转盘。在好氧生物转盘中，盘片缓慢转动，并浸没在接触反应槽内缓缓流动的污水中，污水中的有机物将被滋生在盘片上的生物膜吸附；当盘片离开污水时，盘片表面形成的水膜从空气中吸氧，氧溶解浓度升高，同时被吸附的有机物在好氧微生物的作用下被氧化分解。圆盘不断地转动，污水中的有机物被不断分解。当生物膜增加到一定厚度以后，其内部形成厌氧层并开始老化、剥落，剥落的生物膜由二次沉淀池去除。在厌氧生物转盘中，盘片缓慢转动，并浸没在接触反应槽内缓缓流动的污水中，滋生在盘片上的生物膜充分与水中的有机物接触、吸附，在厌氧微生物的作用下被吸附的有机物发生分解反应。转盘转动时作用在生物膜上的剪力使老化生物膜不断剥落，因而生物膜可经常保持较高的活性。厌氧生物转盘与好氧生物转盘不同之处在于，厌氧生物转盘的上部需加盖密封，以保证厌氧环境和收集沼气。

目前，也出现了一些新型生物转盘，如藻类生物转盘、与曝气池组合的生物转盘等。

（五）生物转盘的特征

生物转盘之所以具有结构简单，运转安全，处理效果好、效率高，便于维护和运行费用低等优点，是因为其在运行工艺和维护方面具有以下特征：

1. 微生物浓度高

特别最初几级的生物转盘，盘片上的生物量如折算成曝气池的 MLVSS 可达 40000 ～ 60000 mg/L（单位接触反应槽容积中微生物的量），这是生物转盘高效率的一个主要原因。

2. 处理污水成本较低

由于转盘上的生物膜从水中进入空气中时充分吸收了有机污染物，生物膜外侧的附着水层可以从空气中吸氧，接触反应槽不需要曝气，因此，生物转盘运转较为节能。以流入污水的 BOD 浓度为 200 mg/L 计，每去除 1 kg BOD 约耗电 0.71 kW · h，为活性污泥反应系统的 1/3 ～ 1/4。

3. 污泥龄长

在转盘上能够生长世代时间长的微生物，如硝化细菌（俗称硝化菌）等，因此，具有硝化、反硝化功能。生物转盘还可以用以除磷。

4. 生物相分级

在每级转盘上生长着适应于流入该级污水性质的生物相，这有利于微生物的生长和有机物的降解。

5. 能够处理超高浓度及超低浓度的污水

生物转盘能够处理超高浓度和超低浓度的污水，并能取得较好的处理效果。多段生物转盘最适合处理高浓度污水。

6. 噪声低，无不良气味

设计运行合理的生物转盘不生长滤池蝇，不产生恶臭和泡沫；由于没有曝气装置，噪声极低。

7. 接触反应时间短

由于 F/M 值为 0.05 ～ 0.1，只是活性污泥系统 F/M 值的几分之一。因此，生物转盘能以较短的接触时间取得较高的净化率。

8. 产生的污泥量少

在生物膜上存在较长的食物链，微生物逐级捕食，因此，污泥产量少，BOD_5 去除率为 90% 时，去除 1 kg BOD 的污泥产量在 0.25 kg 左右。

9. 具有除磷功能

直接向接触反应槽投加混凝剂，能够去除 80% 以上的磷。再则，生物转盘无须回流污泥，可直接向二沉池投加混凝剂去除磷和胶体性污染物质。

10. 易于维护管理

生物转盘设备简单，运行稳定可靠，便于维护管理，日常对设备进行定期保养即可。

（六）生物转盘的影响因素

1. 盘片

在特定生物转盘系统设计阶段，有必要评估待处理污水的特性、出水水质要求，并比较各种类型盘片的成本、比表面积、传质系数和运行功耗，这将使工艺设计能够选择最合适的盘片类型。通常情况下，盘片直径为 1 ～ 4 m，水平轴长通常小于 8 m；盘片外缘与槽壁的净距不宜小于 150 mm，进水端盘片净距宜在 25 ～ 35 mm，出水端盘片净距宜在 10 ～ 20 mm；转轴中心高度应高出水位 150 mm 以上。

2. 转速

转盘转速与处理效果之间存在一种抛物线的关系，在一个特定的转速值时转盘处理效果达到最大，此时的转速即为最优转速。当转速低于或高于最优转速时，系统的处理效果都会下降。其原因是，在转速较低时，反应槽内的液体紊流度较低，污水溶解氧浓度较低，基质与生物膜的接触不够充分，所以处理效果不够好；随着转速的提高，反应槽内的液体逐渐趋于均匀混合，基质与生物膜的接触也逐渐趋于充分，系统的处理效果逐渐变好。当达到最优转速时，处理效果达到最优。当转速高于最佳转速时，盘片上的生物膜受到的液体剪切力逐渐增大，使附着不牢固的生物膜游离到水体中，从而降低了盘片上的生物量，使得系统的处理能力逐渐降低。转盘的最佳转速为 0.8 ～ 3.0 r/min，线速度为 10 ～ 20 m/min。

3. 浸没比

转盘浸没比的大小直接影响系统的处理效果。对于厌氧生物转盘，浸没比越小，转盘转动就越容易带入空气，厌氧环境就越难控制；浸没比越大，转盘单位面积有机负荷越高，COD 的去除率就越高。对于好氧生物转盘，浸没比越小，转盘转动带入的空气就越多，对曝气的要求就越低。

因此，对于好氧生物转盘而言，需要找到盘片浸没比最大、能耗最小及处理效果最好之间的最优点，以达到系统的最优化运行；对于厌氧生物转盘而言，只需要将整个生物转盘浸没到污水中即可。

4. 水力停留时间

当水力停留时间较短时，污水处理量大，系统有机负荷高，反应槽中的溶解氧浓度较低。在这种情况下，盘片上的生物膜受到的冲击力变大，从而加速生物膜的脱落，降低了转盘上的生物量，从而降低了系统的处理能力。在短水力停留时间、高有机负荷条件下，世代时间较长的自养型硝化细菌的生长受到很大影响，硝化率低，从而影响反硝化的效果。随着水力停留时间的增加，生物膜与有机质的接触机会和时间都会相应增加，污染物能被更加充分地降解，系统的处理效率提高。但水力停留时间过长时，有机负荷降低，反应槽中溶解氧浓度升高，会逐渐破坏反硝化所需的缺氧微环境；同时，水力停留时间过长时，需要的反应器的体积增加，占地面积变大，即投资费用增加。由此可以看出，延长水力停留时间是以减少污水处理量为代价的。因此，为达到污水处理和经济节能双赢的效果，选择合适的水力停留时间是很重要的。在通常情况下，水力停留时间为 1 ～ 1.5 h。

5. 有机负荷

有机负荷与水力停留时间、进水有机物浓度有密切的关系。对于一定的进水底物浓度而言，有机负荷越低，水力停留时间就越长，经处理后的出水有机物浓度就越低；反之则越高。大量研究表明，对于单个生物转盘单元，氧传递限制发生在有机负荷约为 32 g BOD_5/（m^2·d），超过该值就会造成有害生物体贝氏硫细菌的过分生长。此外，反应槽内的有机负荷还影响硝化反应，若 COD 值低于 20 mg/L，则硝化细菌在生物膜内成为优势菌。

6. 生物转盘的挂膜

生物膜对利用生物膜法处理污水是至关重要的一部分。但是一直以来生物转盘的挂膜都是一件不太容易的事情。在挂膜时可以选择接种含有丰富微生物的活性污泥进行挂膜，也可以选择营养元素配比合理的污水进行挂膜。合理控制条件以使需要的有益微生物成为优势菌。当盘片上出现一层薄薄的生物膜时即认为挂膜成功，然后连续运行一段时间，当出水水质稳定时即挂膜完成。

但对于冬季气温较低的我国北方来说，生物转盘很难挂膜，这在很大程度上限制了其在北方污水处理中的应用，并且普通生物转盘的挂膜通常需要 1 个月左右的时间。

三、生物滤池工艺

（一）普通生物滤池

普通生物滤池由池体、滤床、布水系统和排水系统、通风孔等组成。

1. 池体

普通生物滤池的平面形状一般为方形、矩形和圆形。池壁采用砖砌或混凝土浇筑。池体的作用是维护滤料。一般在池壁上设有孔洞，以便通风。池壁一般高出滤料表面 0.5 ～ 0.9 m，以防风力对表面均匀布水的影响。

2. 滤床

生物滤池的滤床由滤料组成，滤料的性质直接影响生物滤池的处理能力。滤料应达到下列要求：

①强度高，材质轻。

②滤料的比表面积大。

③空隙率大。

④物理化学性质稳定。

⑤就地取料，价廉。

⑥表面粗糙，便于挂膜。

一般滤料按形状可分为块状、板状和纤维状。滤料可选天然滤料如碎石、矿渣、碎砖、焦炭等，也可选人工滤料如塑料球、小塑料管等。普通生物滤池的滤料粒径为 25 ～ 40 mm。此外，滤池底部集水孔板以上应设厚度为 20 ～ 30 mm、粒径为 70 ～ 100 mm 的承托层，滤料总厚度为 1.5 ～ 2.0 m。

3. 布水系统

布水系统一般具有适应水量变化、不易堵塞和易于清通等特点。普通生物滤池可采用固定布水系统，亦可采用活动布水系统。

常用的布水系统是固定喷嘴式布水系统。固定喷嘴式布水系统包括投配池、配水管网和喷嘴三部分。投配池一般设在滤池一侧或两池中间，借助投配池的虹吸作用，可使布水自动间歇进行。喷洒周期一般为 5 ～ 15 min。配水管网设置在滤料层中，距滤料表面 0.7 ～ 0.8 m，配水管应有一定坡度，以便放空。喷嘴安装在配水管上，伸出滤料表面 0.15 ～ 0.20 m，口径一般为 15 ～ 25 mm。

4. 排水系统

生物滤池底部的排水系统，包括渗水装置、集水沟和总排水沟等。其作用是支撑滤料、排出处理后的污水和通风。为保证滤池滤料的通风状态，渗水装置上的孔隙率不得小于滤池总表面积的 20%，底部空间的高度不应小于 0.6 m，以保证通风良好；池底以 1% ～ 2% 的坡度坡向集水沟，集水沟以 0.5% ～ 2% 的坡度坡向排水渠。为防止老化生物膜淤积在池底部，排水渠的流速不应小于 0.7 m/s。

5. 通风孔

普通生物滤池的通风为自然通风，一般在滤池底部设通风孔，其总面积不应小于滤池表面积的 1%。

普通生物滤池污水处理系统虽然处理程度高，运行管理方便、节能，但由于其负荷极低、且易堵塞、卫生条件差，所以目前很少采用。

（二）高负荷生物滤池

它解决了普通生物滤池在运行中负荷极低、易堵塞及滤池蝇的产生等一系列问题。高负荷生物滤池的有机容积为普通生物滤池的 6 ～ 8 倍。水力负荷率高达 10 倍，因此池体的占地面积小。水力负荷增大，能及时地冲刷掉老化的生物膜，促进其更新，使其保持较高的活性，从而提高生物降解能力。但高负荷生物滤池要求进水 BOD_5 值必须低于 200 mm/L，采用回流水稀释。高负荷生物滤池的有机物去除率一般为 75% ～ 90%，低于普通生物滤池。

1. 高负荷生物滤池的特点

①生物膜并不能自然脱落，它主要依靠水力冲刷，一般不会堵塞，更新周期短，污泥非常容易腐化。

②生物膜相对来说很薄，它的活性非常好，氧化能力也非常强。

③高负荷生物滤池的通风情况好，能够提供充足的氧气。

2. 高负荷生物滤池的构造

单纯从生物滤池的构造来说，高负荷生物滤池跟普通生物滤池相比基本相同，不一样的地方主要如下：

（1）外形和滤料

在外形上，高负荷生物滤池一般是圆形。滤池里面的滤料层一般为 2 m 高，滤料的粒径和层厚度分别如下：

工作层：滤层的厚度是 1.8 m，滤料的粒径是 40 ～ 70 mm；

承托层：滤层的厚度是 0.2 m，滤料的粒径是 70 ～ 100 mm；

若滤池内的滤层厚度大于 2 m，则要考虑进行人工通风。

（2）布水系统

高负荷生物滤池一般情况下都是采用旋转式的布水装置。废水通过电泵从进水的竖管里进入配水的短管，进而分配到各个布水的横管，可以在一定的水头作用下（0.25 ～ 1 m）从小孔喷出产生反向的作用力，推动横管向着反向来回旋转。旋转布水器一定要满足连续布水的要求，但是从每一单位面积的滤料来考虑，这种布水又是不连续的，所以这一类的布水器既要求空气能够进入滤池，还得防止滤料的堵塞现象。

3. 高负荷生物滤池的运行特征

由于高负荷生物滤池进水的 BOD_5 浓度不能高于 200 mg/L，而实际处理的污水污染物的物质浓度往往高于此值，为了解决这一问题，应采用处理水回流的办法，即将处理后的污水回流到滤池之前与进水相混合，以降低 BOD_5 的浓度。处理水回流这一方法可以增大水力负荷，冲刷老化的生物膜，使之更新，保证其较高活性，抑制厌氧层产生。同时，该方法还能防止滤池堵塞，均和进水水质，抑制滤池蝇的过度滋长，减轻散发臭气，改善处理环境。

（三）塔式生物滤池

塔式生物滤池属于第三代生物滤池，是得到污水处理工程界重视和应用较广泛的一种滤池。

1. 塔式生物滤池的作用机理

塔式生物滤池由顶部布水，污水沿塔自上而下流动，在供养充足的条件下，好氧微生物在滤料表面迅速繁殖。这些微生物又进一步吸附废水中呈悬浮、胶体和溶解状态的有机物质，随着有机物被分解，微生物也不断增长和繁殖，生物膜厚度逐渐增加，当生物膜上的微生物老化或死亡时，通过某些蝇类的幼虫活动以及水流的冲刷，失活的生物膜从滤池表面脱落下来然后随废水流出。

2. 生物滤池的构造特征

塔式生物滤池的平面多呈圆形或方形，外形如塔。一般高 8 ～ 24 m，直径

1～3.5 m；高度与直径比为（6～8）：1，塔顶高出上层滤料表面 0.5 m 左右，塔身上开有观察窗，用于采样和更换滤料。

塔式生物滤池具有负荷高、占地少、不用设置专用的供氧设备等优点。质轻、强度高、空隙大、比表面积大的塑料滤料的应用，更促进了塔式生物滤池的应用。

池体：主要起围挡滤料的作用，可采用砖砌，也可以现场浇筑混凝土或采用预制板构件现场组装，还可以采用钢框架结构，四周用塑料板或金属板围嵌，这种结构可以大大减轻池体重量。

塔身沿高度分层建设，分层设格栅，格栅承托在塔身上，起承托滤料的作用。每层高度以不大于2.5 m为宜，以免强度较低的下层滤料被压碎。每层应设检修器，以便检修和更换滤料。

滤料：对塔式生物滤池填充的滤料的各项要求，大致与高负荷生物滤池相同。由于其构造上的特征，最好对塔式生物滤池采用质轻、高强、比表面积大、空隙率高的人工塑料滤料。国内常用滤料为环氧树脂固化的玻璃布蜂窝滤料，其特点为：比表面积大、质轻、构造均匀，有利于空气流通和污水均匀分布，多不易堵塞。

布水装置：塔式生物滤池常使用的布水装置有两种：一是旋转布水器；二是固定布水器。旋转布水器的动力可用水力反冲产生，也可用电机产生，转速一般不大于 10 r/min；固定式布水器多采用喷嘴，由于塔滤表面积较小，安装数量不多，布水均匀。

通风孔：塔式生物滤池一般采用自然通风，塔底有高度为 0.4～0.6 m 的空间，周围留有通孔，有效面积不小于池面积的 75%～10%。当采用塔式生物滤池处理特殊工业废水时，为吹脱有害气体，可考虑机械通风，尾气应经水洗去除有害物质后才能排入大气，即在滤池的下部和上部应设鼓、引风机加强空气流通。

3. 塔式生物滤池的运行

（1）营养元素的供给

营养元素的供给主要是通过向进水中投加营养液来完成的，可根据不同的污染物选择合适的营养液，营养液可为微生物生长提供必需的营养成分，从而提高生物反应器内微生物的活性，使反应器内的微生物能够承受更高的负荷。

（2）处理出水的回流

为了提高塔式生物滤池的处理效率，一般的方法是增加处理水回流。处理水回流可以产生的各项效应包括：①均化与稳定进水水质；②加大水力负荷，及时地冲刷过厚和老化的生物膜，加速生物膜的更新，抑制厌氧层发育，使生物膜经常保持较高的活性；③抑制滤池蝇的过度滋长，减轻散发的臭味。

四、生物接触氧化工艺

生物接触氧化工艺是在生物滤池工艺的基础上改良演变而来的，又名“淹没式生物滤池法”、“接触曝气法”和“固着式活性污泥法”。该工艺起源于20世纪20年代，发展于70年代，兼有活性污泥法与生物膜法的优点，在农村污水处理中应用广泛。

（一）生物接触氧化工艺的技术原理

生物接触氧化工艺的主要原理是在生物接触氧化池内装填一定数量的填料，利用栖附在填料上的生物膜，在有氧条件下将污水中的有机物氧化分解，从而达到净化目的。

生物接触氧化工艺与其他好氧生物膜法相同，微生物需要在填料表面附着生长，填料可以是固定的，也可以处于不规则的浮动或流动之中。污水则流动于填料的孔隙中，与生物膜接触并在生物膜上微生物的新陈代谢作用下，分解去除污水中的有机物。填料的比表面积大，可附着大量的生物量。同时因其孔隙率大，基质的进入和代谢产物的移出，以及生物膜自身更新脱落均较为通畅，使得生物膜能保持高的活性和较高的生化反应速率。在接触氧化池中，微生物所需要的氧气来自水中溶解氧，所以需要像活性污泥法那样不断向水中曝气供氧，空气多通过设在池底的穿孔布气管进入水流。当气泡上升时，向污水中供应氧气也可起到搅拌与混合作用。生物接触氧化工艺相当于在曝气池内充填供微生物栖息的填料，因此，又称为“接触曝气法”。

（二）生物接触氧化工艺的特点

相比于生物滤池和生物转盘工艺，生物接触氧化工艺比表面积大，为生物提供了巨大的栖息空间，可形成稳定性较好的高密度生态体系。生物接触氧化池填料挂膜周期相对缩短，在处理相同水量的情况下，水力停留时间短，所需设备体积小，场地占用面积小。

池内单位容积的生物固体量高，系统耐冲击负荷能力强，池内污水中还存在约2%～5%的悬浮状态活性污泥，对污水也起净化作用，因此生物接触氧化池具有较高的容积负荷。在一般情况下，生物接触氧化工艺的容积负荷为3～10 $kgBOD_5/(m^3 \cdot d)$，是普通活性污泥法的3～5倍，COD的去除率是传统生物法的2～3倍。

由于生物接触氧化池内生物固体量多，水流又属于完全混合型，故对水质水量的骤变有较强的适应能力，对农村污水排放量不均匀的情况具有较好适应性。

不同于一般生物滤池靠自然通风供氧，生物接触氧化滤池采用机械设备向废水中充氧，生化反应充分，生物膜上的微生物种群丰富，能形成稳定的食物链和生态系统，因此污泥产量较低，且污泥颗粒较大，易于沉淀，在操作过程中一般不会产生污泥膨胀，运行管理简便。

生物接触氧化工艺处理磷的效果较差，对总磷指标要求较高的地区应配套建设深度除磷设施。

生物接触氧化工艺在启动初期或曝气时容易出现泡沫，覆盖于地面，甚至溢出池外，恶化工作环境，影响操作管理，一般需要添加消泡剂或采取水喷淋、增设水解酸化池等消泡措施。

（三）生物接触氧化工艺的流程

在确定生物接触氧化工艺流程时，通常需要解决的问题有采用几级系统、是否采用回流、是否需要后处理等。一般在农村污水治理中，采用一级接触氧化工艺较多，也可以结合前置水解池、缺氧池以达到更好的出水效果。

1. 一级接触氧化工艺流程

在确定生物接触氧化工艺流程时，可根据进水水质和处理效果选用一级接触氧化池或多级接触氧化池。在农村污水处理中，一般使用一级接触氧化工艺来实现碳氧化和硝化作用。

2. 生物接触氧化组合工艺流程

接触氧化工艺可单独应用，也可与其他污水处理工艺组合应用。普通农村生活污水的除碳和脱氮处理可采用“缺氧接触氧化＋好氧接触氧化”的工艺流程；在处理农村小作坊、小型工厂难降解有机污水时，可在接触氧化池前增加水解酸化池。

3. 厌氧发酵池—生物接触氧化池—人工湿地组合工艺

在有条件进行人工湿地建设且对出水有较高要求时可采用该工艺。污水首先进入厌氧发酵池，以降低后续接触氧化反应的有机负荷，生物接触氧化池出水部分回流进行硝化液回流脱氮处理，后续进入人工湿地进一步去除营养物质。该工艺具有节能和减少污泥排放的独特优势，所耗用的资源较少，所产生的二次污染的数量较小。

（四）生物接触氧化工艺的系统构造

生物接触氧化工艺系统通常由氧化池、供气系统和供排水系统组成。氧化池是生物接触氧化的中心构筑物，由池体、填料及其支架、曝气装置、进出水装置和排泥装置等部分组成。

1. 池体

池体是容纳被处理水体和围挡填料，并承托填料和曝气装置重量的构筑物。目前，在实际运用中，有一些生物氧化池是利用现成构筑物安装生物填料装置形成的，更多的是新投资建设的生物氧化池。氧化池的平面尺寸要求：能满足所要求的流态，布水布气均匀，填料和其他配套装置安装维护方便，与其他构筑物相匹配。

2. 填料及其支架

填料是氧化池的主体，对其材质、比表面积、结构等均有不同程度的要求。填料作为生物膜载体，是生物膜法处理工艺的关键部位，填料的好坏直接影响生物接触氧化工艺的处理效果，它的费用在生物膜法系统基建投资中所占比重较大，因此选择适宜填料具有经济与技术的双重意义。

（1）填料的性能要求

在生物接触氧化工艺水处理系统中，对填料的性能要求主要有以下几个方面:

①水力特性：要求填料比表面积大、空隙率高、水流畅通、阻力小、流速均匀;

②生物附着性：要求填料有一定的生物膜附着性能，这主要与填料的物理和物理化学特性有关。填料的外观形状、表面粗糙度是能否很快形成初期生物膜的主要因素，一般来说，在其他条件相同的条件下，粗糙度大，挂膜快；粗糙度小，挂膜慢。填料的物理化学特性主要有表面显微结构、表面电位、亲水性等。

③化学和生物稳定性：要求填料经久耐用，在水中不会有有害物质溶出，不会产生新的水质污染。

④经济性：要求填料价格便宜、货源广、便于运输和安装。

（2）填料的分类

生物接触氧化工艺的发展时间较长，广泛运用于污水处理和微污染水处理中，生物填料也经历了一个逐步发展的过程，其种类较为丰富，可以按照以下标准进行分类：

①按形状分类，如蜂窝状、米状、筒状、列管状、波纹状、板状、网状、圆环状以及不规则粒状等。

②按性状分类，如硬性、软性、半软性等。

③按材质分类，如塑料、玻璃钢、纤维等。

（3）填料支架

填料支架是固定和支撑填料的部件，一般做成拼装式，也可将支架连同填料一起做成单元框架式。支架的材料有圆钢、扁钢和塑料管三种，要求支架断面不要太尖锐，以免割裂填料。同时，使用钢材制作支架时应注意防腐，在给水处理中，防腐处理应选择食品型防腐剂，不应给水体带来新的污染。

3. 曝气装置

曝气设备根据填料的形式会有所变化，悬挂式填料宜采用鼓风式穿孔曝气管、中孔曝气管，悬浮填料宜采用穿孔曝气管、中孔曝气器、射流曝气器、螺旋曝气器。鼓风曝气一般采用主管与支管相结合的曝气系统，在氧化池底部的主管可以采用环形、一字形、十字形、王字形等，支管可根据曝气系统的大小，采用一点、两点或多点接入主管。

4. 进出水装置

生物接触氧化池的进水端宜设导流槽，宽度应满足氧化池布水、设置布水管路及施工维修的需要。导流槽与氧化池之间应设置导流墙，以防止池内上升水流短路及大量气泡泄入导流槽。出水端应设置集水槽以保证均匀出水，底部应有放空设施。同时，生物接触氧化池还应根据实际情况设置消除泡沫措施、溶解氧检测装置等。

5. 排泥装置

在采用生物接触氧化工艺处理饮用水水源水质时，由于生物膜上的微生物多为好氧型和贫营养型，其产泥量并不大。在大型实际工程中，最好设置排泥装置。当不能排泥时，要对脱落的生物膜和积泥对水处理效果产生的影响进行相应的评估。在试验中，一般应设置排空管。

第三节　厌氧消化法

一、厌氧消化法的基本原理

（一）厌氧消化方式的机理

厌氧消化法是指在无分子氧的状态下，通过厌氧菌和兼性菌的作用，将污水中的各种复杂有机物分解转化为甲烷和二氧化碳等物质的一种污水生物处理方法。厌氧消化是一个复杂的生物化学过程，主要依靠产酸菌、产氢产乙酸菌、同型产乙酸菌和产甲烷菌四大菌种联合作用，分三个阶段完成。

1. 水解酸化阶段

污水中复杂的大分子、不溶性的有机物在细胞外酶的作用下水解为小分子、溶解性有机物，然后渗入细胞体内，水解产生挥发性有机酸、醇类及醛类等。

2. 产氢产乙酸阶段

在产氢产乙酸菌的作用下，各种有机酸分解转化为乙酸、氢和二氧化碳。

3. 产甲烷菌阶段

产甲烷菌将乙酸、氢及二氧化碳转化为甲烷。

（二）厌氧消化法的影响因素

1. 温度

厌氧消化分为常温消化、中温消化和高温消化，有不同的温度要求。

2.pH 值

反应器内 pH 值一般保持在 6.5 ～ 7.5。

3. 污水营养比

在厌氧条件下，污水营养比为 m（BOD）：m（N）：m（P）=（200 ～ 300）：5 ：1。

4. 搅拌与混合

搅拌是影响厌氧消化的重要条件，搅拌可增加微生物与有机物的接触，提高处理效率。搅拌方法可采用机械搅拌、消化液循环搅拌和沼气循环搅拌。

5. 有机负荷

有机负荷直接影响处理效率与产气率，要根据不同工艺选择。

6. 有毒物质

在采用厌氧消化法处理污水时，要控制铜、锌、镉、镍等重属离子和氨、硫化物以及醛基、双链、苯环等有机物的浓度，以防止这些物质对对厌氧消化过程产生毒害抑制作用。

（三）厌氧消化法的特点

1. 厌氧消化法的优点

厌氧消化法与好氧消化法相比有下述优点：

（1）可节省能源

厌氧消化法的能源消耗约为活性污泥法的 1/10。同时，产生的沼气又可作为能源。去除 1 kgBOD_5 可产生 0.35 m^3 沼气。沼气的发热量为 21 ～ 23 MJ/m^3。

（2）容积负荷高

一般好氧消化系统的容积负荷为 2 ～ 4 kg/（m^3·d），而厌氧消化系统为 5 ～ 10 kg/（m^3·d）。

（3）氮磷需求量低

好氧消化法的氮磷需求量为 m（BOD）：m（N）：m（P）= 100 ：5 ：1，而厌氧消化法为 m（BOD）：m（N）：m（P）=（200 ～ 300）：5 ：1。

（4）剩余污泥少

好氧消化法去除 1 kgCOD 可产生 0.4 ～ 0.6 kg 生物量，而厌氧消化法仅产生 0.02 ～ 0.1 kg 生物量，其剩余污泥量只有好氧消化法的 5% ～ 20%。同时，厌氧消化法的剩余污泥性质稳定，浓缩脱水性能好。

（5）有杀菌作用

厌氧消化法可杀死污水及污泥中的寄生虫卵及病毒。

（6）污泥存期长

厌氧消化法的污泥可长期储存。厌氧反应器可季节性或间歇性运转，停运一段时间后，能迅速启动运行。

（7）应用范围广

好氧消化法只限于处理低浓度的有机污水，而厌氧消化法既适用于处理高浓度有机污水，又适用于处理低浓度有机污水，同时还可降解好氧法难以降解的有机物。

（8）水温适应广

好氧法的适宜水温在 10 ～ 35 ℃，当高温时就需采取降温措施；而厌氧法对水温的适应范围广，分低温发酵（10 ～ 30 ℃）、中温发酵（30 ～ 40 ℃）和高温发酵（50 ～ 60 ℃）。

2. 厌氧消化法的缺点

①厌氧微生物增殖缓慢，因此其启动及处理需要较长时间。

②厌氧法出水往往达不到标准，一般要在其后串联好氧处理设施。

③厌氧法运行控制因素较为复杂和严格，对污水中含有毒有害物质较敏感。

二、厌氧消化系统

（一）第一代厌氧消化系统

1. 厌氧消化池

让污水或污泥定期或连续进入消化池，经消化的污泥和污水分别从消化池底部和上部排出，所产生的沼气从顶部排出。在进行中温和高温发酵时，常需加热发酵料液，一般采用在池外设热交换器的方法间接加热或采用蒸汽直接加热。普通消化池的特点是在一个池内实现厌氧发酵的反应过程和液体与污泥的分离过程。通常是间断进料，也有的采用连续进料方式。为了使进料和污泥密切接触而设有搅拌装置，一般情况下每隔 2 ～ 4 h 搅拌一次。在排放消化液时，通常停止搅拌，待沉淀分离后从上部排出上清液。目前，消化工艺被广泛地应用于城市污水、污泥的处理中。

2. 厌氧接触反应器

厌氧接触工艺的反应器是完全混合的，排出的混合液首先在沉淀池中进行固液分离，可以采用沉淀或气浮处置。污水由沉淀池上部排出，沉淀下的污泥回流至消化池，这样做既能保证污泥不会流失，又能提高消化池内的污泥浓度，从而在一定程度上可以提高设备的有机负荷率和处理效率。与普通消化池相比，它的水力停留时间可以大大缩短。厌氧接触工艺已在我国成功地应用于酒精糟液的处理中。

（二）第二代厌氧消化系统

1. 厌氧滤池

厌氧滤池（AF）是一种在反应器内充填各种类型的固体填料，如卵石、炉渣、瓷环、塑料等来处理有机废水的厌氧生物反应器。废水向上流动通过反应器的厌氧滤池称为上向流式厌氧滤池；当有机物的浓度和性质适宜时，采用的有机负荷一般为 10 ～ 20 kgCOD/（m^3·d）。另外还有下向流式厌氧滤池。污水在流动过程中生长并保持与厌氧细菌的填料相接触；因为细菌生长在填料上，不随出水流失，在短的水力停留时间下可取得长的污泥龄。厌氧滤池的缺点是载体相当昂贵，据估计载体的价格与构筑物建筑价格相当。但若采用的填料不当，在污水中悬浮物较多的情况下，就很容易发生短路和堵塞，这是厌氧滤池工艺不能迅速推广的原因。

2. 上向流式厌氧污泥床反应器

待处理的废水被引入上向流式厌氧污泥床（UASB）反应器的底部，向上流过由絮状或颗粒状污泥组成的污泥床，随着污水与污泥相接触而发生厌氧反应，产生沼气（主要是甲烷和二氧化碳），从而引起污泥床扰动。在污泥床产生的气体中，有一部分气体附着在污泥颗粒上，自由气体和附着在污泥颗粒上的气体上升至反应器的顶部。污泥颗粒上升撞击脱气挡板的底部，引起附着的气泡释放，脱气的污泥颗粒沉淀回到污泥层的表面。自由气体和从污泥颗粒释放的气体被收集在反应器顶部的集气室内。液体中包含一些剩余的固体物和生物颗粒，当液体进入沉淀室后，剩余固体和生物颗粒从液体中分离出来并通过反射板落回到污泥层的上面。

3. 厌氧流化床和厌氧膨胀床

厌氧流化床（AFB）系统是一种具有很大比表面积的惰性载体颗粒的反应器，厌氧微生物在其上附着生长。它的一部分出水回流，使载体颗粒在整个反应器内处于流化状态。最初采用的颗粒载体是沙子，随后采用低密度载体如煤和塑料物质以减少所需的液体上升流速，从而减少提升费用。由于厌氧流化床使用了比表面积很大的填料，厌氧微生物浓度增加。厌氧生物处理反应器根据流速大小和颗粒膨胀程度可分成厌氧膨胀床和厌氧流化床。厌氧流化床一般按 20% ～ 40% 的膨胀率运行。厌氧膨胀床运行流速应控制在比初始流化速度略高的水平，相应的膨胀率为 5% ～ 20%。

4. 厌氧生物转盘反应器

厌氧生物转盘是与好氧生物转盘相类似的装置。在这种反应器中，微生物附着在惰性（塑料）介质上。介质可部分或全部浸没在废水中。介质在废水中转动时，可适当限制生物膜的厚度。剩余污泥和处理后的水从反应器排出。

5. 厌氧折流反应器

折板的阻隔使污水上下折流穿过污泥层，同时每一单元相当于一个单独的反应器，各单元中微生物种群分布不同，可以取得好的处理效果。

（三）第三代厌氧消化系统

厌氧颗粒污泥床（EGSB）反应器是在 UASB 反应器的基础上发展起来的第

三代厌氧生物反应器，其运行在高的上升流速下使颗粒污泥处于悬浮状态，从而保持了进水与污泥颗粒的充分接触。EGSB 反应器的特点是厌氧颗粒污泥床通过采用高的上升流速（与小于 1 ～ 2 m/h 的 UASB 反应器相比），即 6 ～ 12 m/h，运行在膨胀状态。EGSB 的概念特别适于低温和相对低浓度污水，当沼气产率低、混合强度低时，在此条件下较高的进水动能和厌氧颗粒污泥床的膨胀高度将获得比“通常的”UASB 反应器更好的运行结果。EGSB 反应器由于采用高的上升流速因而不适于颗粒有机物的去除。进水悬浮固体流过厌氧颗粒污泥床并随出水离开反应器，胶体物质被污泥絮体吸附而部分去除。

第八章　污泥的处理与处置技术

污泥是污水处理的二次产物，如处理不当将会造成二次污染。随着人们环保意识的不断增强与环保力度的加大，如何有效地进行污泥的处理与处置已成为国内外环境岩土工程界亟待解决的主要热点问题之一。本章分为污泥的来源与种类、污泥的浓缩工艺、污泥的脱水与干化、污泥的利用与处置四部分，主要内容包括污泥的来源、污泥的分类、机械浓缩法、气浮浓缩法、重力浓缩法、污泥浓缩法的发展趋势、污泥的脱水、污泥的干化等方面。

第一节　污泥的来源与种类

一、污泥的来源

在生活污水和工业废水的处理过程中，分离或截流的固体物质统称为污泥。污泥作为污水处理的副产物通常含有大量的有毒、有害或对环境产生负面影响的物质，必须妥善处置，否则将形成二次污染。

二、污泥的分类

（一）按来源分类

1. 净水厂污泥

净水厂污泥主要包含土壤颗粒、金属氢氧化物、腐殖质及少量藻类细菌等物质，以无机成分为主，有机成分含量较少。水厂净水过程中一般使用铝盐或铁盐混凝剂，因此污泥中的铝含量和铁含量相对较高。

2. 污水厂污泥

污水厂污泥是污水净化处理过程中的产物。按污泥的性质，可将污水厂污泥分为以有机物为主的污泥和以无机物为主的沉渣；而按照污水处理工艺可将污水厂污泥分为初沉污泥、剩余污泥、消化污泥和化学污泥。

（1）初沉污泥

初沉污泥是指一级处理过程中产生的污泥，也就是在初次沉淀池中沉淀下来的污泥。含水率一般为 96% ～ 98%。

（2）剩余污泥

剩余污泥即生化污泥，是指在生化处理工艺等二级处理过程中排放的污泥，含水率一般在 99.2% 以上。

（3）消化污泥

消化污泥是指初沉污泥、剩余污泥经消化处理后达到稳定化、无害化的污泥，其中大部分有机物被消化分解，因而污泥不易腐败，同时污泥中的寄生虫卵和病原微生物被杀灭。

（4）化学污泥

是指絮凝沉淀和化学深度处理过程中产生的污泥，如石灰法除磷、酸碱废水中和及电解法等产生的沉淀物。

3. 疏浚污泥

随着城市化和工业化的发展及人口的增加，城市、乡镇、工业园区范围内的河道大多被污染并沉积了大量的底泥，需要时常进行清理。在这些底泥中，无机物含量大，重金属含量严重超标，油类含量也多严重超标。河道污泥由于清淤工程的实施而呈现污泥量大、排放时间集中、泥性沿河分布有所差异的特点，且污泥处置妥当与否直接制约河道清淤工程的进度。

4. 通沟污泥

由于城镇污水中含有大量的悬浮物，输送过程中污水流速的变化，会导致一部分悬浮物沉淀下来，淤积在输送管道内。为了维持城镇排水沟道的正常功能，需要定期对沟道管网系统进行清理维护，在此过程中从沟道中清除的淤泥就是通沟污泥。通沟污泥一般包含随生活污水或工业废水进入管道输送系统的颗粒物和杂质，也有道路降尘、垃圾，以及建筑工地排放的泥浆和其他杂物，如树枝、塑料袋、石块、动物尸体、包装盒、饮料瓶等。

5. 工业污泥

工业污泥是指工业废水经处理后产生的大量污泥。这些污泥成分比较复杂，含有大量有害、有毒物质，如重金属、病原体、酸、碱等。

6. 油田污泥

油田污泥是油田污水处理的一种副产品，主要成分为碳酸钙、重金属、油类、碱、有害有机物等。

7. 泵站系统栅渣

在城镇污水输送过程中，会混入一定量的生活垃圾，这些垃圾会通过提升泵站、污水处理厂的格栅拦截而从污水中分离出来，这些分离物便是栅渣。

8. 医院污泥

医院污泥是指医院污水处理中产生的污泥。在医院污水中，有 75% 左右的病菌病毒和 90% 的蠕虫卵转移到污泥中，应将含水率高的污泥进行浓缩脱水减量化后再做消毒灭菌处理。医院废水污泥排放时应达到《医疗机构水污染物排放标准》（GB 18466—2005）的要求：蛔虫卵死亡率大于 95%；每 10 g 污泥（原检样）中，不得检出肠道致病菌和结核杆菌等。

9. 含放射性废弃物的污泥

含放射性废弃物的污泥主要来自核原料生产、核电站和核反应堆、放射性产品废弃物、核试验和核废料处理产物等。含放射性废弃物的污泥，其资源化与处置问题早已引起环境科学界的关注，相关技术也得到了很大的发展。

（二）按成分和性状分类

按照污泥中物质的成分，污泥可分为有机污泥和无机污泥两大类。有机污泥通常称为污泥，以有机物为主要成分，具有易腐化发臭、颗粒较细、比重较小、含水率高且不易脱水的特性，是呈胶状结构的亲水性物质。无机污泥通常称为沉渣，以无机物为主要成分，具有颗粒较粗、比重较大、含水率较低且易于脱水的特性。

1. 有机污泥

有机污泥主要是指污水厂污泥、工业污泥、油田污泥，其有机质含量较高，一般占其干基含量的 50%。

2. 无机污泥

土质污泥包括净水厂污泥、疏浚污泥、通沟污泥、生活污泥，其有机质含量较低，一般占其干基含量的 40%。

（三）按环境风险程度分类

按照环境风险程度，污泥可分为轻度、中度和重度三大类。

1. 轻度污泥

①偏远乡村集中式生活污水处理设施产生的所有污泥。

②无制药、化工、印染、制革和金属表面处理企业的乡镇集中式生活污水处理厂产生的所有污泥。

③无制药、化工、印染、制革和金属表面处理企业的市县集中式生活污水处理厂产生的所有污泥。

④造纸（再生纸）行业的生产废水处理设施及园区集中式污水处理厂产生的生化污泥。

2. 中度污泥

①有制药、化工、印染、制革和金属表面处理企业的乡镇集中式生活污水处理厂产生的所有污泥。

②有制药、化工、印染、制革和金属表面处理企业的市县集中式生活污水处理厂产生的所有污泥。

③造纸（再生纸）行业的生产废水处理设施及园区集中式污水处理厂产生的物化污泥。

④制药、化工、制革行业的生产废水处理设施及园区集中式污水处理厂产生的生化污泥。

⑤印染行业的生产废水处理设施及园区集中式污水处理厂产生的所有污泥。

3. 重度污泥

①金属表面处理行业的生产废水处理设施及园区集中式污水处理厂产生的所有污泥。

②制药、化工、制革行业的生产废水处理设施及园区集中式污水处理厂产生的物化污泥。

③除制药、化工、电镀、制革行业产生的污泥外，其他列入《国家危险废物名录》的所有污泥。

第二节 污泥的浓缩工艺

浓缩的主要目的是减少污泥体积，这对减轻后续处理过程（如消化、脱水、干化和焚烧等）的负担是非常有利的。若采用厌氧处理，则可以使消化池的容积大大缩小；若采用好氧处理或者化学稳定处理，则可以节约空气量和药剂用量。

若要进行湿式氧化或焚烧处理，为了提高污泥的热值，则应浓缩以增加固体的含量。

污泥中的水分主要有颗粒之间的间隙水、毛细水以及污泥颗粒表面的吸附水和颗粒的内部水（包括细胞内部水）四类。

为了降低污泥中的水分往往采取不同的措施，例如浓缩法能够降低污泥中的间隙水，自然干化法和机械脱水法能够脱掉毛细水，焚烧法能够去除吸附水和内部水。采用不同的方法会有不同的脱水效果。

污泥浓缩存在技术界限，如活性污泥浓缩后含水率可降为 97% ～ 98%，初次沉淀污泥浓缩后的含水率可降为 85% ～ 90%。污泥的浓缩方法主要有三种，分别是机械浓缩法、气浮浓缩法和离心浓缩法。这三种方法各有优劣，需要根据实际情况做出选择。

一、机械浓缩法

（一）离心浓缩机浓缩法

离心机浓缩法最早始于 20 世纪 20 年代初，当时采用的离心浓缩机是最原始的管式离心机，后经过盘嘴式等几代更换，现在普遍采用的是卧式螺旋离心机。与离心脱水的区别在于，离心浓缩机用于浓缩活性污泥时，一般不需加入絮凝剂调质，只有在浓缩污泥含固率要求大于 6% 时，才加入少量絮凝剂，而离心脱水机要求必须加絮凝剂进行调质。

离心浓缩机占地小，不会产生恶臭，对富磷污泥可以避免磷的二次释放，提高了污泥处理系统总的除磷率，造价低，但运行费用和机械维修费用高，经济性差，一般很少用于污泥浓缩，但对于难以浓缩的剩余活性污泥可以考虑使用。

目前，常用的离心浓缩机有卧式螺旋离心机和笼形立式离心机两种。在卧式螺旋离心机中，浓缩污泥从转筒中由螺杆将其排出，而笼形立式离心机则通过集泥管排出污泥。以污泥供给管为中心，外筒和内筒保持一定的转速差而旋转，污泥通过污泥供给管连续输送到高速旋转的外筒内，由于离心力的作用，污泥絮体在外筒内壁沉降堆积。内筒中设置有螺杆，内筒的转速比外筒低，发生螺旋输送作用，螺杆把外筒内壁堆积的污泥向左推送作为浓缩污泥排出。上清液从外筒侧面的排出口溢流出来。这类离心浓缩机的分离因数为 1000 ～ 3000。

在笼形立式离心机中，圆锥形笼框内侧铺上滤布，驱动电机通过旋转轴带动笼框旋转。污泥从笼框底部流入，其中的水分通过滤布进入滤液室，然后排出。污泥中的悬浮固体被滤布截留，从而实现固液分离，污泥被浓缩。浓缩的污泥沿笼框壁徐徐向上，从上端进入浓缩室再排出。由于离心和过滤双重作用，该种离心浓缩机大大提高了过滤效率，实现了浓缩装置小型化，大大减少了占地面积。

（二）带式浓缩机浓缩法

带式浓缩机主要用于污泥浓缩脱水一体化设备的浓缩段。带式浓缩机主要由框架、进泥配料装置、脱水滤布、可调泥耙和泥坝组成。其浓缩过程如下：污泥进入浓缩段时被均匀摊铺在滤布上，好似一层薄薄的泥层，在重力作用下泥层中污泥的自由水大量分离并通过滤布空隙迅速排走，而污泥固体颗粒则被截留在滤布上。带式浓缩机通常具备很强的可调节性，其进泥量、滤布走速、泥耙夹角和高度均可进行有效的调节以达到预期的浓缩效果。

浓缩过程是污泥浓缩脱水一体化设备的关键控制环节，水力负荷是带式浓缩机运行的关键参数。设备厂商通常会根据具体的泥质情况提供水力负荷或固体负荷的建议值。不同厂商设备之间的水力负荷可能相差很大，质量一般的设备 1 m 带宽只有 20 ～ 30 m^3/h，但好的设备可以做到 1 m 带宽 50 ～ 60 m^3/h 甚至更高，设备带宽最大为 3.0 m。在没有详细的泥质分析资料时，设计选型时水力负荷可按 1 m 带宽 40 ～ 45 m^3/h 考虑。带式浓缩机的常见故障有滤带跑偏、污泥外溢及滤带起拱等。

（三）转鼓、螺压浓缩机浓缩法

转鼓、螺压浓缩机或类似的装置主要用于浓缩脱水一体化设备的浓缩段，转鼓、螺压浓缩机是将经化学混凝的污泥进行螺旋推进脱水和挤压脱水，使污泥含水率降低的一种简便高效的机械设备。

转鼓、螺压浓缩机的工艺参数主要是单台设备单位时间的水力接受能力及固体处理能力。

二、气浮浓缩法

（一）气浮浓缩法概述

气浮浓缩法是使大量的微小气泡附着在污泥颗粒的表面，从而使污泥颗粒的密度降低而上浮，实现泥水分离的一种浓缩方法。因而气浮浓缩法适用于活性污泥和生物滤池污泥等颗粒污泥密度较小的污泥。采用气浮浓缩法所得到的出流污泥含水率低于采用重力浓缩法所得到的出流污泥含水率，气浮浓缩法可得到较高的固体通量，但运行费用比重力浓缩法高。

（二）气浮浓缩法的影响因素

气浮浓缩法是近年来发展起来的一种主要用于剩余活性污泥的浓缩方法。气浮浓缩法，可分为加压溶气气浮浓缩法与真空气浮浓缩法两种。目前，对前者的研究与应用较多，而对后者，由于设备较复杂，而且是在真空容器中进行气浮，因此连线运行与浓缩污泥的排除，都存在一定困难。

在采用气浮浓缩法浓缩活性污泥时，应在运行管理中注意考虑以下几方面的影响因素。

1. 混凝剂投加与否的问题

活性污泥是絮凝体，在絮凝时能捕获与吸附气泡，达到气浮的目的。在溶气比、固体负荷、水力负荷、停留时间相同的条件下，投加混凝剂与不投加混凝剂，对浓缩污泥的固体浓度、固体回收率并无明显差别。因此，在采用气浮浓缩法浓缩活性污泥时，不一定要投加混凝剂。

2. 污泥体积指数的影响

在采用气浮浓缩法浓缩活性污泥时，同样也存在着污泥的膨胀问题。在运行时，应经常测定污泥体积指数，以指导气浮池的运行。污泥膨胀无助于气浮浓缩，因此当发现污泥体积指数的测定值不在正常范围内时，可采用前述的物理法、化学法或生物法来解决。

3. 刮泥周期的影响

一般情况下，若刮泥周期延长，则上浮污泥的固体浓度将增加。上浮后的浓缩污泥，是非常稳定的污泥层，即使受到机械力（如刮风、下雨）的作用，也不会破碎或下沉。

气浮浓缩污泥应及时刮除。每次刮泥不宜太多，太多则可使污泥层底部的污泥，带着水分上翻到表面，影响浓缩效果。

三、重力浓缩法

（一）重力浓缩法概述

根据重力浓缩法运行的方式不同，可将重力浓缩法分为间歇式浓缩法和连续式浓缩法两种，对应地，重力浓缩池也可分为间歇式和连续式两种。重力浓缩法目前应用最广。

污泥经中心筒进入，浓缩后的污泥经由池底排出，脱出的水分经澄清后经溢流堰溢出。浓缩池可分为三个区域：顶部为澄清区；中部为进泥区；底部为压缩区。进料区的污泥固体浓度与进泥浓度大致相同。压缩区的浓度则越往下越浓，到排泥口达到要求的浓度。澄清区与进泥区之间有污泥面（浑液面），其高度由排泥量调节。

根据浓缩需求，浓缩池必须满足以下条件：①上清液必须澄清；②排出的污泥必须达到规定标准；③具有较高的固体回收率。若一味地增加污泥处理量，则会导致浓缩池的负荷过大，浓缩污泥的固体浓度降低，造成上清液的浑浊；相反，若负荷过小，则会造成污泥在池中过久地停留而产生腐败发酵，产生气体，使得污泥上浮。因此，在设计过程中，要考虑各种情况的发生，以避免不良后果的产生。

重力浓缩可以根据试验数据来进行设计计算，但是在处理工业废水方面，由于污泥种类的不同，在处理能力上有所差距。因此，在污泥的处理中，最好通过试验来确定污泥负荷和截面积的大小。

（二）重力浓缩池的形式

重力浓缩池可分为间歇和连续式两种。前者主要用于小型处理厂或工业企业的污水处理厂。后者用于大、中型污水处理厂。

1. 间歇式重力浓缩池

间歇式重力浓缩池在设计原理上与连续式相似。在浓缩池不同深度处设置了上清液排出管，目的是在运行时及时排出浓缩池中的上清液，以确保有足够大的池容处理更多的污泥。一般情况下，间歇式重力浓缩池的浓缩时间一般为 8 ～ 12 h。

间歇式重力浓缩池的管理比较麻烦，相对于被处理的污泥量来说，体积较连续式大。

2. 连续式重力浓缩池

连续式重力浓缩池形同辐射式沉淀池。可分为有刮泥机与污泥搅动装置的连续式重力浓缩池、不带刮泥机的连续式重力浓缩池以及多层浓缩池（带刮泥机）三种。

有刮泥机与搅动装置的连续式重力浓缩池，池底坡度一般为 1/100 ～ 1/12。污泥在水下的自然坡度为 1/20。依靠刮泥机刮集污泥到池子中心，然后用排泥管排出。在刮泥机上设有竖向栅条，随同刮泥机一起缓慢转动搅拌。

若不用刮泥机，则可采用多斗式浓缩池，依靠重力排泥，斗的锥角应保持在

55° 以上，因此池深较大。但是由于锥体属于三向压缩，对于污泥的浓缩是有好处的。

对于小型连续式浓缩池，不用刮泥机，设一个泥斗即可。

（三）重力浓缩池运行中存在的问题

运行中常遇到的问题包括：初次沉淀污泥或初次沉淀污泥与剩余活性污泥混合浓缩时的厌气发酵问题；剩余活性污泥浓缩时的膨胀问题。前一问题的解决办法是加氯。后一问题与曝气池的运行有密切关系，比较简便的解决方法是经常测定污泥体积指数。

污泥体积指数的高低反映出活性污泥质量的好坏。一般说，污泥体积指数的值越高，活性越强，吸附有机物的性能越好，污泥体积指数的值越低，活性越弱，污泥中所含无机物越多，沉降性能越好。

在对活性污泥进行浓缩时，污泥膨胀是一个很麻烦的问题。由于污泥膨胀，往往无法进行重力浓缩，而使固体物质大量流失，污染出流。膨胀严重时，甚至不得不把池内的污泥全部放空，冲洗后重新投入运行。

污泥膨胀问题的解决，宜在活性污泥法处理系统中进行。例如，浓缩池中出现污泥膨胀时，一般解决办法有生物法、化学法和物理法等。

四、污泥浓缩法的发展趋势

（一）机械浓缩、气浮浓缩法逐步取代重力浓缩法

重力浓缩法，维修管理及动力费用低，但占地面积大，卫生条件差，浓缩效果不高，特别是对于低浓度活性污泥的浓缩，不能有效地去除污泥中的水分。另外，由于污泥在重力浓缩池停留时间长，浓缩池中形成厌氧环境，富磷污泥在浓缩过程中释磷现象严重，使整个系统的除磷效果变差，因而重力浓缩法在污水处理厂中会逐步被取代。

采用机械浓缩法、气浮浓缩法取代重力浓缩法，可以克服以上缺点，并便于实现自动控制。因此，机械浓缩法、气浮浓缩法正逐渐为人们掌握并应用。

（二）进一步完善浓缩脱水一体化设备

浓缩脱水一体化设备具有工艺流程简单、工艺适应性强、自动化程度高、运行连续、控制操作简单和过程可调节性强等一系列优点，正得到越来越多的设计单位和用户，特别是中小城市污水处理厂用户的关注。

在采用污泥浓缩脱水一体化设备的工程中，各污水处理厂的污泥进入污泥浓缩脱水一体化设备前，均要经过污泥储泥池或污泥均质池(实际上相当于浓缩池)，其停留时间甚至比重力浓缩池停留时间还长，如昆明市第三污水处理厂将含固率为0.7%～0.85%的剩余污泥从ICEAS池泵入储泥池（水力停留时间为7日），在池中，间歇曝气和间歇浓缩交替进行以防止磷的析出。并使污泥浓缩至含固率为1.5%，然后进入带式浓缩机和带式脱水机。

污泥浓缩脱水一体化设备的目标与实际应用存在一定的差距，如果把长污泥停留时间的储泥池看成重力浓缩池的话，甚至可以认为污泥浓缩脱水一体化设备比传统污泥处理设备在工艺流程上更加复杂，污泥浓缩脱水一体化设备的应用需要进一步完善。

（三）研究开发低浓度污泥浓缩新技术

典型城市污水处理厂的初沉污泥含水率为95%～97%，二沉污泥含水率为99.2%～99.6%，有些变革工艺，如重庆大学自行开发研究的一体化氧化沟工艺，不设二次沉淀池，经固液分离器的剩余污泥含水率会更高一些。

根据各环保设备厂的样本，污泥浓缩脱水一体化机适用于含水率在99.5%以下的污泥，含水率高于99.5%的污泥不宜直接进入一体化污泥浓缩脱水机，需要先经过其他浓缩方法浓缩。在实际应用中，一体化设备对进泥含固率的要求更高，故需进一步研究开发低浓度活性污泥浓缩新技术。

（四）改善土工管袋脱水技术

现有的土工管袋易被泥浆细颗粒堵塞，且脱水周期较长，难以满足一些工期紧张的工程项目。有研究表明，添加絮凝剂和改善污泥形状，缓解堵塞状况，能强化管袋的脱水能力。在实际工程中，如何缩短脱水周期、如何选择合适的管袋材质、如何选择最佳的絮凝剂和投加量，是目前需要解决的难题。

第三节　污泥的脱水与干化

一、污泥的脱水

（一）脱水前的预处理

预处理的目的在于改善污泥的脱水性能，提高机械脱水效果与机械脱水设备的生产能力。初沉污泥、活性污泥、腐殖污泥、消化污泥均由亲水性带负电荷的胶体颗粒组成，有机质含量高、比阻值大，脱水困难。而消化污泥的脱水性能与其搅拌方法有关，若用水力或机械搅拌，污泥受到机械剪切作用，絮体被破坏，脱水性能恶化；若采用沼气搅拌，脱水性能可改善。

当污泥的比阻值为（0.1 ～ 0.4）$\times 10^9$ s^2/g 时，进行机械脱水较为经济与适宜。但是各种污泥的比阻值均大于此值，初沉污泥的比阻值为（4.7 ～ 6.2）$\times 10^9$ s^2/g，活性污泥的比阻值为（16.8 ～ 28.8）$\times 10^9$ s^2/g，所以在机械脱水前，必须先进行预处理。预处理的方法主要有化学调理法、热处理法、冷冻法及淘洗法等。

1. 化学调理法

化学调理法即在污泥中投加混凝剂、助凝剂一类的化学药剂，使污泥颗粒产生絮凝，比阻值降低。

常用的污泥化学调理混凝剂有无机混凝剂、有机混凝剂和生物混凝剂三类。无机混凝剂是一种电解质化合物，主要包括铝盐、铁盐及其高分子聚合物。有机混凝剂是一种高分子聚合电解质，按基团带电性质可分为阳离子型、阴离子型、非离子型和两性型。污水处理中常用阳离子型、阴离子型和非离子型三种。生物混凝剂是一类由微生物产生的，可使液体中不易降解的固体悬浮颗粒凝聚、沉淀的特殊高分子代谢产物。混凝剂种类的选择及投加量的多少与许多因素有关，应通过试验确定。

2. 热处理法

热处理法可使污泥中有机物被分解，破坏胶体颗粒稳定性，使污泥内部水与吸附水被释放。同时，寄生虫卵、致病菌与病毒等也可被杀灭。因此，热处理法兼有污泥稳定、消毒和除臭等功能。若对热处理后的污泥进行重力浓缩，可使其含水率从 97% ～ 99% 浓缩为 80% ～ 90%，若直接进行机械脱水，泥饼含水率可为 30% ～ 45%。热处理法分为高温加压热处理法与低温加压热处理法两种，适用于各种污泥。

高温加压热处理法的控制温度为 170 ～ 200 ℃，低温加压热处理法的控制温度则低于 150 ℃，可在 60 ～ 80 ℃时运行，其他条件相同。如压力为 1.0 ～ 1.5 MPa，反应时间为 1 ～ 2 h。由于高温加压热处理法能耗较多，且热交换器与反应釜容易结垢影响处理效率，故一般采用低温加压热处理法。热处理法的主要缺点是能耗较多，运行费用较高，设备易受腐蚀。

3. 冷冻法

先将污泥进行冷冻处理，随着冷冻过程的进行，污泥中胶体颗粒被向上压缩浓集，水分被挤出，再进行融解处理，污泥颗粒的结构被彻底破坏，脱水性能大大提高，颗粒沉降与过滤速度可提高几十倍，可直接进行机械脱水。冷冻—融解是不可逆的，即使再用机械或水泵搅拌也不会重新成为胶体。

4. 淘洗法

淘洗法一般用于消化污泥的预处理，该方法虽可用污水处理厂的出水或自来水、河水把消化污泥中的碱度洗掉以节省混凝剂用量，但增加了淘洗池及搅拌设备。一增一减基本上可抵消，该方法已逐渐被淘汰。

（二）污泥脱水的原理

污泥中的水有四种存在形式：间隙水、毛细管结合水、表面吸附水及内部水。这四种形式分别反映了水分与污泥固体颗粒结合的情况。

1. 间隙水

污泥块之间包围着的间隙水不与固体直接结合，作用力弱，很容易被分离。这部分水是污泥浓缩的主要对象，占污泥水分总量的 70%。

2. 毛细管结合水

毛细现象形成的毛细管结合水由于受到液体凝聚力和液固表面附着力作用，需要较高的机械作用力和能量才能将其分离出来。毛细管结合水的分离方法可以采用与毛细水表面张力相反的作用力，如离心力、电渗力或热渗力等。实际中常用离心机、真空过滤机或高压压滤机来去除这部分水。污泥中各类毛细管结合水约占污泥中水分总量的 20%。

3. 表面吸附水

由于污泥常处于胶体状态，而胶体的特征为颗粒小、比表面积大，所以表面吸附水分较多。表面张力较强导致表面吸附水的去除较难，不能用普通的浓缩或脱水方法去除，通常要在污泥中加入电解质混凝剂，利用凝结作用使污泥固体与水分分离。表面吸附水占污泥中水分的 7%。

4. 内部水

微生物的细胞膜包围了一部分污泥中的水，形成内部水，与微生物结合得很紧，如要去除，必然会破坏细胞膜。通常采用生物作用（好氧堆肥化、厌氧堆肥化等）将细胞分解，或采用其他方法使细胞膜破裂，使内部水扩散出来再进一步去除。内部水约占污泥中水分的3%。

污泥浓缩主要针对的是间隙水，经浓缩后的污泥含水率一般在90%以上，呈流动状态，体积依然很大，故需要进行机械脱水，将污泥中的毛细管结合水分离出来。经机械脱水后，物料的体积减少到原来的十分之一，大大降低了后续处理的难度。

（三）污泥脱水的设备

1. 真空过滤脱水机

真空过滤脱水机是用抽真空的方法使过滤介质两侧形成压力差进行脱水的，可用于初次沉淀污泥和消化污泥的脱水。经厌氧消化处理的污泥，在真空过滤之前，应进行预处理，一般先对污泥进行淘洗。真空过滤所使用的机械称为真空过滤机，俗称真空转鼓。真空过滤机脱水的特点是能够连续生产，运行平稳，可自动控制，主要缺点是附属设备较多、工序较复杂、运行费用较高。真空过滤脱水目前应用较少。

2. 压滤机

压滤机是在外加一定压力的条件下，使含水污泥过滤脱水的一种固液分离设备，可分为间歇型和连续型两种。典型的间歇型压滤机为板框压滤机，而典型的连续型压滤机为带式压滤机。

带式压滤机种类很多，但基本结构相同，都由滚压轴和滤布组成。主要区别在于挤压方式与装置不同。该类设备的主要特点是把压力加在滤布上，用滤布的压力和张力使污泥脱水，而不需要真空加压设备，动力消耗少，可连续生产。目前，这种设备已得到广泛应用。

（1）滚压带式脱水机

滚压带式脱水机主要由滚压轴和滤布组成。先将污泥用混凝剂调理后，给入浓缩段，依靠重力作用浓缩脱水，使污泥失去流动性，以免在压榨时被挤出滤布带。浓缩段的停留时间一般为10～20 s，然后进入压榨段，依靠滚压轴的压力与滤布的张力榨取污泥中的水分，压榨段的压榨时间为1～5 min。

（2）板框压滤机

板框压滤机的构造简单，过滤推动力大，脱水效果较好，一般用于城市污水厂混合污泥时泥饼含水率可达65%。板框压滤机适用于各种污泥，但操作不能连续进行，脱水泥饼产率低。板与框之间相间排列，在滤板两侧覆有滤布，用压紧装置把板与框压紧，即板与框之间构成压滤室。在板与框上端中间相同的部位开有小孔，压紧后成为一条通道，加压为 0.39 ~ 0.499 MPa 的污泥，由该通道进入压滤室。滤板的表面刻有沟槽，下端钻有供滤液排出的孔道，滤液在压力下，通过滤布、沿沟槽与孔道排出压滤机，使污泥脱水。

3. 离心机

离心机脱水的原理是利用转动使污泥中的固体和液体分离。颗粒在离心机内的离心分离速度可以达到在沉淀池中沉速的 10 倍，可在很短的时间内，使污泥中很细小的颗粒与水分离。此外，离心机与其他脱水机相比，还具有固体回收率高、分离液浊度低、处理量大、基建费用少、占地少、工作环境卫生、操作简单、自动化程度高等优点，特别重要的是可以不投加或少投加化学调理剂。离心机的动力费用虽然较高，但总运行费用较低，是目前世界各国在污泥处理中较多采用的一种脱水设备。

离心机按离心的分离因数不同可分为高速离心机、中速离心机和低速离心机。离心机按几何形状的不同可分为转筒式离心机（包括圆锥形、圆筒形、锥筒形）、盘式离心机和板式离心机。

污泥处理中主要使用卧式螺旋卸料转筒式离心机。该离心机适用于密度有一定差别的固液相分离，尤其适用于含油污泥、剩余活性污泥等难脱水污泥的脱水。

（四）污泥脱水的方法

1. 真空过滤脱水

真空过滤脱水使用的机械是真空过滤机，主要用于初沉污泥及消化污泥的脱水。国内使用较广的是 GP 型转鼓真空过滤机。

近年来，由于更加有效的脱水设备的出现，真空过滤机的应用日趋减少。真空过滤机也可用于处理来自石灰软化水过程的石灰污泥。

最常用的真空过滤装置由一个较大的转鼓组成，转鼓由多孔滤布或金属卷覆盖，转鼓的底部浸没在污泥池中。当转鼓旋转时，污泥在真空吸力作用下，被带到滤布上。转鼓分成几个部分，通过旋轮阀产生真空吸力。过滤操作在下面三个区内进行，即泥饼形成区、泥饼脱水区和泥饼排出区。

进入真空过滤机的污泥，含水率应小于 95%，最大不应大于 98%。真空过滤法可以与有机化学调理法、无机化学调理法及热处理法一起使用。

真空过滤机滤布多采用合成纤维，如腈纶、尼龙等不易堵塞而又耐久的材料，在选择滤布时必须对污泥的性质和调质药剂充分考虑，一般可采用滤布试验，但滤布应先洗涤 3 ～ 5 次，以便于发现问题。

真空过滤机能够连续生产，运行平稳，可自动控制。主要缺点是附属设备较多，工序较复杂，运行费用较高。附属设备主要包括真空泵、空压机、气水分离罐等。真空泵抽气量为每过滤面积 0.5 ～ 1.0 m^2/min，真空度为 26 ～ 66 kPa（200 ～ 500 mmHg），最大 80 kPa，真空泵所需电机按每 1 m^2/min 抽气量配 1.2 kW 计算，真空泵不少于 2 台。空压机压缩空气量按每平方米过滤面积为 0.1 m^2/min，压力（绝对压力）为 0.2 ～ 0.3 MPa 进行空压机选型。空压机所需电机按空气量每 1 m^3/min 配 4 kW 计算，空压机不少于 2 台。气水分离罐容积按 3 min 的空气量计算。

2. 压滤脱水

压滤脱水采用板框压滤机。基本构造是板与框相间排列，在滤板的两侧覆有滤布，用压紧装置把板与框压紧，即在板与框之间构成压滤室，在板与框的上端中间相同部位开有小孔，污泥由该通道进入压滤室，将可动端板向固定端板压紧，污泥加压到 0.2 ～ 0.4 MPa，在滤板的表面刻有沟槽，下端钻有供滤液排出的孔道，滤液在压力下通过滤布，沿沟槽与孔道排出滤机，使污泥脱水。将可动端板拉开，消除滤饼。

压滤机可分为人工板框压滤机和自动板框压滤机两种。

人工板框压滤机，需一块一块地卸下，剥离泥饼并清洗滤布后再逐块装上，劳动强度大，效率低。自动板框压滤机，上述过程都是自动的，效率较高，劳动强度低，自动板框压滤机有垂直式与水平式两种。压滤机的产率一般为 2 ～ 4 kg/（m^2 · h），压滤脱水的过滤周期一般为 1.5 ～ 4 h。

3. 滚压脱水

污泥滚压脱水的设备是带式压滤机。其主要特点是把压力施加在滤布上，依靠滤布的压力和张力使污泥脱水。这种脱水方法不需要真空或加压设备，动力消耗少，可以连续生产，目前应用较为广泛。

带式压滤机由滚压轴及滤布带组成。污泥先经过浓缩段，主要依靠重力过滤，使污泥失去流动性，以免在压榨段被挤出滤布，浓缩段的停留时间为 10 ～ 20 s。然后进入压榨段，压榨段的停留时间为 1 ～ 5 min。

滚压的方式有两种，一种是滚压轴上下相对，几乎是瞬时压榨，压力大；另一种是滚压轴上下错开，依靠滚压轴施于滤布的张力压榨污泥，压榨的压力受张力限制，压力较小，压榨时间较长，主要依靠滚压对污泥的剪切力促进泥饼脱水。

4. 离心脱水

离心脱水是利用污泥颗粒与水的密度不同，在相同的离心力作用下产生不同的离心加速度，从而导致污泥固液分离的一种脱水方法。离心脱水设备的优点是结构紧凑、附属设备少、臭味少、可长期自动连续运行等；缺点是噪声大、脱水后污泥含水率较高、污泥中沙砾易磨损设备。

离心脱水采用的设备一般是低速锥筒式离心机。

其主要组成部分为螺旋输送器、锥形转筒、空心转轴。污泥从空心轴筒端进入，通过轴上小孔进入锥筒，螺旋输送器固定在空心转轴上，空心转轴与锥筒由驱动装置传动，同向转动，但两者之间有速差，前者稍慢、后者稍快。污泥中的水分和污泥颗粒由于受到的离心力不同而分离，污泥颗粒聚集在转筒外缘周围，由螺旋输送器将泥饼从锥口推出。分离液由转筒末端排出。

空心转轴与锥筒的速差越大，离心机的产率越高，泥饼在离心机中的停留时间也就越短。泥饼的含水率越高，其固体回收率越低。

低速离心机由于转速低，所以动力消耗、机械磨损、噪声等都较低。离心脱水具有构造简单、操作方便、可连续生产、可自动控制、卫生条件好、占地面积小、脱水效果好等优点，所以是目前污泥脱水的主要方法。缺点是污泥的预处理要求较高，必须使用高分子调节剂进行污泥调节。

5. 电渗透脱水

污泥是由亲水性胶体和大颗粒凝聚体组成的非均相体系，具有胶体性质，机械方法只能把表面吸附水和毛细水除去，很难将结合水和间隙水除去。电渗透脱水是一种利用外加直流电场增强物料脱水性能的方法，它可脱除毛细管水，因此脱水性能优于机械方法。

（1）脱水原理

带电颗粒在电场中运动，或由带电颗粒运动产生电场的现象统称为动电现象。在电场作用下，带电颗粒在分散介质中做定向运动，即液相不动而颗粒运动（称为电泳）。在电场作用下，带电颗粒固定，分散介质做定向移动（称为电渗透）。污泥中细菌的主要成分是蛋白质，而蛋白质是由两性分子氨基酸组成的。在环境 pH 值小于氨基酸等电点时，氨基酸发生电离，使细菌带正电荷；当 pH 值大于等电点时，氨基酸发生电离，但使细菌带负电荷。细菌的等电点等于 pH 值，因此，污泥通常在接近中性的条件下带负电荷，其带电量通常在 -10 ～ -20 mV。根据能量最低原则，颗粒表面上的电荷不会聚集，而势必分布在颗粒的整个表面上。但颗粒和介质作为一个整体是电中性的，故颗粒周围的介质必有与其表面电荷数量相等而电性相反的离子存在，从而构成所谓双电层。在电场作用下，带电的颗粒向某一电极运动，而电性相反的离子带着液体介质一起向另一电极运动，从而发生电渗透脱水。水的流动方向和污泥絮体的流动方向相反，水分可不经过泥饼的空隙通道而与污泥分离。因此电渗透脱水不受污泥压密引起的通道堵塞或阻力增大的影响，脱水效率高。根据研究，电渗透脱水可以达到热处理脱水的范围，是目前污泥脱水效果最好的方法，脱水效率比一般方法提高 10% ～ 20%。

（2）脱水工艺

在实际应用中，电渗透脱水大多是在传统的机械脱水工艺中引入直流电场，利用机械压榨力和电场作用力来进行脱水的。电渗透脱水采用两种方式结合进行，较为成熟的方法有串联式和叠加式。串联式是先将污泥经机械脱水后，再将脱水絮体加直流电进行电渗透脱水；叠加式是将机械压力与电场作用力同时作用于污泥上进行脱水。

（五）影响污泥脱水性的因素

1. 水分的存在形式

污泥颗粒由于富含水分，拥有巨大的表面积和高度亲水性，且带有大量结合水，结合水与固体颗粒之间存在着键结作用，活性较低，需借助机械力或化学反应才能去除。相对于结合水，自由水环绕在固体四周，能以重力方式引出，因此结合水的含量可视为机械脱水的上限，即结合水含量越多，污泥中的水分越难脱出。

2. 粒径

粒径是衡量污泥脱水效果的最重要因素，通常来说，细小污泥颗粒所占的比例越大，污泥的平均粒径越小，脱水性能就越差。这是因为污泥颗粒越小，其总体比表面积就越大，水合程度就越高；污泥颗粒本身带有一定的负电荷，相互之间排斥，再加上由于水合作用而在颗粒表面附着水，附着的水层会进一步阻碍颗粒之间的结合，最终形成一个稳定的胶状絮体分散系统。

3. 污泥的密度

污泥的密度是描述污泥重量与体积关系的参数，密度越大，脱水性能越强。污泥的密度包括颗粒密度和容积密度。颗粒密度用于描述单个颗粒的重量与体积之比；容积密度（容重）用以描述污泥颗粒群体的重量与体积之比。污泥的容积密度是指单位体积污泥的质量。由于压实和有机物降解作用，沉积时间越长的污泥颗粒密度越高、容积密度越大。

4. 分形尺寸

分形尺寸是污泥絮体结构的量化表示，描述了颗粒在团块中的集结方式。分形尺寸越大，污泥絮体集结得越紧密，也越容易脱水。

5. 污泥的 ζ 电势

污泥的 ζ 电势越高，对脱水越不利。

6. 胞外聚合物

胞外聚合物的主要成分是多糖、蛋白质和DNA，胞外聚合物使大量的水吸附在污泥絮体中，当其含量降低时，污泥的脱水性能就会得到提高。

7.pH 值

在酸性条件下，污泥的表面性质会发生变化，污泥的脱水性能也会发生变化。pH 值越低，离心脱水的效率越高。对于过滤脱水，当 pH 值为 2.5 时，能得到最高含固率的泥饼。

二、污泥的干化

（一）污泥干化的技术原理

根据污泥的干燥特性曲线，将污泥干燥过程分为三个区域：首先是湿区，这个区域污泥含水率高，能自由流动，能非常容易地流入加热管；其次是黏滞区，这个区域的污泥含水率为 40%～60%，具有黏性，不能自由流动；最后是粒状区，这个区域的污泥呈粒状，容易和其他物质掺混。

当湿物料与干燥介质相接触时，物料表面的水分开始汽化，并向周围介质传递。根据干燥过程中不同阶段的特点，干燥过程可分为两个阶段。

第一个阶段为恒速干燥阶段。在干燥开始时，由于整个污泥的含水率较高，其内部的水分能迅速地移动到污泥表面。因此，干燥速率为污泥表面上水分的汽化速率所控制，故此阶段亦称为表面汽化控制阶段。在此阶段，干燥介质传给物料的热量全部用于水分的汽化，物料表面的温度维持恒定（等于热空气湿球温度），物料表面处的水蒸气分压也维持恒定，故干燥速率恒定不变。

第二个阶段为降速干燥阶段，当物料被干燥达到临界湿含量后，便进入降速干燥阶段。此时，物料中所含水分较少，水分自物料内部向表面传递的速率低于物料表面水分的汽化速率，干燥速率为水分在物料内部的传递速率所控制。故此阶段亦称为内部迁移控制阶段。随着物料湿含量逐渐减少，物料内部水分的迁移速率也逐渐减小，故干燥速率不断下降。

（二）污泥的干化设备

1. 闪蒸式干燥器

闪蒸式干燥器的工作原理是：将湿污泥与干燥后回流的部分干污泥混合后形成的混合物（含固率为 50% ～ 60%）与受热气体（来自燃烧炉，温度高达 704 ℃）同时输入闪蒸式干燥器，污泥在干燥器中高速转动的笼式研磨机搅动下与流速为 20 ～ 30 m/s 的高热气体进行数秒钟的接触传热，污泥中的水汽迅速得到蒸发，然后再经旋风式分离机作用将气固分离开来，得到温度约为 71 ℃的干污泥产品和 104 ～ 149 ℃的气体。干污泥一部分返回闪蒸式干燥器与湿污泥混合，其余部分则输出做后续处理和处置。

2. 转鼓式干燥器

（1）直接转鼓式干燥器

直接转鼓式干燥器的主体部分为与水平线呈 3°～4° 倾角的旋转圆筒，混合污泥（湿污泥与干污泥混合物）从转筒的上端送入，在 5 ～ 8 r/min 转筒（内装抄板）翻动下与同一端进入的流速为 1.2 ～ 1.3 m/s、温度为 649 ℃的热气流接触混合，经 20 ～ 60 min 的处理，干污泥从下端徐徐输出，最终得到含水率低于 10% 的干污泥产品。

（2）间接转鼓式干燥器

间接转鼓式干燥器主要由定子（外壳）、转子（转盘）和驱动装置组成。通过转盘边缘的推进搅拌器的作用，污泥将均匀缓慢地通过整个干燥器，从而被干化。在干化过程中，热蒸汽冷凝在转盘腔的内壁上，形成冷凝水。冷凝水通过一根管子被导入中心管，最终通过导出槽导出干燥器。污泥在干燥器内部的输送由推进搅拌器实现，为防止污泥黏附在转盘上，在转盘之间装有刮刀，刮刀固定在外壳（定子）上。

3. 流化床干燥器

流化床干燥器仅适用于污泥全干化处理。流化床干燥器包括一个底部多孔的固定立室，热气体（通常是空气或者蒸汽）在内部流动。脱水污泥通过进料器从漏斗进入圆筒形干燥器。空气和炉内气体，在高压通风设备形成的压力下，通过烟气分布炉，形成干污泥和惰性材料的流化床。干化污泥以微粒的形式排放，从一个可调高度的挡板上面进入干污泥斗。废气中的小部分粉尘在旋风分离器中回收，进入污泥进料斗。气体通过湿式洗涤器净化并部分冷却，最后由烟囱排出。

4. 喷射式干燥器

喷射式干燥器利用一个高速离心转钵进料，进料污泥通过离心力雾化成为细颗粒，并被喷洒在干化室的顶部，污泥中的水分在干化室内转化为热气体。

5. 反向喷射式干燥器

反向喷射式干燥器可分为两段，下段是有反向喷射单元的污泥干燥室，上段则是产物 / 气体处理设备。脱水污泥滤饼由皮带运输机传送，通过双轴转动进料机进入反向喷射单元。这部分设计成两个水平喷射管同轴地嵌入一根竖管中。干燥过程包括细颗粒干污泥的再循环进料、湿污泥的返回和空气喷射装置中干污泥的排放。污泥滤饼在双轴螺旋进料机中与一部分干污泥混合，使得干燥器进料在组成和水分含量上均匀，强化了干燥过程。第二段的空气流分离器增加了干燥介质与污泥的接触时间。

6. 卧式间接干燥器

卧式间接干燥器由带有一个或者两个转轴的水平套壁组成，转轴上装有用以搅拌和输送污泥的桨板、螺旋或圆盘。热传递媒介（通常是水）在套壁、中空转轴和搅拌器（桨板、螺旋或者圆盘）内循环。脱水污泥可以与干污泥混合，也可以单独连续加入干燥器中。

7. 立式间接干燥器

立式间接干燥器同时具有污泥干化和造粒功能。干燥器呈立式布置多级分布，使用蒸汽或热油作为闭路循环中的热传递媒介，可使干污泥产品含固率达到90%。

8. 螺环式干燥器

螺环式干燥器是一个三歧管内部绕转式圆形装置。它是一种采用喷射粉碎原理，利用高速热气流驱动污泥的输送、干燥及碰撞粉碎而完成污泥干化处理的装置。

9. 带式干燥器

带式干燥器有直接干燥式和直接—间接联合干燥式两种。直接干燥式带式干燥器的工作原理：在利用不锈钢丝网运载污泥的过程中，热空气从钢丝网下方经网眼向上通过，使污泥与热空气发生接触传热，从而将污泥中的水分蒸发带出；在具体操作中，污泥往往由污泥挤压机挤压成条状（蠕虫状），这样将有利于扩大气泥接触面积，以提高污泥水分的蒸发效率。联合干燥式的设计特点是让不锈钢带在一不锈钢盘上走动：一方面，热空气从污泥表面流过并在封闭的炉膛内回转对流传热（污泥进口和出口端在同一方向）；另一方面，加热不锈钢盘传导热能到不锈钢带上的污泥，使污泥受热，水分蒸发，经 15 ～ 30 min 环形运转后，在出口处输出干污泥产品。

10. 喷雾式干燥器

喷雾式干燥器是将污泥通过雾化成雾状细滴分散于热气流中，使水分迅速气化而达到干燥目的的污泥干化装置。该装置所采用的雾化器通常是一个高压力的喷头或高速离心转盘（或转筒），雾化的液滴从塔顶喷下，而温度高达 705 ℃的热气流从塔底往上逆流，经气液数秒钟的接触传热，水分汽化，干污泥产品从塔底引出，尾气则经旋风分离器分离后，或回用热能，或直接送出做脱臭处理。

11. 多效蒸发器

多效蒸发器的操作过程包括泥油混合、多效蒸发，油固分离以及冷凝水与油的分离等几个步骤。油泥混合物在操作中易于泵流，与器壁摩擦小，能方便通过蒸发器中的换热管。管壁与污泥发生热交换，使污泥水分蒸发，蒸发的污泥水汽所含的油能供下一级蒸发所利用，而蒸汽冷凝液则供锅炉回用。由于在多效蒸发过程中，所采用的油是沸点高于水的 2 号燃油，因此在水分蒸发过程中，油大多仍与污泥结合，直至最后阶段的离心处理使油与污泥分离，并通过后续蒸馏等处理使残留于污泥中的油进一步得到分离回收。

（三）污泥的干化场地

自然干化场地可分为晒沙场和干化场两种。晒沙场用于沉砂池沉渣的脱水，干化场用于初沉污泥、腐殖污泥、消化污泥、化学污泥及混合污泥的脱水，干化后的污泥饼含水率一般为 75% ～ 80%，污泥体积可缩小到原来的 1/10 ～ 1/2。

1. 晒沙场

晒沙场一般做成矩形，采用混凝土底板，四周有围堤或围墙。底板上设有排水管及一层厚 800 mm、粒径 50 ～ 60 mm 的砾石滤水层。沉沙经重力或提升排到晒沙场后，很容易晒干。深处的水由排水管集中回流到沉沙池前与原污水合并处理。

2. 干化场

（1）干化场的分类与构造

干化场分为自然滤层干化场与人工滤层干化场两种。前者适用于自然土质渗透性能好、地下水位低的地区。人工滤层干化场的滤层是人工铺设的，又可分为敞开式干化场和有盖式干化场两种。

人工滤层干化场由不透水底层、排水系统、滤水层、输泥管、隔墙及围堤等部分组成。有盖式的人工滤层干化场，设有可移开（晴天）或盖上（雨天）的顶盖，顶盖一般用弓形复合塑料薄膜制成，移置方便。

滤水层的上层用细矿渣或砂层铺设，层厚为 200 ～ 300 mm；下层用粗矿渣或砾石铺设，层厚为 200 ～ 300 mm。排水管道系统用 100 ～ 150 mm 的陶土管或盲沟铺成，管道之间的中心距为 4 ～ 8 m，纵坡为 0.002 ～ 0.003，排水管的起点覆土深度（至砂层顶面）为 0.6 m。

不透水的底板由 200 ～ 400 mm 厚的黏土或 150 ～ 300 mm 厚三七灰土夯实而成，也可用 100 ～ 150 mm 厚的素混凝土铺成。底板具有 0.01 ～ 0.03 的坡度坡向排水系统。

隔墙与围堤，把干化场分隔成若干分块。在干燥、蒸发量大的地区，可采用设不透水层（由沥青或混凝土铺成）而不设滤水层的干化场，依靠蒸发脱水。这种干化场的优点是泥饼容易铲除。

（2）干化场的脱水特点及影响因素

干化场脱水主要依靠渗透、蒸发与撇除。渗透过程约在污泥排入干化场最初的 2 ～ 3 d 内完成，可使污泥含水率降低至 85% 左右。此后水分依靠蒸发脱水，约经 1 周或数周（决定于当地气候条件）后，含水率可降低至 75% 左右。

影响干化场脱水的因素主要是气候条件和污泥性质。气候条件包括当地的降雨量、蒸发量、相对湿度、风速和年冰冻期。污泥性质对脱水影响较大，例如初沉污泥或浓缩后的活性污泥，由于比阻较大，水分不易从稠密的污泥层中渗透下去，往往会形成沉淀，分离出上清液，故这类污泥主要依靠蒸发脱水，可在围堤或围墙的一定高度处开设撇水窗，撇除上清液，加速脱水过程。而消化污泥在消化池中承受着高于大气压的压力，污泥中含有许多沼气泡，排到干化场后，由于压力的降低，气体迅速释出，可把污泥颗粒挟带到污泥层的表面，使水的渗透阻力减小，从而提高渗透脱水性能。

（3）干化场的设计

干化场设计的主要内容是确定总面积与分块数。

干化场总面积一般按面积污泥负荷进行计算。面积污泥负荷是指单位干化场面积每年可接纳的污泥量，单位为 $m^3/(m^2 \cdot a)$ 或 m/a。面积污染负荷的数值由试验确定。

干化场的分块数最好大致等于干化天数，以使每次排入干化场的污泥有足够的干化时间，并能均匀地分布在干化场上以及方便铲除泥饼。如干化天数为 8 d，则分为 8 块，每天铲泥饼和进泥用 1 块，轮流使用。每块干化场的宽度与铲除泥饼所用的机械与方法有关，一般采用 6 ～ 10 m。

（四）提高污泥干化安全性的措施

1. 完善设备设计和加强设备管理

在含氧量控制方面，间接加热器可附加氮气等保护气体来确保系统内氧气含量低于粉尘爆炸最低含氧量；直接加热器可通过加强气体循环来控制氧气含量小于最低爆炸含氧量。为方便管理和确保预防措施的有效性，可在系统内设置氧气监控设备，当氧气含量超过 8% 时，系统会进行停机保护，以预防爆炸的发生。为确保污泥具有一定的含水率，避免污泥过热而燃烧，当污泥得到一定含固率后就需要将污泥排出。

2. 完善污泥干化技术

（1）干污泥返混量

进料污泥的含水率一般在 75% ～ 80%，但是污泥干化设备一般要求进料含水率低于 50%，所以大多污泥干化设备采用干污泥返混工艺，将大量已经干燥（含固率在 90% 以上）的细颗粒返回系统中进行混合。污泥返混会造成粉尘量的增大，所以对干污泥的返混量应进行严格的控制。

（2）逆流工艺

在干化系统中，一些干污泥颗粒由于不规则气流、挡板、通道折弯等的作用，可能形成逆流或紊流运动，这时与高热表面或气流相遇，就可能导致颗粒过热，从而使粉尘增加。

3. 系统内含氧量的控制

为降低污泥干化的粉尘爆炸危害，需要降低系统内的含氧量，所以干化系统必须实施闭环；同时，所有的干化系统都必须抽取一定量的气体排出闭环造成负压，从而避免干化系统中产生的不可凝气体在回路中饱和，避免气体从别的出口、缝隙外溢。在紧急停车及重新开机、关机、开机等操作过程中，必须使用惰性气体来控制回路，以避免在加温和降温过程中，由含湿量的变化导致含氧量超标。

对于直接加热的转鼓式干燥器，必须依靠复杂的监控系统来保证最低含氧量低于6%；对于间接加热的转碟和圆盘式干燥器，开机、停机等一切危险操作必须在严格的惰性环境下进行，其蒸气出口端的含氧量应低于1%；对于间接加热的流化床干燥器，其气量是干化工艺中最大的，所以其正常运行条件下最低含氧量要求低于2%；对于涡轮薄层干燥器，正常运行状态下的最低含氧量允许值可高达10%。

4. *污泥干化安全系统的构成与维护*

污泥干化工艺和设备的安全性是由工艺本身决定的，所有其他安全性措施都是对该工艺的补充。这些措施分别具有预防、干预和补救功能。典型的污泥干化安全系统包括喷水系统，废热烟气 / 二氧化碳注射系统，氮气发生、储藏和注射系统，湿度、压力和温度在线监测系统，在线氧气测量和反馈系统，泄压阀或爆破隔膜、制冷散热系统，灭火装备和设施及隔离墙或屏障等。

具有预防性功能的如湿度、压力和温度在线监测系统属于必备设备，对某些工艺来说，在线氧气测量和反馈系统是必备的。在正常开机、停机操作中使用的喷水系统、废热烟气 / 二氧化碳注射系统、氮气发生、贮藏和注射系统均属于具有一定预防性功能的设备。预防性干预在于及时、迅速地建立严格的惰性环境。蒸汽、二氧化碳、氮气的惰性化能力是不同的，使用喷水方式进行干预，有可能在数十秒内使环境迅速惰性化，且成本低廉。当出现紧急状况时，系统一般首先切断热源供应、湿污泥进料，启动紧急干预措施，包括喷水、氮气、二氧化碳等以形成惰性化环境，启动制冷散热系统，将热量散出等。

当出现较大险情时，则应动用灭火装备和设施进行补救，疏散人员至隔离墙之外等。同时还需要考虑极端情况下的系统安全性。保持干化系统长期安全运行的必要条件包括：明确的操作指南，开机参数少，操作运行相对简单，稳定性高，工艺窗口宽，允许的氧含量、温度变化幅度大，报警少，维护量少，无大量机械件、滤网、结垢物料频繁更换，紧急情况下处理方式简捷，且不造成系统必须冷机干预。维护的友好性是指人员不需要爬高、钻入不卫生环境进行手工清理，操作环境周围无造成人身意外伤害的危险等。

第四节　污泥的利用与处置

一、污泥的利用

随着近年来对环境标准要求的提高和污泥传统处理方法弊端的逐渐显露，污泥利用的途径越来越受到关注，污泥资源化的观点被广泛接受。目前，污泥资源化的研究已经取得了很大的进展和显著的成果。污泥资源化利用途径有很多，如污泥热解制油技术、污泥制取吸附剂技术、污泥合成燃料技术和污泥堆肥土地利用技术等。污泥的利用主要包括三大方面：一是污泥的材料化利用；二是污泥的能源化利用；三是污泥的农业化利用。

（一）污泥的材料化利用

主要由无机成分构成的污泥采用脱水干化后可直接用于制造建材，如作为铺路、制砖、制纤维板和水泥生产的原料等。用污泥制作建筑材料的过程是先将污泥经过脱水、烘干、焚烧成灰，然后通过脱水、除毒、压离等一系列步骤，最后与水泥碎屑进行混合。利用污泥可以生产制造免烧地砖、污泥生态混凝土，这使得污泥的无害化和资源化变得切实可行。

1. 制造生化纤维板

活性污泥中含有丰富的粗蛋白（约含 30% ～ 40%，质量分数）与球蛋白酶，可溶于水、稀酸、稀碱及中性盐溶液。将干化后的活性污泥，在碱性条件下加热加压、干燥，使其发生蛋白质的变性，然后将其制成活性污泥树脂（又称蛋白胶）。利用污泥的这种特征可以制造出生化纤维板。

2. 制造灰渣水泥

污泥焚烧灰可用于烧制灰渣水泥。污泥焚烧灰也可作为混凝土的细骨料，代替部分水泥与细砂。

3. 制污泥砖和地砖

（1）污泥砖

污泥砖的制造有两种方法：一是用干污泥直接制砖；二是用污泥焚烧灰制砖。在利用干污泥或污泥焚烧灰制砖时，应先添加适量的黏土或硅砂，提高 SiO_2 的含量，然后再制砖。一般的配比为干污泥（或焚烧灰）：黏土：硅砂＝1：1：（0.3～0.4）（重量比）。

（2）污泥制地砖

污泥焚烧灰在1200～1500℃的高温下煅烧，有机物被完全转化，无机物被完全熔化，再经冷却后形成玻璃状熔渣，即可生产地砖、釉陶管等。

（二）污泥的能源化利用

污泥还可用于热解制油、沼气利用、燃烧发电等。污泥低温热解制油技术是一种新兴的热能利用技术，即在300～500 ℃、常压或高压及缺氧条件下，借助污泥中所含的硅酸铝和重金属（尤其是铜）的催化作用将污泥中的脂类和蛋白质转变成碳氢化合物，其最终产物为油、碳、非冷凝气体和反应水。德国和加拿大主要采用的是热分解油化法，即把干燥的污泥在无氧条件下加热，在300～500 ℃条件下，使之干馏气化，再将气体冷却转换成油状物。英、美、日等国家主要研究的是热化学液化法，即在300 ℃、10 MPa左右的条件下对脱水污泥进行热化学液化，使污泥反应成油状物。利用流动床对下水道污泥进行的低温分解研究表明，当温度为525 ℃、停留时间为1.5 s时，混合物中油的质量分数达到峰值，即30%。巴西科研人员对城市和工业污泥中的活性污泥、油漆污泥和消化污泥做了低温分解，产油率分别为31.4%、14%和11%，油中含碳量为76%～79%，热值为35～38 kJ/mol，芳香烃的含量很少且毒性低。

（三）污泥的农业化利用

污泥的农业化利用主要包括堆肥、生产复合肥、土地利用等。

堆肥实质是有机固体废弃物在微生物的作用下，通过生物化学反应实现转化和稳定化的过程。根据处理过程中起作用的微生物对氧气要求的不同，堆肥可分为好氧堆肥法和厌氧堆肥法两种。好氧法是在通气条件下通过好氧性微生物活动，使有机固体废弃物得到降解稳定的过程，此过程速度快，堆肥温度高（一般为50～60 ℃，极限为80～90 ℃，故又称高温堆肥）。厌氧堆肥法实际上是利用微生物的固体发酵对有机固体废弃物进行降解与稳定化，需通过更复杂的生物化学反应。该过程堆肥速度较慢，堆肥时间是好氧堆肥法的3～4倍甚至更多。

污泥堆肥产品可与市场销售的无机氮、磷、钾化肥按一定比例混合造粒，生产有机无机复混肥。有机无机复混肥在向农作物提供速效肥源的同时，还能向土壤添加有益微生物，提高化肥利用率。

用于土地利用的污泥通常是剩余活性污泥，其中含有丰富的有机营养成分如氮、磷、钾等和植物所需的各种微量元素如 Ca、Mg、Cu、Zn、Fe 等，其中有机物的浓度一般为 40% ～ 70%，含量高于普通农家肥。因此能够改良土壤结构，增加土壤肥力，促进作物的生长。

污泥作为肥料施用时必须符合：①满足卫生学要求，即不得含有病菌，寄生虫卵与病毒，故在施用前应对污泥做消毒处理或季节性施用，在传染病流行时停止施用；②重金属离子，如 Cd、Hg、Pb、Zn 与 Mn 等最易被植物摄取并在根、茎、叶与果实内积累，故污泥所含的金属离子浓度必须符合现行国家标准《农用污泥污染物控制标准》（GB 4284—2018）的规定；③总氮含量不能太高，氮是作物的主要肥分，但浓度太高会使作物的枝叶疯长而倒伏减产。

污泥中不可避免地也会含有一些有害成分，如各种病原菌、寄生虫卵以及铜、铝、锌、铬、砷、汞等重金属和多氯联苯等难降解的有毒有害物质。因此污泥土地利用的一个原则是施用污泥中的有害成分不能超过受施土壤的环境容量。

二、污泥的处置

（一）污泥填埋

污泥既可单独填埋，也可与固体垃圾混合填埋。污泥在填埋之前要进行稳定处理，在选择填埋场地时要考虑土壤和当地的水文地质条件，避免对地表水和地下水的污染。对填埋场地不仅要进行地下水观测，而且还要做好对地面水、土壤、污泥中的重金属、难分解的有机物、病原体和硝酸盐的动态监测工作。必要时应对污泥填埋场地的渗滤液及地面径流进行收集并做适当处理。

污泥填埋的技术要求与设计准则：在地下水最高水位与污泥层底部之间的未扰动土层之间要有一定的厚度；该土层的透水性要低（小于 10 cm/s）；填埋场与饮用水源之间要有足够的隔离间距。

污泥填埋的方法基本上有三种类型：沟填法（分为狭沟和宽沟）、面埋法（分为大面积和小面积层埋）和筑堤填埋法。

（二）污泥焚烧

焚烧是借助辅助燃料引火，使焚炉内温度升至燃点以上，以实现污泥的高温氧化燃烧，然后再分别对所产生的废气和炉灰进行处理的污泥处置方法。目前该方法在国内外已有较为广泛的应用。

焚烧不仅可以大幅度减小有机固体量和污泥体积，还可以达到灭菌的目的。

但燃烧中会不可避免地产生污染空气的气体（如二氧化硫、盐酸等）和有害物质（如甲苯、二噁英等），造成二次污染，故只有在其他污泥处置方法因环境或土地利用的限制而被排除时，焚烧处理方法才适用。

（三）填海造地

在浅水海滩、海湾处，可用污泥填海造地。在填海前，应先建围堤。在用污泥填海造地时，应严格遵守如下要求：

①必须建围堤，不得使污泥污染海水，渗水应收集处理；

②填海造地的污泥、焚烧灰中，重金属离子的含量应符合填海造地标准。

（四）污泥处置的发展方向

1. 减量化

污泥减量化是在20世纪90年代提出的对剩余污泥处置的概念，是在剩余污泥资源化的基础上进一步提出的对剩余污泥处置的要求。城市污水处理厂的污泥减量化就是通过采用过程减量化的方法减少污泥体积，以降低污泥处理及最终处置的费用。从污水厂出来的污泥的体积非常大，这给污泥的后续处理造成困难，要想把它变得稳定且方便利用，就必须要对其进行减量处理。污泥减量化通常分为质量减少和过程减量，质量减少的方法主要是通过焚烧，但由于焚烧所需费用很高且存在烟气污染问题，所以主要适用于难以资源化利用的部分污泥。而污泥体积的减少方法则主要通过污泥浓缩、污泥脱水两个步骤来实现。过程减量可通过超声波法、臭氧法、生物捕食法、微生物强化法、代谢解偶联法及氯化法等方法实现。

2. 无害化

随着社会的发展和人类的进步，人们对生存环境的保护和改善意识不断加强。另外，我国对环境保护政策的实施力度不断加强，使全国范围内污水处理率不断提高，各城市纷纷建设污水处理厂，大、中、小型污水处理厂已达几百座，而且还在迅速增加。各污水处理厂都面临着如何处置每天产生的大量剩余污泥的问题。

近年来，由于污水处理厂产生的污泥无适当出路，而随意堆放又会造成二次污染，污泥处置问题已经成为多数污水处理厂亟待解决的问题，污泥处置是否妥当已关系到污水处理厂的生存。污泥无害化处理的目的是采用适当的工程技术去除、分解或者“固定”污泥中的有毒、有害物质（如有机有害物质、重金属）及消毒灭菌，使处理后的污泥在污泥最终处置中，更具有安全性和可持续性，不会对环境造成危害。

3. 资源化

污泥是一种资源，含有丰富的氮、磷、钾等有机物及热量，其特点和性质决定了污泥的根本出路是资源化。资源化是指在处理污泥的同时，回收其中的氮、磷、钾等有用物质或回收能源，达到变害为利、综合利用、保护环境的目的。资源化是处理和处置过程的统一，处理是为了利用，结果决定过程。因此，资源化真正实现了污泥的无害化处理。把资源化放在首位的观点是人类对自然本质的感知。城市污水处理厂的污泥资源化利用已势在必行，并具有很好的市场潜力。污泥资源化的特征是：环境效益高、生产成本低、生产效率高、能耗低。

实现污泥的“三化”处置已成为污泥处理的发展趋势。因此，为实现国家的可持续发展，加快污泥“三化”处置的进程已刻不容缓。

第九章　水污染的综合防治与利用

改革开放以来，我国经济持续快速发展，但同时，水污染问题也日益突出。目前，水污染的综合防治与利用已成为各界高度关注的重要议题。在水污染治理工作中，难以采用简单技术对污染问题进行全面解决，而应采用综合治理策略及技术进行综合防治与利用。本章分为水体污染综合治理措施、工业废水的综合治理技术、污水的深度处理与回用三个部分。主要内容包括水体污染综合治理的主要内容、水体污染综合治理的对策、工业废水综合治理的一般技术、工业废水综合治理的分类技术、污水的深度处理等方面。

第一节　水体污染综合治理措施

一、水体污染综合治理的主要内容

水资源的合理开发利用、有效保护与管理是维持水资源可持续利用的重要保障，与国民经济的发展和人类生活水平的提高息息相关。近年来，世界范围内水资源状况不断恶化，水资源短缺严重，供需矛盾日益突出。

我国是一个水资源比较匮乏的国家，水资源短缺和水污染严重已成为制约我国经济社会可持续发展的瓶颈，因此，从整体出发，运用各种措施，对水环境污染进行综合防治是一项十分重要、十分迫切的任务。

《中华人民共和国水污染防治法》提出了“预防为主、防治结合、综合治理”的水污染防治原则。水污染综合防治措施主要包括以下内容：

①水量保护，制定水环境保护法规和标准，进行水质调查、监测与评价，研究水体污染物的迁移转化规律与水体自净规律，建立水质模型。实行科学的水质管理，统筹规划，调节水量，节约用水，减少污水和污染物排放量，包括规定用水定额、改善生产工艺和管理制度、提高污水的重复利用率等。

②发展区域性水污染防治系统，包括制订城市水污染防治规划、流域水污染防治管理规划，实行水污染物排放总量控制制度，将污水经适当人工处理后用于灌溉农田和回用于工业，在不污染地下水的条件下建立污水库，在枯水期储存污水减少排污负荷、在洪水期进行有控制的稀释排放等。

③水质控制，利用效率高、能耗低的污水处理技术，对污水的水质进行加工处理或调节控制，使不宜再用（或排放）的污水转变为可再用（或排放）的水。

水体环境污染的根源是在水的社会循环中人类生产、生活活动所排放的含有大量污染物的各种污水。保护水环境质量、防治水体污染的重要任务及有效途径之一，就是通过采取工程技术措施，对污水的水质进行有效控制，将污水可能对水环境造成的污染控制在环境许可的限度之内。例如，石油化工企业为确保事故状态下的事故液全部处于受控状态，防止其对水环境造成污染，建立了水体污染事故的三级预防与控制体系，即针对石油化工企业污染物来源及其特性，以实现达标排放和满足应急处置为原则，建立污染源头、过程处理和最终排放的“三级防控”机制。

第一级防控措施是设置装置区围堰、罐区防火堤及其配套设施（如备用罐、储液池、隔油池、导流设施、清污水切换设施等），使泄漏物料切换到处理系统，防止污染雨水和轻微事故泄漏造成的环境污染。第二级防控措施是在产生剧毒或者污染严重的装置区设置事故缓冲池，切断污染物与外部的通道，导入污水处理系统，将污染控制在装置区内，防止较大生产事故泄漏物料和污染消防水造成的环境污染。各装置区都必须有单独的事故缓冲池，事故缓冲池的容积应能容纳装置区地面一次不小于 30 mm 的降雨量。第三级防控措施是在排出厂区前建设消防事故水池，作为事故状态下的储存与调控手段，将污染物控制在厂区内，防止重大事故泄漏物料和污染消防水造成的环境污染。消防事故水池的有效容积按能容纳一次最大消防水量、发生事故时仍必须进入该收集系统的生产废水量及发生事故时可能进入该系统的雨量考虑。事故池应分格设置，每一格应设置水质在线监测仪表。

水污染控制技术的原理是在水质控制过程中，针对污水中所含污染物的种类、性质和浓度范围，相应采取有效的净化处理技术及配套设施设备，使水污染物从污水中得到必要的分离，并使净化的出水水质满足安全排放或资源化回用的要求，实现污水的无害化、资源化。可见，水污染控制技术是保护水体不受污染的有效手段和必要措施，在水体污染防治中占有重要的地位。

二、水体污染综合治理的对策

（一）完善水体污染综合治理的法律法规

随着现代经济社会的快速发展和人们法律意识的不断增强，法律成为约束企业生产及个人行为的重要武器，因此，借助尽可能科学完善、系统合理的法律监管体系强化对水资源污染治理工作的重视和监督有着不容忽视的重要理论意义和现实价值。

规章制度能够对治理行为予以约束，在地方水污染治理过程中，健全政府法制规范是提升治理效能的前提，能够引导、规范、监督和约束地方政府的具体治理行为，避免利益冲突、权利冲突、职责模糊等负面现象的发生。一方面，完善法制规范可以保障治理的合法性，维护各方主体的合法权益；另一方面，完善法制规范可以对触犯治理红线和“搭便车”者进行处罚，促使其规范自身行为。

在水污染协同治理中，要建立水污染协同治理法制体系，用政策和法规进行规范、鼓励和倡导各方主体参与，推进治理法制环境建设，明确以政府为主导的其他主体在协同治理中的权利、责任、义务与地位，规定职能范围，设定管制权限，明确各参与主体在水污染协同治理中的角色定位、设立规则、构成要素以及运行模式等具体内容。要以法制为保障，理顺治理主体的协作关系、权责关系与利益关系。

在水污染协同治理中，应强化法制责任追究处罚力度，改善水污染治理中以政府为主导的各方主体不作为、乱作为、少作为的现象，保证协同治理效果最大化。完善环境执法的责任评议考核制度可以增强执法者、组织机构的责任意识，健全处罚责任法制规范可以激励和约束执法行为。建立法制责任追究体系，是保障水污染协同治理执法有效落实的稳定框架。

根据我国现行环境法律法规，无论从民事责任、刑事责任还是行政责任的角度来看，对污染的制裁都低于发达国家。环境执法责任追究是保障环境执法的重要手段，因此，为了增强环境执法的有效性，可以从经济、人身自由、生产经营活动等方面，修订环境法律法规，加重环境损害应当追究的法律责任，增加违法成本，以便更好地防止环境污染大案要案的发生。

一是在责任认定中，应协同各方主体力量，充分听取公众意见，增设责任评议考核制度，将企业责任落定并予以处罚。目前我国环境法律法规中采用的环境责任认定原则是无过错责任原则，责任认定依据的是损害结果，但这一原则对在污染过程中没有重大危害的污染的认定效果甚微，因此，应加强社会主体对环境的间接损害或污染、无形、长期损害的认定。同时，为更好地维护公众诉讼利益，应尽快出台详细的环境公益诉讼条例，并公布操作规程。

二是建立法制责任追究体系，利用行政手段，加大处罚力度，提高违法成本。在当前的社会经济活动中，大部分水污染是由企业违法排污或超标排污造成的，虽然我国相关法律规定了处罚力度，但处罚金额较低，远远低于违法成本和利益，导致部分企业面临违法利润风险，因此，要将处罚加在门槛上，加大对违法企业处罚的禁止力度，阶梯设置惩罚性罚款，只有违法成本远远高于污染成本，才能遏制部分企业破坏和污染水环境。此外，还可以采取其他行政手段，如禁止违法企业继续从事经营活动、吊销其污染许可证等，多措并举，加大处罚力度。

（二）理顺水体污染综合治理的体制机制

首先，需要对高位协调机制予以完善。若临时领导小组机构为主要管理主体，则需要保证其可以发挥出高位协调及决策作用，保证水污染治理中所涉及住建、财政、城管以及水利等多种问题均可以得到科学解决，让垂直一体化管理目标得以实现，让人员领导责任更为明确。

其次，需要构建例会制度。应以月为周期对工作例会予以召开，让重大问题得到有效解决，推动项目的持续开展。

最后，需要构建高效信息协同机制，需要构建专班制度以及交流制度，并应定期召开交流会，对水污染治理工作的具体情况进行有效沟通。为最大限度解决我国水污染治理存在的诸多问题，政府有关部门应联合其他社会水污染治理组织建立科学有效的分工合作协调机制。一是，政府相关部门应主动承担起水污染治理过程中的领导作用，充分发挥政府相关部门统一规划、统一治理和统一管理的重要职责，在考察区域水污染环境和区域水资源真实情况的基础上制定尽可能科学完善的水污染统一治理措施。二是，政府部门负责人应做好沟通协调的引导工作，在对区域水污染环境治理进行科学规划的基础上担任协调沟通者的角色。政府有关部门及社会水污染治理组织可以在政府主导部门和专职部门领导下成立相应的水域管理委员会组织，以此方式降低各区域甚至各部门在区域水污染治理方面出现纠纷的可能性。三是，政府相关部门还应和地区周边界限处水资源管理部门进行及时充分的沟通，化解各地区在交界水资源污染处理问题上的不恰当纠纷，避免互相推诿，为改善水污染治理过程中原有治理方式不恰当的不利局面做出应有的贡献。

（三）明确水体污染治理中的经济手段

由现阶段我国水污染治理过程中出现的相关问题及水污染治理现有手段措施可知，现阶段我国水污染治理不应局限于政府部门及社会组织的行政手段，更应科学合理地利用经济手段治理区域水污染环境问题。在此背景下，地方政府可在水污染治理过程中严格遵循污染者和使用者付费的原则，借助区域税收、区域信用贷款和区域风险投资等经济手段进一步强化对当地水污染环境的治理。

与此同时，政府相关部门还可牵头将水污染治理工作进一步引入市场化的经济运行环境中，借助政府部门出面鼓励发展甚至是提出政策支持和经济支持的方式推动经营性环保水污染治理项目的成功立项及产业链发展。

此外，各级地方政府还可借助制定水资源市场价格的方式，进一步提升当地工业生产企业的水污染排放标准，利用提升水污染处理费用等多样化的经济手段和方式加强社会各界人士对保护水资源和治理水污染问题的重视与关注。

（四）采取防治结合的综合治理方式

纵观我国水污染治理的历史及现阶段水污染治理环境过程中出现的相关问题可知，水污染治理工作应尽可能地从源头进行疏导，要降低甚至杜绝水资源的源头污染；深入探究水资源污染产生的原因可知，随着现代社会经济的快速发展和工业社会的不断进步，企业设备的老化和原有工艺的不合理、不科学等导致了各类工业生产原材料的浪费，而该部分浪费的材料及其工业生产过程中排放的废水、废气等又直接或间接地影响着当地的水资源体系，使我国的水污染治理面临着边治理、边污染的不良局面。

因此，为尽可能加快我国水资源污染治理的进程，实现我国经济的绿色可持续化发展，一方面，工业生产企业及传统农业生产企业应进一步强化对生产工艺和生产流程的优化和创新，尽可能地在工业生产企业现有资源条件和经济允许的情况下不断推进生产设备和工艺技术的转型升级。另一方面，政府相关部门及社会其他水资源监管单位应严格遵循谁污染谁治理的基本原则，最大限度上落实监督检查和责令改正的重要职责，借助前期宣传引导、中期检查监督和后期责令改正的方式强化工农业生产企业对已污染水资源的处理，不断引导工业生产企业提升其设备等级和工艺生产水平。

（五）选取科学的水体污染综合治理措施

在水污染治理工作中，应针对污染治理需求以及当前污染情况制定具体处理措施。首先，应明确污染要从源头治理，需要对治理区域废水排放量予以严格管控，与此同时，应引导污水排放相关企业引进水净化先进设备，让水资源循环利用目标得以实现；其次，应鼓励企业利用技术措施进行水资源循环利用，引进先进的节水技术及生产工艺，提升水资源的使用效益；再次，应保证水资源治理的资金投入力度、人员投入力度，为治理工作的开展提供保障；最后，应对化学治理、物理治理以及生物治理措施进行全面考量、综合利用，保证技术措施选取的科学性，在措施实施之前，应对水污染治理区域开展试验工作。

（六）重视水体污染综合治理的公众参与

提升公众生活质量、满足公众美好生活需求是水污染治理工作开展的重要出发点和落脚点，因此，相关部门应在水污染治理、管理过程中重视公众参与。首先，应对公众参与意识予以提升。相关部门应做好水污染治理以及水资源质量保证的宣传工作：一方面，相关部门可以利用宣传台、讲座等方法对水污染防治进行宣传；另一方面，相关部门可以构建微信平台进行新媒体宣传，让公众在水污染治理中树立主人翁意识。其次，相关治理部门需要对公众参与渠道予以拓宽，可以通过构建微信公众平台、官方微博等媒介对公众意见予以及时反馈，同时，也可以邀请部分市民代表参与水污染治理听证会，针对公众所提出的意见予以认真考量，保证水污染治理工作的顺利开展。值得注意的是，为避免“边污染边治理”的情况产生，相关部门还应构建举报监督机制，畅通举报监督渠道，让群众的力量得到充分发挥，让水污染问题的解决更为全面。

为充分调动社会各界参与环境保护工作的积极性，相关部门应开展全方位、多元化、深层次的宣传工作，如充分利用“3・22”世界水日、“4・22”世界地球日、“6・5”世界环境日、科技宣传周等主题宣传日，采用悬挂横幅、张贴标语、出动宣传车、发放宣传资料、制作展板、举办知识问答等形式，通过电视台、政府网站等媒介向社会各界广泛深入地开展宣传活动。同时，相关部门还可采取以会代训、专题培训班等形式，组织环境执法人员深入研究探讨，不断提高环保执法监督工作水平。

（七）完善水体污染综合治理的考评体系

在水污染治理工作中，需要针对治理项目、责任主体构建完善的考评体系。一般情况下，可以将大规模水污染综合治理项目列为当地重点项目，以此来完成考核工作、督办工作。在年终绩效考评指标体系中，可以纳入水污染治理成效、项目实施进度等内容，让水污染治理工作效果与干部提拔、目标管理考核密切相关，从而有效提升水污染治理工作中各个主体的工作积极性。

（八）实现水体污染综合治理的信息协作共享

信息协作共享可以让水污染治理工作中所涉及的多个部门主体实现工作联动，从而能够保证水污染治理项目的实施速度与实施质量。随着信息技术的快速发展，在水污染治理工作中，应积极使用互联网技术、云计算技术及大数据技术，为协同治理工作的顺利开展提供保障，让水污染治理更加可视化、便捷化，与此同时，还应积极利用QQ、微信等社交媒体，针对项目具体内容，组建专业工作群，在项目实施过程中有效完成经验分享、沟通交流以及问题讨论等工作，避免主体存在“信息孤岛”。

第二节　工业废水的综合治理技术

一、工业废水综合治理的一般技术

（一）物理治理

物理治理，即通过对物理相关知识的运用，将工业生产中的废水进行有效处理，从根本上改变废水的物理属性，以实现废水的无污染处理，有效保护环境。在进行物理治理时，不能改变废水的构成成分。通常采用分离法进行污水的物理治理，即分离出废水中污染环境、影响生态平衡发展的污染源。此外，经分离而得到的水，新鲜且干净，能够重复应用到生产中。物理治理，不仅可以有效减少污染，还可以通过重复利用有效节约资源。当前在生产实践中应用较为广泛的物理治理方法有气浮法、过滤法、重力分离法等。

（二）化学治理

化学治理，即在对工业废水的化学属性进行充分了解的基础上，利用专业化的设备，对工业废水进行处理。当前，被广泛应用的化学治理办法有如下几种。

1. 生化池反冲洗法

考虑到在工业废水中存在较多有害物质是物理手段无法分解的，这就需要在工业废水综合治理中，将工业废水引进生化池进行反冲洗，通过化学的方式综合治理工业废水。生化池反冲洗工业废水的第一步就是对工业废水进行加药反冲洗，具体操作步骤为：先将工业废水引入集水池，经砂滤器过滤泥沙后，再将工业废水由集水池送至沉淀池进行沉淀处理。在此基础上，通过在好氧池加入絮凝剂，让流进的工业废水中的SS、镉、铅、砷、石油类以及COD等污染物与絮凝剂产生作用。由于工业废水的含沙量较高，因此，细颗粒泥沙因强烈的絮凝作用会与污染物相制约，进而产生浑水与清水的差别，实现工业废水处理中的界面沉降。出现界面沉降现象后，停止好氧池提升泵，当液位降低到设定值时停止自吸泵进行反洗。反洗完成后，通过在调节池中加入适量的酸，保证调节后的工业废水酸碱度为中性，然后即可出水。在加药反冲洗的过程中，加药反冲洗的频率是保证此环节治理质量的关键。

2. 超临界水氧化法

超临界水氧化法是一种对有机废水进行处理的化学方法。该方法的原理是，水在温度升高时，会逐渐发生性质的变化，在达到某一温度时，废水可以分解为水、气体及污染物，通过逐渐升温，可实现对污染物的分解。

3. 沉淀法

沉淀法是一种对无机废水急性有效处理的化学方法。该方法的原理是，通过将废水中离子状态的污染物与不同的可溶性沉淀剂放在一起，促使其发生不同的化学反应，以形成沉淀物，将污染物全部转化为不溶于水的沉淀物，然后将沉淀物进行分离处理，这样就可以实现对废水的净化处理。

4. 催化氧化法

催化氧化法是一种通过催化剂对废水进行处理，让废水内污染物产生化学反应的化学治理方法。该方法通过选用合适的催化剂和氧化剂，可以从根本上净化废水，促使污染物转化，使其尽快转变为自由基，从而实现有效治理。另外，这种方法可以有效减少废水治理所需时间，提升反应效率。

（三）生物治理

生物治理，即在充分了解工业废水生物属性的基础上，针对不同的生物特性，采取无公害的方法对工业废水进行处理。生物治理因其自然无公害的特点，被广泛应用于废水治理的实践中。当前阶段，较为常见的生物治理方法是培养生物菌，并利用它们进行静电吸附，同时可以加快悬浮物的沉淀和分离。另外，生物治理可以有效处理掉废水中的有毒有害物质。不同于其他的治理手段，生物治理耗费的成本较小，且治理效果显著，同时操作流程较易控制，环境友好且不会危害周围群众的身体健康。鉴于上述原因，生物治理在目前的废水治理领域具有不可替代的作用。而污泥浓缩池脱水和消毒池消毒成为关键。

1. 污泥浓缩池脱水

在完成生化池加药反冲洗后，应进行污泥浓缩池脱水。这是因为在生化池加药反冲洗后，工业废水还会存在悬浮固体和部分微生物等。为实现对工业废水的综合治理，有必要通过工业废水的污泥浓缩池进行脱水再利用，以达到工业废水综合治理二次冲洗的要求。

首先，通过浓缩脱水一体机，在工业废水中放入凝聚剂，并不停地进行搅拌，使经过砂滤后的工业废水与凝聚剂充分发生反应。而后，将充分反应完成的工业废水引流至分配器，通过泥耙的双向导疏功能，在重力作用下，将工业废水中的污泥聚集在浓缩段上。在此基础上，移动滤布，使污泥中的游离水自动落下，进行重力脱水。最后，将重力脱水后的工业废水导入“S”形压榨段，使污泥与脱水后的工业废水彻底分离，保证工业废水能够在上下网带中实现自动清洗。

2. 消毒池消毒

工业废水在完成污泥浓缩池脱水的基础上，再经过消毒池消毒后即可出水。消毒池内包含 Na_2CO_3、NH_3、H_2O、CCl_4、$NaHCO_3$ 以及 CH_3COONa，能够通过化学反应有效去除工业废水中的弃油和污染物。在工业废水流进消毒池后，需要记录下当时的水质条件（光透过率、上游处理工艺）及水流量，当水质条件符合国家对工业废水治理的标准后，可实现对工业废水的综合利用。

（四）分类收集治理方法

分类收集治理，即按照工业废水不同类型的水质特点，采取有针对性的方法对工业废水进行处理。以重金属成分较多的工业废水为例，在治理过程中，可以采取分类收集的方法，对重金属进行有效回收，有效为企业创收，同时对于工业废水中的重金属物质也可以进行有效控制，降低重金属含量；至于含酸量较高的工业废水，在进行治理时，可以适当增加活化剂，将废水中的油污和重金属物质进行有效过滤，确保能够对酸进行回收和重复利用。

二、工业废水综合治理的分类

（一）化学工业废水的综合治理

1. 含油废水的综合治理

含油的废水来源很广，凡是直接与油接触的用水都含有油类。含油废水的性质随生产行业的不同，变化极大。根据油类在水中存在的形式不同，含油废水可分为浮油、分散油、乳化油和溶解油四类。含油废水排入水体的危害主要表现在油类覆盖水面，阻止空气中的氧溶解于水，使水中的溶解氧减少，致使水生生物死亡。含油废水处理方法很多，处理设备类型也很多。

除油工艺流程也需根据污水的水质和水量，工艺条件和净化要求来决定，常用的含油废水的综合治理方法有以下几种：气浮法、吸附法、粗粒化法、膜过滤法等。

2. 含酚废水的综合治理

含酚废水是比较普遍、危害性比较严重的工业废水之一。产生含酚废水的工业部门很多，但主要来自石油工业、煤加工工业、化学工业等部门。

根据目前回收与处理含酚废水的技术水平和经济核算的结果，通常将含酚浓度高于 1000 mg/L 的废水称为高浓度含酚废水，对于这类废水，首先应考虑对污水中酚的回收和利用；通常将含酚浓度小于 1000 mg/L 的废水称为低浓度含酚废水，对于这类废水，应使其尽量在系统中循环使用，先提高含酚浓度后再进行酚的回收和利用，然后再进行无害化处理。治理后的污水，或继续进行循环使用或排放到受纳水体。

（1）高浓度含酚废水的回收利用

①蒸汽法。该法是在汽提脱酚塔中直接用蒸汽或热气蒸出废水中的挥发酚，使酚与蒸汽形成共沸混合物，将水中的酚转入蒸汽中，从而使废水得到净化。随后，用碱液淋洗蒸汽中吸收的酚，便可得到酚钠盐。主要设备仅需一个汽提脱酚塔，一个酚吸收塔。采用该法，回收酚的质量好，处理水量较大，而且操作较为简便，但也存在设备比较庞大、只能回收挥发酚、蒸汽耗量大、脱酚效率仅为 75% ～ 85% 等一些实际的问题。故该法有被淘汰的趋势。

②蒸发浓缩法。对于水量小、浓度高的含酚废水，还可用蒸发浓缩法进行回收利用。过程是将碱投加到高浓度的含酚废水中，使其成为酚钠盐，再送入锅炉中作为锅炉的用水。蒸出的蒸汽中不含酚，可用作热源，而含酚钠盐的水在锅炉中得到浓缩。取出浓缩液，再用酸中和脱酚。

③吸附法。吸附法的原理是利用多孔性固体物质表面的物理或化学吸附作用分离水中污染物。常用的吸附材料有硅胶、活性氧化铝、活性炭、分子筛、大孔吸附树脂等。吸附法具有简单易行等优点，其缺点是单次的脱酚效率低、且造价高及再生难。因此，研制新型廉价易得、吸附效果显著、再生性强的吸附材料是

利用吸附法处理含酚废水需要解决的关键难题。对于水量小、废水中悬浮物少的高浓度制药、化工含酚废水，用吸附法回收酚则较为有效。工业上常用的吸附剂有活性炭、磺化煤及焦炭、褐煤、泥煤、煤渣碳酸钙等。利用活性炭吸附脱酚比较有效，脱酚效率可达 99%。然而，存在的最大问题是活性炭再生比较困难。

④汽提法。汽提法的原理是针对挥发性酚类化合物，以酚类物质两相的浓度差为动力，促使酚类物质与水分离。汽提法常用于处理高浓度含酚废水，酚类物质的脱除率在 80% ～ 85%。该方法具有效率高、操作简单的特点，但只对挥发性酚有效，且耗能巨大，成本较高。

（2）低浓度含酚废水的治理

对于含酚浓度低于 500 mg/L 无回收价值的废水，或经回收处理后含酚浓度仍在数十毫克每升以上的废水，必须进行无害化处理以后，才能进行排放或回用。

①生物氧化法。生物氧化法是含酚废水的无害化处理中应用最广泛的一种方法。为保证微生物的必要营养要求，需保持污水中的 BOD_5、氮、磷之比为 100 ∶ 5 ∶ 1。若磷的含量不足时，必须投加补充。此外，污水在生物处理前，可掺生活污水 10% ～ 15%。除采用活性污泥法净化含酚废水外，还可采用生物滤池法和生物转盘法处理含酚废水。它们具有处理效率高、对负荷变动适应能力强、占地面积小等优点，已用于焦化厂、煤气厂、化纤厂的含酚废水处理中，脱酚效率在 99% 以上。氧化塘法也是一种利用自然生物作用对污水和有机废水进行需氧生物处理的净化方法。此方法处理费用低，但占地面积大，必须具备土地条件方能考虑使用。

②化学氧化法。化学氧化法是一种较早且较为成熟的有效处理含酚废水的方法，其原理是通过外加氧化剂与水体中的酚类物质发生化学反应，达到消除酚类污染的目的。化学氧化剂种类众多，以过氧化物、氯系列氧化物、臭氧、高锰酸钾最为常见，化学氧化法的优点是分解速度快、氧化能力强、净化率高、无二次污染。

③化学沉淀法。化学沉淀法是一种将酚类物质通过化学反应形成溶解度更小的碳酸酯、磺酸酯或磷酸酯等的净化方法。该方法的特点是占地少、操作简单、处理效果稳定等。目前该方法多数应用于树脂厂、塑料厂、石化炼油厂以及一些高浓度含酚废水的处理，但是该方法的缺点在于试剂投加量过多。例如，酚醛缩聚法是化学沉淀法中研究较多一种的方法，该方法的原理是通过甲醛与苯酚反应生成酚醛树脂，产物进行固液分离后，对含酚量已下降的废水采用活性炭吸附处理，使废水的含酚量达到排放标准。

④生物处理法。生物处理法是国内目前无害化处理含酚废水的主要方法之一。甚至某些降酚微生物能对酚类物质进行分解和多元氧化其他芳香簇化合物。所以说生物处理法在处理废水的过程中，有时可以达到多元化去除的目的。拥有众多优点的生物处理法在处理含酚废水时也存在缺陷，即生物处理法适用的含酚废水浓度偏低，大部分菌种耐酚能力仅达 800 mg/L，少部耐酚能力在 2000 mg/L 以上，目前所筛选的最优菌株耐酚能力为 4000 m/L，目前含酚废水处理主要采用的生物处理法有活性污泥法、生物膜法、生物接触氧化法和酶制剂处理法等。

⑤消除法。消除法的原理是以含酚废水代替清水，用于焦炭出炉时熄焦、高炉出渣时熄矿渣，或作为煤气发生炉灰盘的注水，使废水中的酚燃烧或以吸附水的形态随炉渣排出。此方法的缺点是将部分挥发酚转移到了大气中，二次污染了周围的空气，并对设备有一定的腐蚀性，因此不宜广泛采用。即便采用了该方法，也应控制污水中的酚浓度不得高于 150 ～ 200 mg/L。

⑥盐析法。盐析法的原理是在含酚废水中添加硫酸钠等盐类，通过盐析作用促使酚类化合物从水相中析出并达到净化水的目的。该处理方法可根据含酚废水的浓度选择相应的盐类。低浓度含酚废水（2% ～ 3%）一般利用氯化钠进行盐折，浓度较高的含酚废水用硫酸钠等药剂盐析。盐析法的优点是可进行回收利用。

⑦离子交换法。离子交换法是一种以苯酚为酸性化合物，以碱性离子材料为吸附剂，处理含酚废水的净化方法。离子交换法的优点在于既能够回收废水中的酚又能有效处理废水，但是此方法不适用于处理高浓度含酚废水。一般处理浓度为 100 ～ 600 mg/L 的含酚废水均可用较为经济的阴离子交换树脂进行回收，且可净化水质。阴离子交换树脂脱酚的效果与阴离子交换树脂的形式、组成、稳定性以及 pH 值等均有关系。

（二）食品工业废水的综合治理

1. 浓缩干燥

食品生产排放的高浓度有机废水（COD 浓度在 10000 mg/L 以上）主要来自玉米与糖蜜酒精糟（COD 浓度分别为 7000 mg/L 与 10000 mg/L）、玉米浸泡水（COD 浓度为 20000 mg/L），马铃薯蛋白汁液（COD 浓度为 35000 mg/L）、味精与酵母发酵废母液（COD 浓度均为 80000 g/L），必须采用浓缩与干燥工艺生产饲料或肥料，由此产生的浓缩工艺冷凝液及各种洗涤水的污染负荷（COD）可降到 7000 mg/L 以下，即给后继废水处理带来方便。高浓度废水采用浓缩与干燥工艺生产饲料与肥料后，食品生产综合废水主要是来自处理原料废水，洗涤罐、瓶、设备、容器的水，车间冲洗水，浓缩、结晶设备洗涤水与二次蒸汽冷凝水，以及厌氧发酵消化液。

2. 生化处理

为达到《污水综合排放标准》（GB 8978—1996），以及有关食品行业水污染物排放标准的要求，可采用一级到二级生化（一级好氧、一级厌氧与一级好氧、二级好氧）为主的多级处理工艺，各种废水可以 1000 mg/L（COD 浓度）为界，小于 1000 mg/L 采用一级或二级好氧为主的生化处理工艺，大于 1000 mg/L 采用一级厌氧与一级好氧为主的二级生化处理工艺。

有个别食品行业综合废水的 COD 浓度会稍大于标准值（7000 mg/L），则可调整废水处理工艺的参数，也可在原处理基础上再增加一级生化处理工艺。木薯、红薯、秸秆纤维素酒精糟滤液污染负荷高（25000 mg/L），可采用以二级厌氧与二级好氧生化处理为主的多级（8 级）治理工艺，但需要有大量投资。

味精生产产生的综合废水是食品工业氨氮含量较高的废水，既可采用“好氧生物脱氮技术”，用异养硝化与好氧反硝化脱氮菌同步处理废水，又可采用“高氨氮有机废水短程－厌氧氨氧化脱氮处理技术”，即将污水的氨氮先转化为亚硝态氮，再在厌氧氨氧化菌的作用下将它们氧化成氮气，最后部分硝化实现生物脱氮，从而达到排放标准。该技术可大幅度降低空气量（O_2 量）、不需添加碳源，还可适用于其他食品工业高氨氮含量废水的处理。

3. 深度处理

啤酒、酒精（包括燃料乙醇）、白酒、黄酒、葡萄酒发酵生产产生的综合废水的总磷含量分别为 6 ～ 12 mg/L、30 ～ 40 mg/L、5 ～ 50 mg/L、10 ～ 15 mg/L、5 ～ 25 mg/L，而酒类工业水污染物排放标准（黄酒与葡萄酒是征求意见稿）的总磷直接排放限值规定为 1 mg/L（酒精与白酒行业的排放限值为 3 mg/L、黄酒与葡萄酒行业的排放限值为 2 mg/L）。酿酒工业产生的综合废水（酒精糟滤液、白酒生产锅底水、各种洗涤水）的总磷含量偏高，目前有些地方环保部门尚未进行监测，应引起生产企业的重视。为严格达标排放，应改造原处理工艺，增加深度处理工艺（混凝沉降与 MBR 工艺及膜技术）。有些企业先将综合废水处理到标准规定的间接排放标准，再排入地方污水处理厂进行进一步处理也是可行的。

应指出的是，新建扩建改建的部分食品厂为不增加企业取水量、排放废水量，将达标的排放水用反渗透工艺生产再生水是可行的，但该处理工艺产生的浓水尚需妥善处理，有个别企业将浓水再行浓缩与干燥，较为彻底地解决了浓水的去处，但投资大、运行费用高。若能在浓水浓缩与干燥工艺后，采用蒸汽再压缩装置回收二次蒸汽，则能降低投资和运行费用。

（三）皮革废水综合治理

1. 源头分流

皮革企业一般采取分类分治的处理方案处理废水，根据产水环节工艺的不同，实行不同的管理方案。原则是：第一类污染废水单独收集处理，与其他废水混合发生反应产生二次污染的废水单独收集处理，具有较大回收价值的废水单独收集处理，其他废水混合收集处理；浸灰、复灰工艺产生的废水归入含硫废水进行单独收集、处理，铬鞣、复鞣工艺产生的废水归入含铬废水进行单独收集、处理，浸水、脱灰、软化、中和、填充、染色、加脂、套色等工艺产生的废水全部归入综合废水进行收集、处理。

2. 末端处理措施

采用酸化法处理含硫废水，将浸灰工艺产生的废水排入密闭设施中，加入硫酸使硫化物转化为 H_2S 气体，并与 NaOH 碱液反应生成硫化物，可重复利用于浸灰脱毛工序，同时使废水中的蛋白质达到等电点沉淀并回收，可用于复鞣、填充工序。

采用化学沉淀法处理含铬废水的具体步骤为：含铬废水加碱发生化学反应形成稳定的 $Cr(OH)_3$ 沉淀物，脱水形成泥饼，并除去废水中的铬，并调整 pH 值为 8.5 ～ 10.0。

应将其他废水以及预处理后的含硫废水、含铬废水排入综合废水处理系统进行处理。综合废水采用“物化 +A/O 活性污泥法”处理，处理工艺流程为：格栅除渣→混凝沉淀→气浮→氧化水解→曝气氧化→二次沉淀。

皮革企业综合废水处理常用工艺为物化与 BAF、SBR、MBR、A/O、A_2/O、氧化沟等中一项或多项组合工艺，“物化 +A/O 活性污泥法”，属于主流的废水处理工艺之一，可以实现废水达标排放。但由于缺氧工艺的存在，废水中的硫化物、铵盐转化成硫化氢、氨释放到空气中，会导致二次污染。目前，普遍采取厌氧池加盖封闭 + 抽风净化措施，效果良好，但对其他如调节池、好氧池、污泥池等未特别关注，仍然存在一定的恶臭影响，应统一整体设计，做到恶臭废气应收尽收，并净化处理。在对污水处理设施进行规划设计时，选址应尽量远离人群密集地区。某皮革企业由于污水处理设施靠近村庄，在投入运营之初就因恶臭污染屡次受到投诉，不得不选址另建污水处理设施。

（四）重金属废水的综合治理

1. 沉淀法

沉淀法处理重金属废水的思路在于将沉淀剂加入重金属废水中，使废水中的重金属离子发生沉淀，从而达到将重金属离子去除的目的。沉淀物包括中和沉淀螯合沉淀、硫化物沉淀等，之所以选择沉淀法，主要是因为重金属废水中的重金属物质难以被破坏，为了有效处理，只能将其转化成其他的形态。

①中和沉淀法。通过向重金属废水中加入碱中和剂，使重金属离子形成氢氧化物或者形成碳酸盐沉淀，这就是中和沉淀法的原理。这种方法对酸碱废水和化工生产中的处理残液比较有效，并且操作简单，使用相对广泛。但是由于沉渣量非常大，而且沉渣的含水率很高，所以这种方法很难对沉渣进行进一步的有效处理，造成某些离子很难达到排放的标准。

②螯合沉淀法。在自然条件下，使用重金属离子捕集沉淀剂，能够捕捉到废水中的重金属阳离子，比如汞离子、铜离子、铅离子、锰离子、锌离子等，重金属离子生成螯合物后会被析出，这就是螯合沉淀法的原理。这种方法的特点在于目前技术成熟，操作简单，在电镀行业也有很广泛的应用。使用该方法需要使用大量的螯合剂，如何控制螯合剂成本，如何对滤渣进行处理是目前主要的研究方向。

③硫化物沉淀法。硫化物沉淀法是一种利用重金属元素的硫化物难溶于水中的特性，通过使废水中的重金属离子生成硫化物沉淀，从而将重金属离子析出的方法。其具体过程为：先将重金属废水调整至碱性，然后向重金属废水中加入硫化钠或者硫化钾，重金属就会和硫离子结合，生成难以溶解在水中的沉淀，之后就可以将沉淀过滤，达到去除重金属离子的目的。使用这种方法更加容易脱水，也更容易促进重金属回收，沉渣的金属品位也很高。所以硫化物沉淀法除了可用于重金属废水处理外，还可用于重金属溶液的净化。硫化物结晶比较细小，有些硫化物难以沉淀，容易继续漂浮在水中，如何改善硫化物沉淀的性能是目前主要的研究方向。

2. 电化学法

电化学法包括直接电解法、间接电解法和电絮凝法。直接电解法就是污染物在电极上直接被氧化或者还原，然后再将其从废水中取出；间接电解法就是利用电化学产生的氧化还原反应，生成能够作为反应剂的物质，然后污染物就能够被转化为毒性更小的物质；电解絮凝法就是先在直流电的作用下，让阳极被溶蚀，从而生成阳离子，再通过水解、聚合等步骤生成络合物，最后进行沉淀分离。随着目前工艺的不断完善，新型电化学技术比过去的处理效率更高，在重金属废水处理和重金属回收上比过去成本更低。

3. 生物法

在针对重金属废水采用生物法进行治理时，由于微生物有着成本低且回报率高的应用优势，而且不会构成明显的二次污染，这样可以有效落实生态环保措施，因此生物法在污水治理方面也具备一定的应用优势。生物法主要包括生物吸附法、生物絮凝法以及植物修复法等。

①生物絮凝法。该方法主要借助于代谢物与微生物，通过其在重金属废水中产生絮凝反应，从而对重金属物质进行去除。由于微生物在与水接触时会产生不同程度的絮凝反应，尤其是在微生物含量较大时，可以快速形成高效絮凝作用。现阶段具备该作用的微生物也是相对较多的，因此在成本方面也比较合理。

②生物吸附法。该方法主要借助自身吸附力较强的细胞，通过将细胞投入含重金属的水体中，使细胞与水中超量的重金属元素相结合，从而达到净化水体的目的。

③植物修复法。该方法主要利用的是自然植物能够对废水中的重金属物质进行吸收与缓解的原理，具有整体成本投入较低的优势，并且不需要借助外力与化学药剂。

生物法具有广泛的应用空间。生物法具有安全无毒的优势，处理之后不会产生二次污染，絮凝效果极好。微生物由于生长速度快，所以也具有容易工业化生产的优势。未来，我们通过使用基因技术，还可以对微生物进行进一步的改造，让微生物对废水处理的针对性更强。

4. 物理化学法

物理化学法是处理重金属废水最常见的方法，包括离子交换法、膜分离法等，很多重金属处理方法都属于物理化学法。

物理化学法依然有巨大的应用空间。物理化学法是重金属废水处理的主要技术之一，而技术的不断改良，不仅能够提升设备对金属的吸附率，同时也能够更好地回收重金属。比如，在重金属废水中，金属离子浓度比较低的时候，使用膜技术就能够获得非常好的分离效果。未来还需要继续研究膜材料，提升分离的水平。

5. 组合方法工艺

单纯采用某一种方法并不能获得比较好的过滤和处理效果，而将物理、化学和生物方法相结合，可使重金属废水的处理效率得到明显提升。

廉价而且高效的重金属废水处理方法一直以来都是研究的一个主要方向，这也是吸附法能够成为最常用的重金属回收方法的主要原因之一。很多工业废弃物都具有吸收重金属的功能，由于来源丰富而且价格低廉，并且使用之后不用再生，所以使用吸附法能够很好地控制重金属回收的费用。重金属虽然对自然有害，但是对于工业而言仍然非常重要，因此提升重金属回收的经济效益也是研究的一个主要方向。比如，使用超滤－电解集成处理重金属废水时，可以通过对超滤浓缩液的电解来回收重金属，从而实现控制污染、回收重金属的双重目标。另外，使用植物萃取、过滤等方法，也可以实现对重金属的回收。这类方法同样具有较高的经济效益，相比其他方法也更加简单，可从富含重金属的土壤中提取重金属，能够实现控制和回收的双重目标。

（五）放射性废水的综合治理

自然界中约有 35 种放射性元素存在。随着核能的研究和应用越来越广泛，越来越多的人工放射性物质进入自然环境。

放射性废水与其他工业废水治理的不同之点在于，它不仅需要根据废水所含的其他有害元素及物质确定处理方案，而且还需要根据废水的放射性核素及放射性强度来确定处理方案。常用的方法有以下几种：

①化学沉淀法。化学沉淀法又称混凝沉淀法，它是利用某些化学物质作沉淀剂与废液中微量放射性核素及其他有害元素发生共沉淀来达到净化目的的。常用的沉淀剂有石灰、苏打、氯化钡、三氯化铝、三氯化铁、硫酸铝、磷酸铝、高锰酸盐、二氧化锰等。它不仅可以浓集高放射性废水，而且还可以处理低放射性废水。处理适宜 pH 值一般为 9 ～ 13，放射性活度脱除系数一般在 10 以上。

②离子交换法。离子交换法利用离子交换剂选择性地吸附废水中的放射性核素和其他有害元素，使废水得到净化，放射性核素活度脱除系数可达 10^4，其他有害元素可达到排放标准。离子交换法常用来处理低放射性废水，而对高放射性废水只是将放射性核素转移到再生液中，达到浓集放射性核素、减少放射性废液体积的目的。

③吸附法。吸附法常用某些固体吸附剂（如活性炭等）吸附污水中的 U、Ra 及其他有害元素，以达到净化或回收这些有害物质的目的。适应 pH 值在 2.5 ～ 8。该方法可使废水排放量减少到 10%，活度脱除系数为 10^3。

（六）印染废水的处理

纺织印染工业废水随织物性质而异，也受所使用的染料及其他化学药剂的影响。印染工业的用水量大，每印染加工 1 t 纺织品耗水为 100 ～ 200 t，其中 80% ～ 90% 成为废水排出。据统计，日本印染工厂每天用水量达 1500 万 t，全年用水量在 4 ～ 5 亿 t。

根据不同的印染物质或加工工序，印染废水可进行以下分类：按印染物质分，有棉布纺织印染废水、毛纺废水、化学纤维加工废水；按加工工序分，有退浆废水、煮炼废水、漂白废水、丝光废水、染色废水、印花废水和染整废水等。

印染废水的处理，国内外多数采用传统的生化法处理，以除去废水中有机物，有些工厂在生化处理前或处理后还增加一级物化处理，少数工厂采用多级处理。在美国，印染废水多数采用二级处理，即生化与物化结合，个别用三级，增加活性炭。日本与美国相似，但应用臭氧的报道也较多。英国是羊毛加工的传统国家，一般用不完全流程，仅将洗毛水用物化初步处理与其他染色废水合并排入城市污水处理厂。我国国内投入运行的生化处理设施，大部分采用的是完全混合活性污泥法。接触氧化等生物膜法，近年来也逐步增加。

印染废水的处理，应尽量采用重复使用和综合利用措施，并应与工艺改革、回收染料、浆料、节约用水等结合起来考虑。

（七）化学纤维废水处理

化学纤维分为人造纤维和化学纤维两大类。它们的区别是纤维加工的原料来源和加工方法不同。人造纤维是以自然界中纤维素或蛋白质为原料，经化学处理及机械加工而制成的类似棉花、羊毛、蚕丝一样能够用来纺织的纤维。合成纤维则是以煤、石油、天然气等有机化合物为原料，经化学合成和机械加工而制成的人造纤维。黏胶纤维是典型的人造纤维，而合成纤维有涤纶、维纶、棉纶、氯纶、氨纶、丙纶等多种纤维。

由于化学纤维的品种、原材料、加工方法不同，废水水质也不同，造成的污染也有很大区别。通常湿法纺丝工艺产生的污染比较严重，不仅有水的污染，还有空气的污染。干法或熔融法纺丝工艺产生的水污染相对较少。化学纤维工艺产生的废水除来自黏胶纤维生产过程中产生的酸性、碱性和黏胶废水外，其他的主要来自湿法纺丝工艺，这些废水含有的合成有机污染物较多，此外锌、二硫化碳、硫化氢等都是有毒物质。pH 值或高或低，变化较大，部分废水带有颜色。

许多工厂开始寻找新的工艺来从根本上控制污染，并取得了显著的效果。我国采用硫氰酸钠一步法制成了腈纶纺丝原液，从而取代了价格昂贵、毒性强、沸点高的以二甲基酰胺为溶剂的腈纶纺丝原液。在黏胶长丝的洗涤中，由原来的淋洗改为压洗，不但洗涤效果加强，而且废水量可减少 200 t/d（纤维）。在黏胶纤维凝固浴中，用尿素代替有毒的硫酸锌，防止了有毒锌离子的污染。聚乙烯醇是难以生物降解的物质，用传统的生化法几乎不能处理。德国赫司特公司在无机盐存在下，利用高射线辐照聚乙烯醇废水（浓度为 0.5% ～ 20%）除去了水中聚乙烯醇。

（八）造纸废水的综合治理

造纸工业是世界六大工业污染源之一，占我国工业总废水量的 10% 左右。造纸废水主要为高浓度有机废水，并含木素、残碱、硫化物、氯化物等污染物。其特点是废水量大，COD 浓度高，废水中的纤维悬浮物多，而且含二价硫元素，色度高，有硫醇类恶臭气味。造纸工业废水的严重污染和危害已经引起了人们的广泛关注。随着人们环保意识的不断增强，彻底解决造纸工业废水对环境的污染已迫在眉睫。

在制浆（化学法）和造纸生产过程中主要产生三类废水：制浆废液（黑液）、中段废水和纸机白水。制浆废液（黑液）主要是蒸煮制浆废水，中段废水包括纸浆洗涤、筛选、漂白废水，纸机白水为抄纸车间废水。其中蒸煮制浆废水的环境污染最严重，占整个造纸工业污染的 90%。制浆废液（黑液）的主要成分是木质素、纤维素、半纤维素、单糖、有机酸及氢氧化钠等，可以综合回收其中的有用物质；中段废水污染物复杂，含有较高浓度的木质素、纤维素和树脂酸盐等较难生物降解的物质成分，而且富含漂白阶段产生的对环境危害大的有机氯化物，具有很深的颜色和很大的毒性，pH 值为 9 ～ 11，悬浮物浓度为 1000 mg/L 左右，COD 浓度为 600 ～ 2500 mg/L；纸机白水，主要来自打浆、浆料的净化筛选和造纸机湿部。废水中的污染物主要包括悬浮固形物，如纤维、填料、涂料，以及溶解的木材成分、添加的湿强剂、防腐剂等。

1. 厌氧 - 好氧组合法

厌氧 - 好氧组合法能充分发挥厌氧微生物承担高浓度、高负荷与回收有效能源的优势，同时也能利用好氧微生物生长速度快、处理水质好的优点。该方法运行费用省，剩余污泥量少，对于难降解的有机物有改性作用，可以提高废水的可生化性，能抑制丝状菌的生长，防止污泥膨胀，特别适用于高浓度有机废水的处理。

2. 物化和生化结合法

化学沉淀法、曝气法、活性污泥法、厌氧处理法都可以用来处理造纸废水，而且这些方法结合起来也是适用的。研究表明，采用 SBR+ 物化法处理造纸中段废水投资低，运行费用低，纸厂外排水质稳定达标，治理费用在厂家可接受的范围内。

3. 低温等离子体法

国内外的众多研究表明，低温等离子体法是近年来引起人们极大关注的一项处理废水的新技术，它对污染物兼具物理作用和化学作用，具有操作简单、降解速率快、无须其他化学试剂、净化彻底、处理范围广、效果好、无二次污染、可在常温常压下进行等优点，特别是在处理难降解有毒废水方面有明显的优势，特别适用于用生物法难以治理的有机污染物的净化处理，具有广阔的应用前景，被认为是 21 世纪最有发展前途的废水处理新技术。

4. 超临界水氧化法

超临界水氧化法是一种能够彻底破坏有机物结构的新型氧化技术。在超临界的状态下水成为非极性有机物和氧的良好溶剂，这样有机物的氧化反应就可以在富氧的均相中进行而不受相间转移的限制，造纸废水中所含的有机物就会被氧化分解成水、二氧化碳等简单无害的小分子化合物，从而达到净化的目的。但该方法对设备和操作条件要求较高。

5. 其他方法

在漆酶存在的条件下进行曝气处理可有效去除造纸工业废水中的溶解性酚型化合物，也就是废水中的有色物和毒性物质可被有效去除。

人工湿地污水处理技术对造纸工业废水具有独特而复杂的净化机理，它能利用基质－微生物－植物这个复合生态系统的物理、化学和生物的三重协调作用，通过共沉、过滤、吸附、离子交换、植物吸收和微生物分解来实现对造纸工业废水的高效净化，同时通过营养物质和水分的生物地球化学循环，促进绿色植物生长并使其增产，实现废水的资源化和无害化。

第三节　污水的深度处理与回用

一、污水的深度处理

污水的深度处理是指进一步去除二级处理出水中特定污染物的净化过程，包括以排放水体作为补充地下水源为目的的三级处理和以回用为目的的深度处理。主要处理工艺有沉淀法、粒状材料过滤法、活性炭吸附法、膜处理法、离子交换法等。

由于水资源的日益缺乏，污水已作为一种水资源进行再生处理和回用，再生水水质指标高于排放标准但又低于饮用水卫生标准。污水的深度处理是对城市污水二级处理的出水进一步进行处理，以去除其中的悬浮物和溶解性无机物与有机物等，使之达到相应的水质标准。污水深度处理后利用途径不同，处理的水质目标也不同，在前述工艺中选择一种或几种工艺按照实用、经济、高效、运行稳定、操作管理方便的原则，通过技术经济比较后组合成相应的深度处理工艺。根据污水二级处理技术净化功能对城市污水所能达到的处理程度，污水中一般还含有相当数量的有机污染物、无机污染物、植物性营养盐，甚至还可能含有细菌和重金属等有毒有害物质。

对二级处理后污水进行深度处理的对象是：①去除水中残存的悬浮物（包括活性污泥颗粒）、脱色、除臭，使水进一步澄清；②进一步降低水中的 BOD、COD、TOC 等含量，使水进一步稳定；③进行脱氢除磷，消除能够导致水体富营养化的因素；④进行消毒杀菌，去除水中有毒有害物质。

深度处理后的污水应能达到的目标：①排放至包括具有较高经济价值的水体及缓流水体在内的任何水体，补充地面水源；②回用于农田灌溉、市政用水，如浇灌城市绿地、冲洗街道、车辆清洗、景观用水等；③回用于冲洗厕所；④作为冷却水和工艺用水的补充用水，回用于工业企业；⑤用于防止地面下沉或海水入浸，回灌地下。

污水深度处理的目的、去除对象和采用的处理技术，如表 9-1 所示。

表 9-1 污水深度处理的目的、去除对象和采用的处理技术

处理目的	去除对象		有关指标	采用的处理技术
排放水体再用	有机物	悬浮状态	SS、VSS	过滤、混凝沉淀、膜分离
		溶解状态	BOD、COD、TOC、TOD	混凝沉淀、活性炭吸附、臭氧氧化、膜分离
防止富营养化	植物性营养盐类	氮	TN、KN、NH_3-N、NO_2-N、NO_3-N	吹脱、折点氯化脱氮、生物脱氮
		磷	PO_4-P、TP	金属盐混凝沉淀晶析、石灰混凝沉淀晶析、生物除磷
回用	微量成分	溶解性无机物、无机盐类	Na^+、Ca^{2+}、Cl^-	反渗透、电渗析、离子交换
		微生物	细菌、病毒	臭氧氧化、消毒（氯气、次氯酸钠、紫外线）

（一）脱氮除磷

生物脱氮的原理：氨化反应与硝化反应；反硝化反应。

目前采用的生物脱氮工艺有缺氧 - 好氧活性污泥法脱氮、氧化沟脱氮、生物转盘脱氮等工艺。活性污泥传统脱氮工艺的反应过程：氨化、硝化、反硝化。

生物除磷法的原理：好氧吸收（聚磷菌对磷的过量吸收）；厌氧释放。

（二）消毒

消毒是指消除或杀灭水中的病原微生物，使其达到无害化的过程。消毒是水处理工艺中的一个重要环节，其作用是使水中病原微生物失去活性，通常在过滤以后进行。水中的病原微生物主要包括病菌、原生动物胞囊、病毒（如传染性肝炎病毒、脑膜炎病毒）等，它们通过水的传播可造成人类疾病。

消毒方法可分为物理消毒法、化学消毒法及生物消毒法。物理消毒法是指应用热、光波和电子流体等实现消毒作用的方法。目前采用和研究的物理消毒法有加热、冷冻、辐射及微电解等。化学消毒法是指通过向水中投加消毒剂来实现消毒作用的方法，常用的消毒剂有氯及其化合物、各种卤素、臭氧等。生物消毒法是指利用生物酶等活性物质直接作用于水中有害细菌和病毒的遗传物质，裂解其 DNA 或 RNA，达到杀灭这些有害细菌和病毒的目的的方法。由于生物酶消毒

剂的成本相对较高及其他一些原因，生物消毒法还不能广泛应用于水处理行业。目前，在水处理中常用的消毒方法有氯消毒法、臭氧消毒法和紫外线消毒法三种方法。

1. 氯消毒法

氯消毒法是一种传统的消毒技术，具有效果可靠、操作方便、价格便宜等优点，是水处理中广泛采用的一种消毒方法。

（1）液氯

液氯主要通过其水解产物次氯酸（HClO）起作用。其他氯系消毒剂溶于水后，在常温下也迅速水解为次氯酸，而次氯酸为弱酸，在水中易发生部分电离。其反应如下：

$$Cl_2+H_2O \rightarrow HClO+HCl$$

$$HClO \rightarrow H^++C1O^-$$

HClO、ClO^-统称为游离氯。液氯的消毒作用主要依靠HClO，ClO^-的作用较弱。这可能是因为次氯酸为中性小分子，很容易扩散到带 负电的细菌表面，穿透细胞壁进入菌体内部，进而与细菌的酶系统发生氧化反应，使细菌的酶系统遭到钝化破坏而被灭活。而ClO^-带负电荷，不易接近带负电的菌体，难以发挥杀菌作用。当水中含有氨态氮时，投氯可依次形成以下三种氯胺：

$$NH_3+HClO \rightarrow NH_2Cl\text{（一氯胺）}+H_2O$$

$$NH_3Cl+HClO \rightarrow NHCl_2\text{（二氯胺）}+H_2O$$

$$NHCl_2+HClO \rightarrow NCl_3\text{（三氯胺）}+H_2O$$

上述反应与 pH 值、温度和接触时间有关，也与氨和氯的初始比值有关，大多数情况下，反应主要生成一氯胺和二氯胺，其中的氯称为化合氯。二氯胺的消毒作用比一氯胺强，而三氯胺消毒作用极差，且有恶臭味，在通常的水处理条件下生成的可能性极小。氯胺的消毒作用实质上也是依靠其水解产生的Cl^-，只有当水中的 HClO 消耗殆尽后，氯胺才水解释放出Cl^-起到消毒作用，因此氯胺的消毒作用比较缓慢。此外，液氯在消毒过程中，会与污水中的有机物反应生成各种具有毒性和三致效应的消毒副产物，如三卤甲烷、卤乙酸、卤乙腈等，对人体的健康存在一定的危害性，因此，氯消毒法的安全性正在日益受到关注。研究表明，氯消毒副产物的生成受反应条件的影响，如投氨量、反应温度、pH 值、反应时间等。鉴于上述原因，二氧化氯消毒正逐步得到人们的青睐。

（2）二氧化氯

二氧化氯是自然界中完全或几乎完全以单体游离原子团体型存在的少数化合

物之一。二氧化氯在水溶液中以 ClO_2 分子状态存在，有利于在水中扩散，极易穿透细胞膜，渗入细菌细胞内，具有优良的消毒功能。

二氯化氯对细胞壁有较好的吸附和透过性能，可有效地氧化含硫基的酶反应使细菌死亡，也可以与细菌及其他生物蛋白质中的部分氨基酸发生氧化还原反应使氨基酸分解破坏，进而控制微生物蛋白质的合成，最终导致细菌死亡。二氧化氯中的氯以正四价态存在，其活性为氯的 2.5 倍，其理论氧化能力是氯的 2.63 倍。特别是在酸性条件下，二氧化氯的氧化能力更强，它对大肠菌、细菌、病毒及藻类均有较好的杀灭作用。

2. 臭氧消毒法

臭氧消毒法已广泛用于水处理、空气净化、食品加工、医疗、医约、水产养殖等领域。臭氧可使用臭氧发生器制取，制取的原理是利用高压电力或化学反应，使空气中的部分氧气分解后聚合为臭氧，是氧的同素异形转变的一种过程。

臭氧对大肠杆菌、肠道致病菌、结核杆菌、芽孢和蠕虫卵都有很强的杀灭能力，其消毒机理实质上仍然是氧化作用。臭氧可以通过三条途径来杀死细菌和病毒：一是氧化分解细菌内部氧化葡萄糖所必需的葡萄糖氧化酶；二是直接与细菌、病毒发生作用，破坏其细胞器和核糖核酸，分解 DNA、RNA，蛋白质，脂类和多糖等大分子聚合物，使细菌的物质代谢和繁殖过程遭到破坏；三是侵入细胞膜内作用于外膜脂蛋白和内部的脂多糖，使细胞发生通透性畸变，导致细胞溶解死亡，并且使死亡菌体内的遗传基因、寄生菌种、寄生病毒粒子、噬菌体、支原体及细菌病毒代谢产物等溶解变性死亡，从而起到消毒的作用。

臭氧是空气中的氧通过高压放电产生的，制备时必须净化和干燥，以提高效率和防止腐蚀。臭氧溶解度高于氧，但在一定温度和中性条件下每升仅溶解十几毫克，要大量溶解很难，因此，一般需加长反应池长度或串联几个反应池使其充分混合。臭氧在用于饮用水消毒时具有极高的杀菌效率，但在污水消毒时往往需要较大的臭氧投加量和较长的接触时间。影响消毒效果的主要因素有水质、臭氧投加量、剩余臭氧量和臭氧接触方式。因此在臭氧消毒前尽量彻底去除原水有机物，同时应以试验的方式确定臭氧投加量和剩余臭氧量。另外，根据气液传质原理，增加臭氧的传质效率可提高臭氧的利用率，因此，应选用相应的投加方式，常用的臭氧投加方式有鼓泡法、射流法、涡轮混合法、尼可尼混合法等。

3. 紫外线消毒法

紫外线消毒法是在现代防疫学、医学和光动力学的基础上，利用特殊设计的高效率、高强度和长寿命的UVC波段紫外光照射，将水中各种细菌、病毒、寄生虫、水藻以及其他病原体直接杀死，以达到消毒目的的一种消毒技术。紫外线消毒法由于对微生物指标有较好的控制能力，因此多用于生活污水和工业污水的深度处理中。

紫外线可根据波长的不同分为四个部分：UV-A（400 ～ 320 nm），称为黑斑效应紫外线；UV-B（320 ～ 275 nm），称为红斑效应紫外线；UV-C（275 ～ 200 nm），称为灭菌紫外线；UV-D（200 ～ 10 nm），称为真空紫外线。用于污水消毒的是灭菌紫外线，紫外线杀菌能力最强的波段是 250 ～ 270 mm。

二、污水的回用

（一）回用对象

1. 悬浮物的去除

经二级处理后，在处理水中残留的悬浮物以生物絮凝体和未被凝聚的胶体颗粒为主，这些颗粒几乎全部都是有机性的。二级处理水 BOD 的 50% ～ 80% 都来源于这些颗粒。此外，去除残留悬浮物是提高深度处理和脱氮除磷效果的必要条件。去除二级处理水中的悬浮物，采用的处理技术要根据悬浮物的状态和粒径而定。

2. 溶解性有机物的去除

在生活污水中，溶解性有机物的主要成分是蛋白质、碳水化合物和阴离子表面活性剂。在经过二级处理的城市污水中的溶解性有机物多为丹宁、木质素、黑腐酸等难降解的有机物。对这些有机物，用生物处理技术是难以去除的，目前还没有比较成熟的处理技术。当前，从经济合理和技术可行方面考虑，采用活性炭吸附和臭氧氧化法是比较适宜的。

3. 溶解性无机盐类的去除

二级处理技术对溶解性无机盐类是没有去除功能的，因此，在二级处理水中可能含有溶解性无机盐类物质。含有溶解性无机盐类物质的二级处理水不宜回用和灌溉农田，因为这样做可能产生下列问题：①金属材料与含有大量溶解性无机盐类物质的污水相接触，可能产生腐蚀作用；②溶解度较低的 Ca 盐和 Mg 盐从水中析出，附着在器壁上，形成水垢；③ SO_4^{2-} 还原，产生硫化氢，放出臭气；④灌溉用水中含有盐类物质，对土壤结构不利，影响农业生产。目前能有效地用于二级处理水脱盐处理的技术主要有反渗透法、电渗析法及离子交换法等。

4. 细菌的去除

城市污水经二级处理后，水质已经改善，细菌含量也大幅度减少，但细菌的绝对值仍很可观，并有存在病原菌的可能。因此在排放水体前或在农田灌溉时，应进行消毒处理。污水消毒应连续进行，特别是在城市水源地的上游、旅游区、夏季或流行病流行季节，应严格连续消毒。在非上述地区或季节，经过卫生防疫部门的同意后，也可考虑采用间歇消毒或酌减消毒剂投加量的方法。消毒的主要方法是向污水投加消毒剂。目前用于污水消毒的消毒剂有液氯、臭氧、次氯酸钠等。

5. 氮的去除

在自然界，氮化合物是以有机体（动物蛋白、植物蛋白）、氨态氮、亚硝酸氮、硝酸氮以及气态氮形式存在的；在二级处理水中，氮则是以氨态氮、亚硝酸氮和硝酸氮形式存在的。氮和磷同样都是微生物保持正常生理功能所必需的元素，即可用于合成细胞。但污水中的含氮量相对来说是过剩的，所以一般二级污水处理对氮的去除率较低。按原理分，脱氮技术可分为物化脱氮和生物脱氮两种技术。吹脱法是一种常用的物化脱氮技术。

6. 磷的去除

污水中的磷一般有正磷酸盐、聚合磷酸盐和有机磷 3 种存在形态。经过二级生化处理后，有机磷和聚合磷酸盐已转化为正磷酸盐，它在污水中呈溶解状态，在接近中性的 pH 值条件下，主要以 HPO_4^{2-} 的形式存在。污水的除磷技术有使磷成为不溶性的固体沉淀物，从污水中分离出去的化学除磷法和使磷以溶解态为微生物所摄取，与微生物成为一体，并随同微生物从污水中分离出去的生物除磷法。化学除磷法包括混凝沉淀除磷法与晶析法除磷法，应用广泛的是混凝沉淀除磷法。

（二）污水回用处理工艺

污水回用处理工艺由前处理工艺、中心处理工艺和后处理工艺三部分组成。前处理工艺是为了保证中心处理工艺能够正常进行而设置的，它的组成根据主处理工艺而定。当以生物处理技术为中心处理工艺时，即以一般的一级处理技术（格栅和初次沉淀池）为前处理，但当以膜分离技术为中心处理工艺时，将生物处理技术也纳入前处理内。中心处理工艺是处理工艺的中间环节，起着承前启后的作用。中心处理工艺有两类：一类是一般的二级处理，即生物处理技术（活性污泥法或生物膜法）；另一类则是膜分离技术。后处理工艺设置的目的是使处理水质达到回用水规定的各项指标。

1. 深度处理组合工艺

工艺一：二级出水→砂滤→消毒。

工艺二：二级出水→混凝→沉淀→过滤→消毒。

工艺三：二级出水→混凝→沉淀→过滤→活性炭吸附→消毒。

此类工艺是目前常用的城市污水传统深度处理技术，在实际运行过程中可根据二级污水处理效果及回用水质要求对工艺进行具体调整。

工艺一是传统简单实用的污水二级处理流程，这种回用水适用于工业循环冷却用水、城市浇洒绿化、景观、消防、补充河湖等市政用水和居民住宅的冲洗厕所用水等杂用水。

工艺二是在工艺一的基础上增加了混凝沉淀，出水水质力：SS < 10 mg/L、BOD_5 < 8 mg/L，优于工艺一的出水。这种回用水在工业回用方面可用作锅炉补给水、部分工艺用水等。

工艺三是在工艺二的基础上增加了活性炭吸附，活性炭在去除微量有机污染物和微量金属离子及去除色度、病毒等污染物方面的作用是显著的，可去除：浊度 73% ~ 88%，SS 60% ~ 70%，色度 40% ~ 60%，$BOD_5$31% ~ 77%，C0D25% ~ 40%，总磷 29% ~ 90%。此类工艺适用于除人体直接饮用外的各种工农业回用水和城市回用水。

2. 以膜技术为主的组合工艺

在回用水处理中应用较广泛的膜技术有微滤、超滤、纳滤、反渗透和电渗析等。

工艺四：二级出水→混凝沉淀砂滤→膜分离→消毒。

工艺五：二级出水→砂滤→微滤→纳滤→消毒。

工艺六：二级出水→臭氧→超滤或微滤→消毒。

工艺四是采用混凝沉淀作为膜处理的预处理工艺，混凝的目的是：利用混凝剂将小颗粒悬浮胶体结成粗大矾花，以减小膜阻力提高透水通量；通过混凝剂的电中性和吸附作用，使溶解性的有机物变为超过膜孔径大小的微粒而被截留去除，以避免膜污染。

工艺五：纳米过滤，比传统处理的臭氧和活性炭更便宜。

工艺六：采用臭氧氧化作为膜处理的预处理工艺，通常认为臭氧氧化的作用是将有机物低分子化，因此作为膜分离的预处理是不适合的，但臭氧能将溶解性的铁和锰氧化，生成胶体并通过膜分离加以去除，因而可以提高铁锰的去除率。此外，臭氧氧化可以去除异臭味。

3. 活性炭、滤膜分离为主的组合工艺

工艺七：二级出水→活性炭吸附或氧化铁微粒过滤→超滤或微滤→消毒。

工艺八：二级出水→混凝沉淀、过滤→膜分离→（活性炭吸附）→消毒。

工艺九：二级出水→臭氧→生物活性炭过滤或微滤→消毒。

工艺十：二级出水→混凝沉淀→生物曝气（生物活性炭）→超滤→消毒。

此类处理工艺将粉末活性炭（PAC）与超滤膜或微滤膜联用，组成吸附－固液分离工艺流程进行净水处理。粉末活性炭可有效吸附水中相对分子量小的有机物，使溶解性有机物转移至固相，然后利用微滤膜和超滤膜截留去除微粒的特性，可将相对分子量小的有机物从水中去除。更重要的是，粉末活性炭还可有效地防止膜污染，这是由于粉末活性炭粒径范围一般在 10～500 μm，大丁膜孔径几个数量级，因而不会堵塞膜孔径。

参考文献

[1] 张远，王西琴．海河流域水污染控制与产业结构调整［M］．北京：中国环境出版社，2015.

[2] 高尚宾，周其文，王夏晖，等．农村水污染控制机制与政策研究［M］．北京：中国环境出版社，2015.

[3] 宋永会，魏民，厉延松，等．辽河流域水污染防治“十二五”规划研究［M］．北京：中国环境出版社，2015.

[4] 吴向阳，李潜，赵如金．水污染控制工程及设备［M］．北京：中国环境出版社，2015.

[5] 蒋丹璐．流域生态补偿机制与库区水污染防治［M］．武汉：武汉大学出版社，2017.

[6] 郭怀成，贺彬，宋立荣，等．滇池流域水污染治理与富营养化控制技术研究［M］．北京：中国环境出版社，2017.

[7] 沈桂花．莱茵河流域水污染国际合作治理研究［M］．北京：中国政法大学出版社，2017.

[8] 谢阳村，马乐宽，赵越，等．重点流域水污染防治形势与水环境综合治理对策研究［M］．北京：中国环境出版社，2017.

[9] 刘洪波，杨永奎，赵林．工业园区水污染防治技术评估与技术路线［M］．天津：天津大学出版社，2018.

[10] 王洁方．排污权转移视角下跨界水污染补偿研究［M］．北京：海洋出版社，2019.

[11] 廖学品，李玉红，姜河，等．皮革行业水污染全过程控制技术发展蓝皮书［M］．北京：科学技术文献出版社，2020.

[12] 周斯跃．水污染处理中微生物检测技术的应用［J］．科技展望，2015，25（35）：131.

[13] 岳凌宇. 水环境及水污染检测技术探讨[J]. 化工管理，2016(13)：208.

[14] 张保见. 水污染处理中微生物检测技术的应用[J]. 广东化工，2017，44(4)：93-94.

[15] 吴健. 浅析污水处理中水质检测的发展及重要性[J]. 建材与装饰，2018(32)：180-181.

[16] 赵天浩. 水环境污染问题研究与微生物检测方法阐述[J]. 河南科技，2018(5)：157-158.

[17] 陈雪芹. 水环境监测及水污染防治探究[J]. 农村经济与科技，2019，303(14)：13.

[18] 蒋晶. 浅析水质检测中检测结果质量的控制与保证[J]. 世界有色金属，2019(17)：208.

[19] 王志苗，刘易升，李杰. 水环境污染检测中生物监测的运用[J]. 科学技术创新，2019(27)：50-51.

[20] 朱丽媛. 水监测中有机污染物的检测技术应用[J]. 技术与市场，2019，26(4)：109.

[21] 洪小婷. 水污染处理中对微生物检测技术及应用实践研究[J]. 四川水泥，2019(1)：155.

[22] 代为. 水环境监测及水污染防治研究[J]. 科学技术创新，2020(21)：179-180.